ゼロからわかる

宇宙防衛

宇宙開発とミリタリーの深～い関係

大貫 剛 著

イカロス出版

目次

第三章 ミリタリーと宇宙開発

第四章　日米中露の宇宙開発

装丁・本文デザイン／村上千津子（イカロス出版）
表紙・トビラ写真／JAXA、NASA、US Air Force、Boeing、DigitalGlobe、Lockheed Martin

第一章

人工衛星とロケット基礎知識

陸海空に加えて、安全保障の新たな領域として
重要性を増しつつある「宇宙」。
宇宙を利用するために不可欠な存在が、
各種の機能を備えた人工衛星と
それを宇宙まで打ち上げるためのロケットだ。
この章ではこの二つの基礎的なことがらを解説していこう。

第1講

宇宙自衛隊誕生？ ミリタリーと宇宙開発の関係

――２０１X年。日本の防衛省に新しい「共同の部隊」が設置された。「共同の部隊」とは、陸海空自衛隊の統合運用に必要な任務を遂行する組織として自衛隊法第21条に規定された組織で、これまでに「自衛隊指揮通信システム隊」「自衛隊情報保全隊」が置かれている。今回、新たに設置された部隊は人工衛星を保有、運用し、通信や情報収集を担う「自衛隊宇宙情報システム隊」。しかし多くの人は彼らを、非公式な通称で呼ぶ。その名は「宇宙自衛隊」――

２０１６年に月刊Ｊウイング（イカロス出版）で本連載がスタートしたとき、筆者は初回をこのように書き出した。ミリタリーファンの皆さんに宇宙に関心を持ってもらおうと、やや煽り気味に書いたことは否定しない。しかし連載を終了した２０１８年、この記述はほとんど正鵠を射ていたことが明らかになる。２０１９年度から5年間の防衛力を定めた「中期防衛力整備計画」には、このような文面が明記された。

「宇宙・サイバー・電磁波といった新たな領域を含め、領域横断作戦を実現できる体制を構築し得るよう、統合幕僚監部において、自衛隊全体の効果的な能力発揮を迅速に実現し得る効率的な部隊運用態勢や新たな領域に係る態勢を強化するほか、将来的な統合運用の在り方として、新たな領域に係る機能を一元的に運用する組織等の統合運用の在り方について検討の上、必要な措置を講ずるとともに、強化された統合幕僚監部の態勢を踏まえつつ、大臣の指揮命令を適切に執行するための平素からの統合的な体制の在り方について検討の上、結論を得る」

このほか平成31（２０１９）年度防衛省概算要求などでも、「宇宙・サイバー・電磁波」というキーワードは陸海空自衛隊より先に記載されている。宇宙からのサポートなしには他国と互角に戦うことができない、そのような時代に自衛隊も対応しなければならないのだ。

また２０１８年には、アメリカのドナルド・トランプ大統領も「宇宙軍の設立」を提唱し、話題になった。もともとアメリカ軍には宇宙を担当する組織があり、時代によってその位置づけは変化しているが、一時期は「宇宙軍」と呼ばれていたこともある。現在もアメリカ統合軍の中に陸海空軍の宇宙部門を統合運用する組織があり、様々な衛星が各軍で運用されている。アメリカ軍の宇宙予算はアメリカ航空宇宙局（ＮＡＳＡ）とほぼ同じで、「世界最大の宇宙組織」と呼ぶにふさわしい。

アメリカ空軍宇宙軍団のエンブレム。戦略軍の指揮下でGPS衛星や早期警戒衛星などの運用を担当している

本連載は、宇宙開発をミリタリーの視点から解説し、宇宙開発に関心がなかった方でも宇宙開発を理解していただけることを目標とした。そこでまずは宇宙開発の始まり、その歴史から見てみよう。

米ソ冷戦と宇宙開発

宇宙開発がアメリカとソ連の冷戦の中で始まったことをご存知の方は、少なくないだろう。宇宙ロケットは弾道ミサイルとほとんど同じものであり、宇宙開発は弾道ミサイル技術の誇示、言い換えれば脅し合いだった。核を搭載した弾道ミサイルを実戦使用すれば世界大戦規模の大戦争になってしまうから、弾道ミサイルを使って人工衛星を打ち上げることがデモンストレーションになった。アポロ計画のような平和的な宇宙探査レースも、戦争の代わりに国家の威信をかけて行われた競争だ。

しかし宇宙開発は「弾道ミサイル」と「宇宙レース」だけのために行われていたのではない。彼らは人工衛星を、地球上の戦争での勝利に必要な、新しい道具と考えていた。

研究のNASA、実用のアメリカ空軍

ミリタリー航空機に興味がある皆さんは、戦争において飛行機がどれほど重要なものか、よくご存知だろう。戦争は高い場所から敵を見渡すことが勝利の必要条件であり、第二次世界大戦以後、空を制する者が戦争を制するようになった。ならば空のもっと上、宇宙を制すればさらに有利に戦争を遂行できると考えられたのは当然と言える。

左の写真は1966年のアメリカの宇宙ロケット「タイタンⅢC」だ。アメリカの宇宙開発と言えばNASAのイメージが強いが、このロケットには「US AIR FORCE」、つまりアメリカ空軍と書かれている。しかもこのロケットに搭載されているのは有人宇宙ステーションの試験機。NASA初の宇宙ステーション「スカイラブ」の打ち上げは1973年だから、それより7年も前に、アメリカ空軍は宇宙に基地を建設する準備を進めていたのだ。

ＮＡＳＡはあくまで科学研究を目的とした宇宙開発の機関であって、実用的な宇宙開発を主導してきたのはアメリカ空軍だった。後のスペースシャトルや、現代のアメリカの使い捨てロケットの開発費にも、軍の予算が使われている。ＮＡＳＡはアメリカ空軍が開発した技術を利用して宇宙開発を進めてきた、と言っても過言ではないだろう。

1966年に打ち上げられたタイタンⅢCロケットには「US AIR FORCE」の文字（写真／US Air Force）

自衛隊の宇宙利用

一方、日本では長らく、自衛隊による宇宙の利用が制限されてきた。これは武器輸出三原則や原子力などと同じで、日本では宇宙利用も「平和目的に限る」という考えが強かったためだ。自衛隊の宇宙利用は通信衛星、気象衛星など民間と同レベルのものだけが認められ、防衛のために専用の衛星を開発するということは認められなかった。

しかし近年の見直しにより、宇宙利用も海外と同じ解釈をとるようになった。基本的には「憲法第九条にもとづいた専守防衛」の範囲であれば、防衛専用の衛星を開発して使ってもいいということだ。ただ、日本の防衛費は潤沢とは言えない。陸海空の自衛隊の装備購入費を削ってまで衛星を導入するべきかは、判断の難しいところだ。

とはいえ、こういった議論は歴史上、何度も繰り返されてきた。周辺国の脅威に対抗するために宇宙の利用が欠かせないのであれば、今後は防衛衛星が増加して「宇宙自衛隊」が誕生する、という展開も決して絵空事ではない。

宇宙開発の主役は人工衛星

宇宙で実際に様々なミッションを行うのは、人工衛星だ。自衛隊の航空機や艦船、車両に相当するのが人工衛星ということだ。宇宙ロケットは華やかだが、その仕事は人工衛星を地球から宇宙へ輸送することでしかない。

ミリタリー分野の宇宙利用を知るには、本質的には人工衛星の役割や機能を理解することが最も重要と言える。そこで本書はまず人工衛星の基本とミリタリー衛星を解説し、宇宙ロケットや各国のミリタリー宇宙利用を解説していくという順で進めていきたい。

第2講
衛星のキホン①
種類と軌道

宇宙開発の主役 人工衛星

宇宙開発と聞いて、皆さんがまず思い浮かべるのは宇宙ロケットではないだろうか。しかし実は、宇宙ロケットはそれ自体が何かの役に立つわけではない。宇宙を利用して地球上の何かの役に立つ任務を負っているのは、人工衛星だ。宇宙ロケットは人工衛星を地球から宇宙へ運び出す役割をしている。

だから、ミリタリーの世界で宇宙をどのように利用しているかを考えるには、ミリタリー衛星にはどんなものがあるのかから考えるのがわかりやすい。まず、任務や目的の種類によって、ミリタリー衛星を分類してみよう。

【偵察衛星】

宇宙から地球上を撮影する衛星。宇宙には地上の国の領有権が及ばないので、戦争中はもちろん平時にも自由に上空を飛行して撮影することができる。同じ目的や機能の衛星でも、非軍事用の場合は地球観測衛星と呼ぶ。

【測位衛星】

地球上で位置を知るために必要な、測位電波を送信する衛星。地上の電波航法施設と比べて、敵地を含む地球全体をカバーできること、精度が高いことが特徴。

【早期警戒衛星】

弾道ミサイルの発射を即座に探知する衛星。冷戦時代には、敵に攻撃される前に報復攻撃をすることが重要だったが、現在は弾道ミサイル迎撃にも役立つ。

【通信衛星】

衛星を経由した長距離通信を実現する衛星。地球上の広い範囲で遠距離通信できる。本土から遠く離れた部隊と通信できるのはもちろん、地上の通信インフラと比べて敵の攻撃を受けにくく、移動アンテナを使って応急復旧も容易。

【気象衛星】

地球上の広い範囲の雲を撮影し、天気予報の基礎情報とする衛星。民生用のイメージが強いが、敵地の天気を知るために軍が運用している

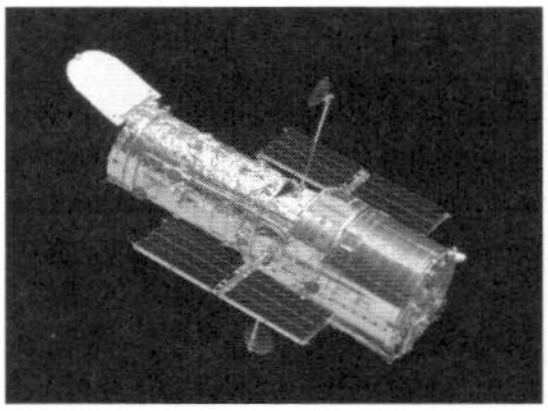

ハッブル宇宙望遠鏡（偵察衛星）
アメリカの偵察衛星KH-11と共通の外見と言われる、ハッブル宇宙望遠鏡（写真／NASA）

測位衛星
アメリカの測位衛星GPSブロックⅢA。傾斜軌道を飛行する（画像／US Air Force）

早期警戒衛星
高度3万5970㎞の静止軌道から地球上を監視するアメリカの早期警戒衛星、DSP（画像／US Air Force）

通信衛星
最大8Mbpsの通信を実現するアメリカ空軍の次世代軍事通信衛星、AEHF（画像／US Air Force）

気象衛星
日本の気象衛星ひまわり8号と9号。東経140.7度の静止軌道を飛行する（画像／気象庁）

ものもある。

ミリタリー衛星は「デュアルユース」

こうして見るとミリタリー衛星と言っても、早期警戒衛星以外は民生用の衛星との共通点が多い。代表的な測位衛星システムであるアメリカのＧＰＳ衛星は民間利用も開放されているし、通信衛星や気象衛星は民間用途の衛星とミリタリー衛星にほとんど違いはない。こういった、軍民両用の技術を「デュアルユース」などと呼ぶが、宇宙技術は大半がデュアルユースと言うことができる。

人工衛星は落ち続けている？　地球を回る軌道

人工衛星はなぜ、地球へ落ちないのだろう。実は、「人工衛星は落ち続けている」というのが正しい解釈だ。衛星は地球の中心へ向かって落ちていこうとするが、一定以上の速さになると地球の丸みに沿って落ちていくので、いつまでも地面に落ちることがない。こうやって半永久的に落ち続けていく衛星の軌跡を、軌道という。

衛星は地球の中心へ向かって落ちていくから、衛星が飛行する軌道は必ず「地球の中心を通る面」になる。この面を「軌道面」と言う。日本上空で止まるとか、旋回するといった軌道をとることはできない。

人工衛星は宇宙空間を落ち続けているだけなので、一度軌道に乗ってしまえば、基本的にはエンジンは必要ない。しかし軌道を変更しようとすると、飛行機以上に多くの燃料を使わなければならない。翼を使って曲がることができないからだ。このため、人工衛星は基本的に、目的の軌道をひとつ決めたらずっとその軌道を飛び続けるような使い方をする。その代わり、一度飛び始めると何年も飛び続けるので、故障するまでずっと使える。ここが飛行機との大きな違いだ。

軌道面の傾きと、地球を回る半径によって軌道の性質が大きく変わる。目的に応じていろいろな軌道を選択するが、今回はミリタリー衛星に重要な三つの軌道を紹介しよう。

極軌道――地球全体をスキャンする

地球全体をくまなく観測する偵察衛星（地球観測衛星）に適した軌道が、北極と南極を交互に通る南北の軌道、極軌道だ。

衛星は地球の引力に引かれて飛行しているが、大気圏外なので地球の地面や大気の動きには影響されないので、地球が自転しても軌道面は変わらない。衛星が南北にぐるぐると回っている間、地球の方が自転してしまい、衛星が1周して戻ってくると地球上の別の場所の上へ来てしまうのだ。

たとえば、正午に日本の明石（東経１３５度）上空を南北に通過した極軌道衛星が地球を1周して戻ってくると、もう日本の上空ではない。地球1周に90分かかるとすると東経１１２・5度の南シナ海あたりを通る。このとき面白いのは、90分後だけど南シナ海では日本と同じ正午だということだ。厳密には時差が30分単位ではないので時計上の時刻は違うかもしれないが、太陽が真南にあるという意味で、物理的に同じ時刻になる。

こうやって通る場所がだんだん西へずれるのを繰り返すと、12時間でおおむね地球全体の上空を一度は飛んだことになる。ただ、半分は昼の面、半分は夜の面を飛んでいるので、昼の面だけで地球全体を見るには24時間かかる。

実際には、完全に北極と南極を通る南北の軌道ではなく、数度傾けた軌道にしている。これは、地球の重力の歪みを利用して、衛星の軌道を少しずつずらすためだ。地球は太陽のまわりを1年で1回まわるので、衛星の軌道も1年で1回まわるようにずらしてやらないと毎日同じ時刻の場所を通るようにならないのだ。こういう軌道を「太陽同期極軌道」と呼び、偵察衛星の多くが利用している。

静止軌道——地球の同じ場所を見下ろす

衛星が地球を1周するのに要する時間は、地球に近い高度数百キロメートル程度の軌道では約90分だが、高度が高くなるほど長くなる。高度3万6千キロメートルだと、およそ24時間にもなる。24時間で地球を1周するということは、地球から見ると回っていないように見えるということだ。また、軌道面が傾斜していると衛星は南北に行ったり来たりしてしまうので、軌道傾斜角ゼロ、つまり赤道上空を回るようにしてやると、この衛星は地上から見ると空中の1点に静止しているように見える。

こういう軌道を静止軌道と言い、静止軌道を飛行する衛星を静止衛星と言う。

静止衛星はとても便利な衛星だ。衛星と地上で通信する場合、携帯電話のように指向性のないアンテナでは遠くの衛星との通信が難しい。指向性の高いアンテナを使うと、衛星にしっかりと向けなければならない。静止衛星なら、地上のアンテナは固定のパラボラアンテナで良いということになる。だから放送衛星や通信衛星の多くは静止衛星だ。

航空機に衛星通信アンテナを搭載する場合も、現在位置がわかれば通信衛星の見える方角がわかるから、追跡は容易だ。

衛星側から見た場合、高度が3万6千キロメートルもあると地球のほぼ半分が見渡せる。ただし、地球までの距離が遠いので、細かく見るのは難しい。そこで、あまり細かく見える必要はないが、広範囲を常時観測したい目的に使われる。主要な用途は、雲を観測する気象衛星と、弾道ミサイルの発射を探知する早期警戒衛星だ。

傾斜軌道——様々な用途の衛生で採用

極軌道が地球をタテに回る軌道、静止軌道がヨコに回る軌道なら、当然ナナメに回る軌道もある。タテやヨコが特殊なのであって、それ以外はナナメの軌道、傾斜軌道だ。傾斜軌道の衛星は、その傾斜角のぶんだけ南北に行ったり来たりする。傾斜角45度の衛星なら、北緯45度まで北上したあと、地球を半周して南緯45度まで南下する。

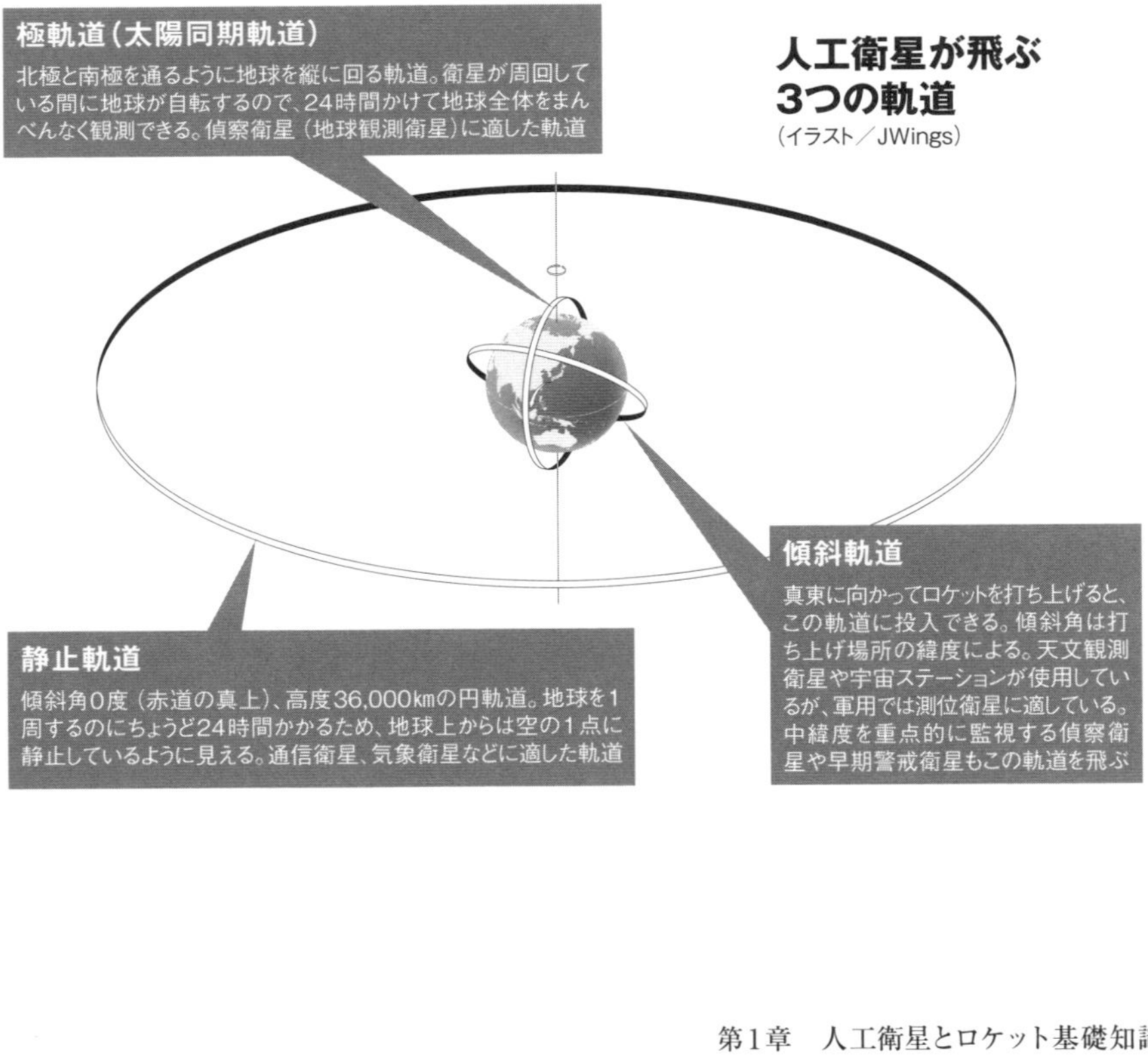

極軌道（太陽同期軌道）
北極と南極を通るように地球を縦に回る軌道。衛星が周回している間に地球が自転するので、24時間かけて地球全体をまんべんなく観測できる。偵察衛星（地球観測衛星）に適した軌道
傾斜軌道
真東に向かってロケットを打ち上げると、この軌道に投入できる。傾斜角は打ち上げ場所の緯度による。天文観測衛星や宇宙ステーションが使用しているが、軍用では測位衛星に適している。中緯度を重点的に監視する偵察衛星や早期警戒衛星もこの軌道を飛ぶ
静止軌道
傾斜角0度（赤道の真上）、高度36,000kmの円軌道。地球を1周するのにちょうど24時間かかるため、地球上からは空の1点に静止しているように見える。通信衛星、気象衛星などに適した軌道

人工衛星が飛ぶ3つの軌道
（イラスト／JWings）

こういう軌道の使われ方はいろいろあるのだが、ミリタリー用途では測位衛星がよく利用する。測位衛星は地上での位置を幾何学的な計算で求めるので、複数の衛星がいろいろな方向にばらけて見えないと都合が悪い。そこで傾斜軌道の衛星をいくつも打ち上げて、東西南北にまんべんなく衛星が見える状態にしている。

もうひとつは、偵察衛星や早期警戒衛星だ。北極や南極は人口も戦争も少ないので、赤道を挟んだ中緯度ぐらいまでの範囲を重点的に監視する衛星もあった方が良い。そこで、傾斜軌道を飛ぶ衛星も組み合わせて使われている。

Column

幻の有人偵察衛星

かつて宇宙飛行士が自分の目で見て撮影する「有人偵察衛星」が計画されたことがあった。検討が始まった1963年は、まだ最初の1人乗り宇宙船「マーキュリー」の時代。そんな頃に、開発中の2人乗り宇宙船「ジェミニ」を使った〝偵察宇宙ステーション〟とも言える衛星を、アメリカ空軍では計画したのだ。そして1966年には「タイタンⅢC」で実物大模型を打ち上げた。NASAの科学宇宙ステーション「スカイラブ」が打ち上げられるのは1973年だから、いかに先進的だったかわかる。しかし、有人偵察衛星はコストが掛かりすぎた。KH-10「ドリアン」とも有人軌道実験室「MOL」とも呼ばれたこの計画は中止された。

第3講

衛星のキホン②

人工衛星のしくみと機能

「のりもの」としての人工衛星

第2講では衛星が飛行する軌道について解説したが、衛星の飛び方がわかるとどうして衛星がその形をしているかがわかるようになり、おもしろさがぐっと広がるはずだ。というわけで、ここからは衛星の機能とカタチについて解説しよう。

宇宙開発分野の科学ライターである筆者だが、もちろん飛行機も大好きだ。多くの飛行機ファンにとって、まず飛行機のことが好きになったのは「かっこいいから」「美しいから」といった直感的な感動が理由ではないだろうか。

一方で、人工衛星を見て「かっこいい」「美しい」と感じるかというと、あまりピンとこないという方が多いのではないだろうか。人工衛星は無重力の宇宙空間に浮かんでいるので、「のりもの」というよりは「設備」のような印象を受ける。

しかし、人工衛星も宇宙空間を飛行する物体なので「のりもの」としての機能を持っている。今回は人工衛星のしくみや機能を理解して、人工衛星の「かっこよさ」を楽しむ入口を見付けて頂きたい。

人工衛星には「向き」がある

私達が「のりもの」を見るときには必ず、「のりもの」の「向き」を意識するはずだ。前後、左右、上下といった方向が、のりものからは一目瞭然で見てとれる。人工衛星は「宇宙は無重力」というイメージもあってただ浮いているように見えるかもしれないが、ちゃんと向きがある。

まず、上下がある。宇宙では下、つまり地球の方向を「天底」、英語では「ナディア」（nadir）と言う。上、地球と反対の方向のことは「天頂」、「ゼニス」（zenith）と言う。人工衛星にはナディア面とゼニス面があり、基本的にはナディア面を地球に向ける姿勢を保って飛行する。

衛星が軌道上を飛行する方向が前、「フォワード」（forward）。逆方向が後ろ、「アフト」（Aft）だ。進行方向と上下が決まれば左右が決まる。左は「ポート」（port）、右は「スターボード」（starboard）と言う。アフト、ポート、スターボードはもともと船の用語で「船尾」「左舷」「右舷」のことだが、飛行機でも全く同じ用語を使うので、飛行機ファンの読者にはおなじみだろう。

衛星の機能はこれらの向きを考えて配置されているので、慣れれば見ただけで衛星の向きがわかり、向きがわかれば機能や構造を理解することができる。例えば地球との通信アンテナや地球観測機器などはナディア向きに取り付けられている。

人工衛星の向きの名前
（イラスト／JWings）

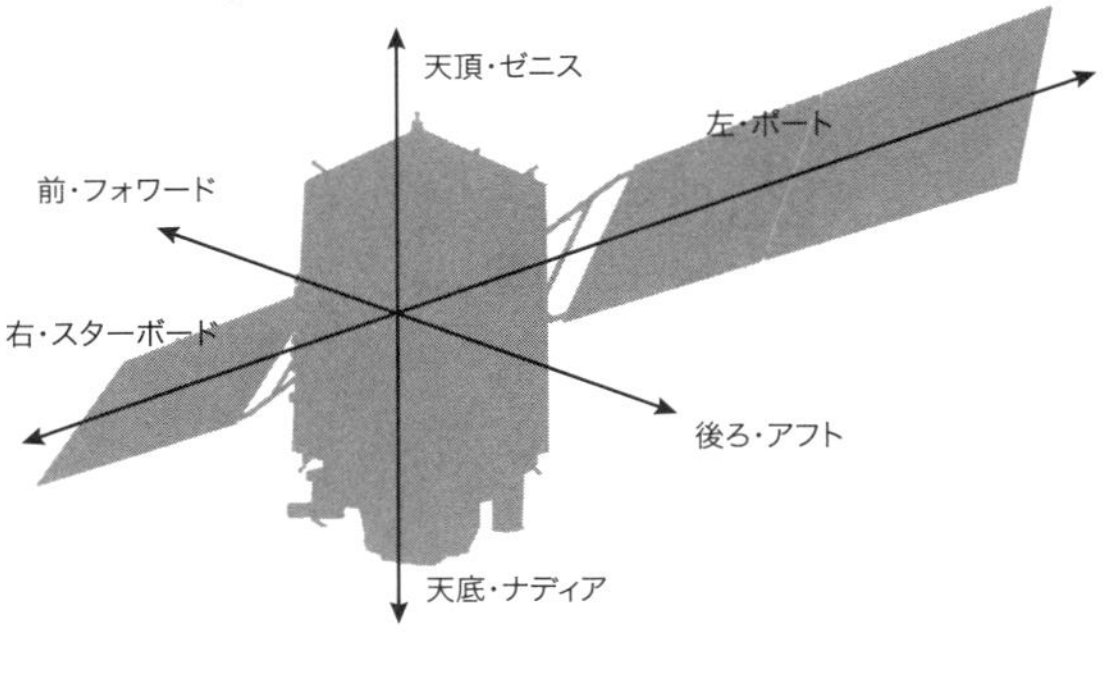

機体に相当する「衛星バス」と衛星の目的に合わせた「ミッション機器」

飛行機、とくに軍用機の場合、ある機体構造に異なる武装や機器を搭載することで、全く別の用途の機体を作ることができる。たとえばF／A‐18Fスーパーホーネット戦闘機の武装を、電子戦機器に置き換えればEA‐18Gグラウラー電子戦機になる。旅客機のボーイング767に空中給油装置を取り付ければKC‐767空中給油機に、レーダーや管制システムを取り付ければE‐767早期警戒機になる。こういった、飛行機として空を飛ぶために作られている機体部分に相当する、衛星の本体部分にあたるのが、衛星バスなのだ。

EA-18Gグラウラー（写真下）は海軍の戦闘攻撃機F/A-18F（写真上）をベースに搭載する武装や装置などを変更して開発された電子戦機。そのため外見もよく似ている（写真／US Navy）

衛星バスは衛星が軌道を飛び続けるための推進装置や姿勢制御装置、電源装置や自動制御装置、それらを格納する構造体などから構成される。当然、これらの機器は衛星の目的とは直接関係なく、どの衛星でも似たような機能なので、宇宙機器メーカーが開発した製品を組み合わせて使用することが多い。こういった点も飛行機と似ている。

衛星が飛行する軌道や目的、大きさなどが似ていれば、衛星バスも似たものになる。そこで近年は衛星ごとにバス部分を開発するの

三菱電機製「DS2000」衛星バスを使用した測位衛星「みちびき」。アメリカ空軍のGPS衛星と同等の機能を国産技術で実現した。下側のアンテナを地球に向け、東へ向かって飛行するので、太陽電池は南北を向く。防衛省のXバンド防衛通信衛星も同じDS2000バスを使用しているが、通信衛星はより多くの電波を送信するため太陽電池が大型だ（イラスト／準天頂衛星システム）

衛星バスとミッション機器
（イラスト／JWings）

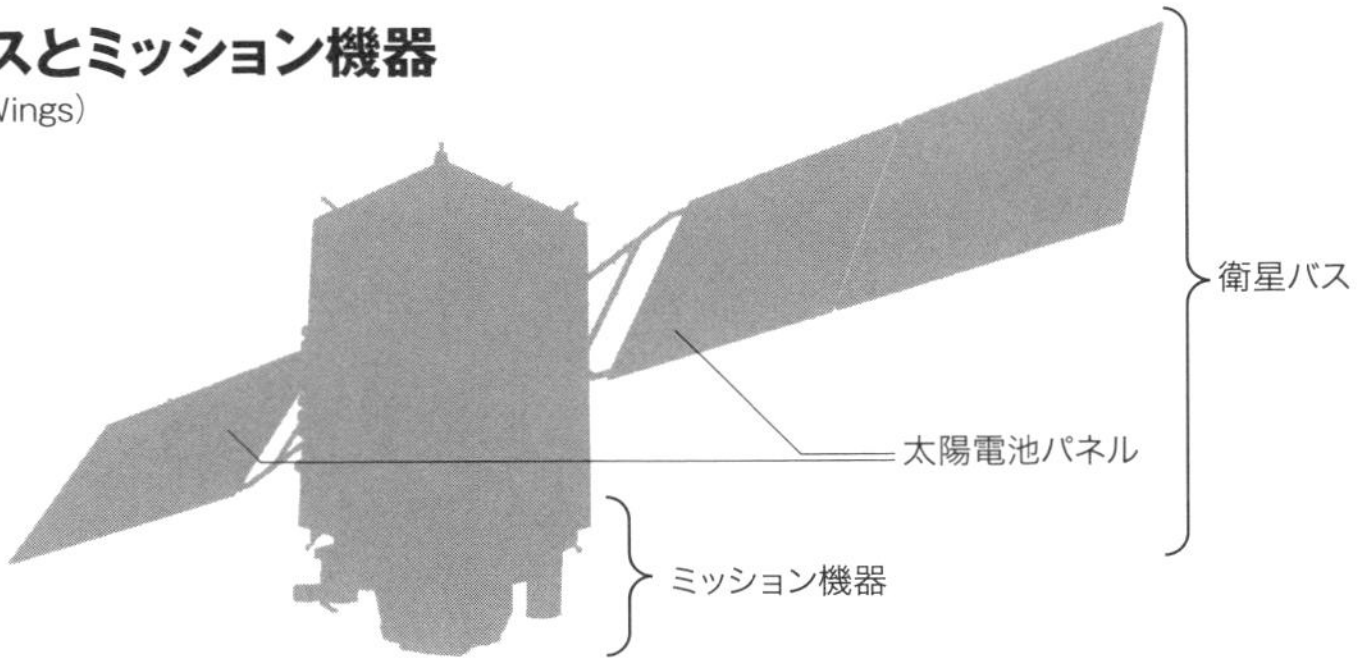

ではなく、あらかじめ「標準バス」を開発しておいて、それをカスタマイズして衛星を開発することが多い。日本を代表する標準衛星バスは測位衛星「みちびき」や気象衛星「ひまわり8号」、防衛省のXバンド通信衛星「きらめき」などに使われている、三菱電機製の「DS2000」だ。

このように、バスが共通でも搭載する機器を変えることで、それぞれの役割（ミッション）に対応することができる。こういった機器のことは、ミッション機器と呼ぶ。ミッション機器については今後の講で、衛星の種類ごとに解説しよう。

太陽電池パネルでわかる人工衛星の個性

衛星のバス機器の中でも、最も大きくて目立つのが太陽電池パネルだ。衛星の場合、太陽電池パネルを見ることで、その衛星の「飛び方」がわかる。飛行機の翼の形状や大きさ、配置などを見ると、その飛行機の飛び方がわかるのと似ている。

基本的には左右に配置　いつも太陽に向いている

日本の偵察衛星「情報収集衛星」と、アメリカ軍の通信衛星

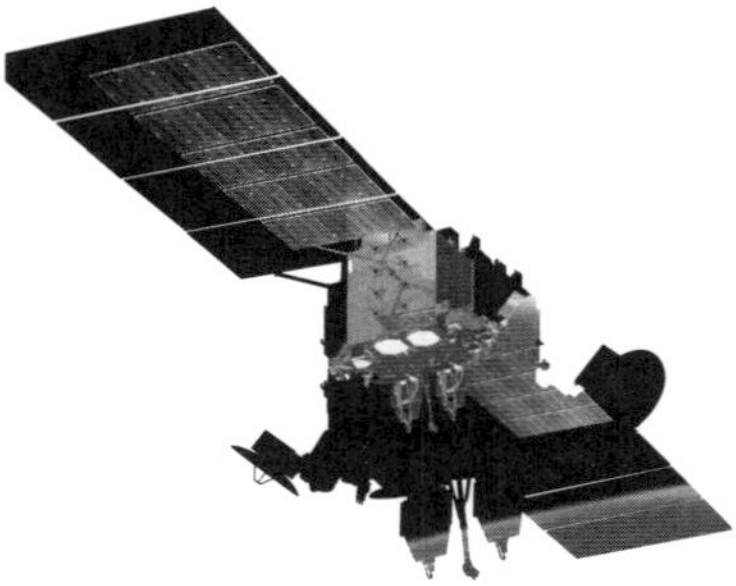

アメリカ空軍の通信衛星、AHEF。静止衛星なので、実際の高度はもっと高い。大きな太陽電池は民間の通信衛星とも共通だが、真下の地球ではなく斜めに向けられた2基のパラボラアンテナが特徴だ。このアンテナは複数のAHEF同士で通信をリレーし、地球の裏側との通信を可能にするためのもので、全世界に展開するアメリカ軍ならではの機能と言えるだろう（イラスト／US Air Force）

日本の偵察衛星、情報収集衛星の想像図。上はレーダー衛星で、中央下面（ナディア側）の前後方向に合成開口レーダーが付いている。下は光学衛星で、黒い箱型の部分がデジタルカメラ。どちらも進行方向前側から見たところだ。2つの衛星はバス部分が共通だが、光学衛星の太陽電池は短いだけでなく、軌道の傾斜角に合わせて斜めに取り付けられているのが特徴的（イラスト／P-ISLAND.COM、松浦晋也）

「ＡＥＨＦ」を見てみよう。衛星が地球を1周すると、その間に太陽が見える方向も1回転する。あるときは進行方向正面に見えた太陽が、衛星が進むにつれて上に見え、そのうち真後ろになる。

そこで太陽電池パネルは、衛星の左右に細い軸で取り付けられて、太陽に向けて回転できるようになっている。人工衛星は宇宙に「浮いている」ように見えるかもしれないが、実は左右に翼を広げて「飛行している」のだ。

情報収集衛星は北極と南極を通る極軌道の衛星なので、太陽電池の翼は東西に広げている。一方、ＡＥＨＦのような静止衛星は赤道上空を真東へ飛行しているので、太陽電池は南北方向だ。

なお、飛行機の翼の配置がさまざまなのと同様、衛星の太陽電池の配置もこれが全てというわけではない。あくまで、最も基本的な配置がこの「左右に翼を広げたような太陽電池」だ。そうではない太陽電池配置の衛星があったら「どうしてこういう形をしているのだろう？」と考えると、衛星を見る楽しみはぐっと広がる。

消費電力に合わせて太陽電池のサイズも変わる

言うまでもないが、太陽電池は衛星に電力を供給するための装置だ。つまり太陽電池のサイズは消費電力の大きさで決まる。

右ページの情報収集衛星を見てみよう。2機の衛星のうち太陽電池が長い方はレーダーを搭載した衛星、短い方は光学カメラを搭載した衛星だ。レーダーの方が電力消費が多いので、大きな太陽電池を搭載している。

次に、同じDS2000バスを使用した「ひまわり」(14ページ)と「みちびき」(22ページ)を比べてみよう。観測画像を地上のパラボラアンテナへ送る「ひまわり」と比べると、携帯端末でも受信できるよう強力な電波を送信する「みちびき」の方が大電力が必要なのだが、両者の太陽電池のサイズは同じで、「ひまわり」は片側だけに付けている。こうすると太陽電池を回転させる機構も片側で足りるので、コストや重量を抑えることができる代わりに、故障したときは予備がないというデメリットもある。このあたりは飛行機で言えば、小型戦闘機に大型エンジンを1機積むか、小型エンジンを2機積むかという話と似ている。

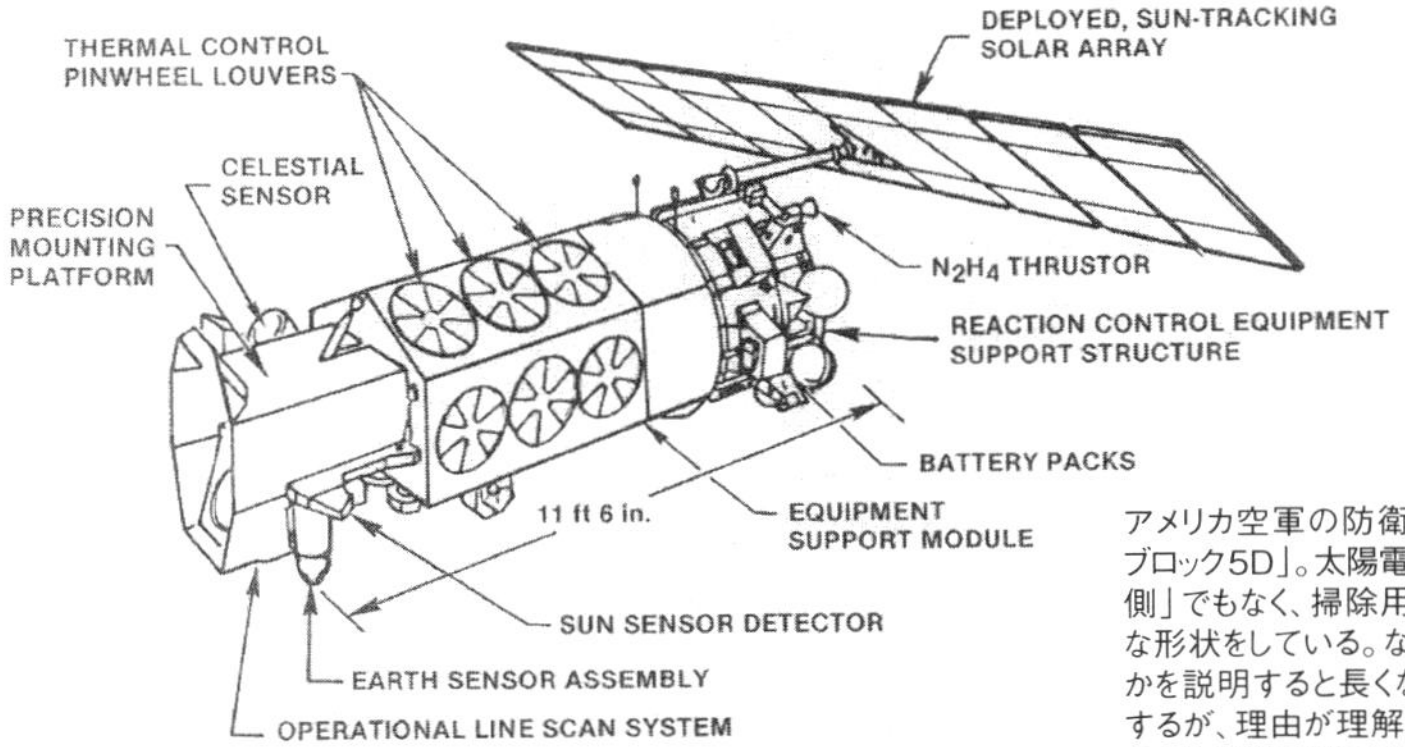

アメリカ空軍の防衛気象衛星「DMSPブロック5D」。太陽電池が「左右」でも「片側」でもなく、掃除用モップのような独特な形状をしている。なぜこんな形になるのかを説明すると長くなるので今回は省略するが、理由が理解できればこの衛星がどんな軌道を飛ぶのか、太陽電池を見ただけでわかってしまうのだ
(イラスト/US Air Force)

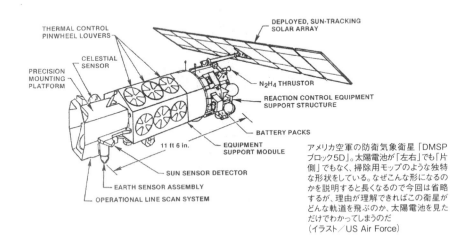

第4講

衛星のキホン③ 人工衛星のエンジン

スラスターを使ってマニューバーする人工衛星

衛星に搭載される様々な機器のうち、飛行に必要なエンジンや姿勢制御装置を解説していこう。

宇宙には空気がない。だから、人工衛星はエンジンで推進しなくても飛び続けることができる。ただ、二つの問題がある。

一つは、人工衛星の向き（姿勢）を変えるのに翼を使えないということだ。飛行機なら、翼の一部を動かすことで回転する力を生むことができるが、空気がないと翼が使えない。もうひとつは、高度1000km程度までの低い軌道（衛星にとってはこれでも低い方だ）では全く空気がないわけではなく、ほんのわずかな空気によって少しずつ高度が下がってしまうことだ。

これらのために、衛星には小型のロケットエ

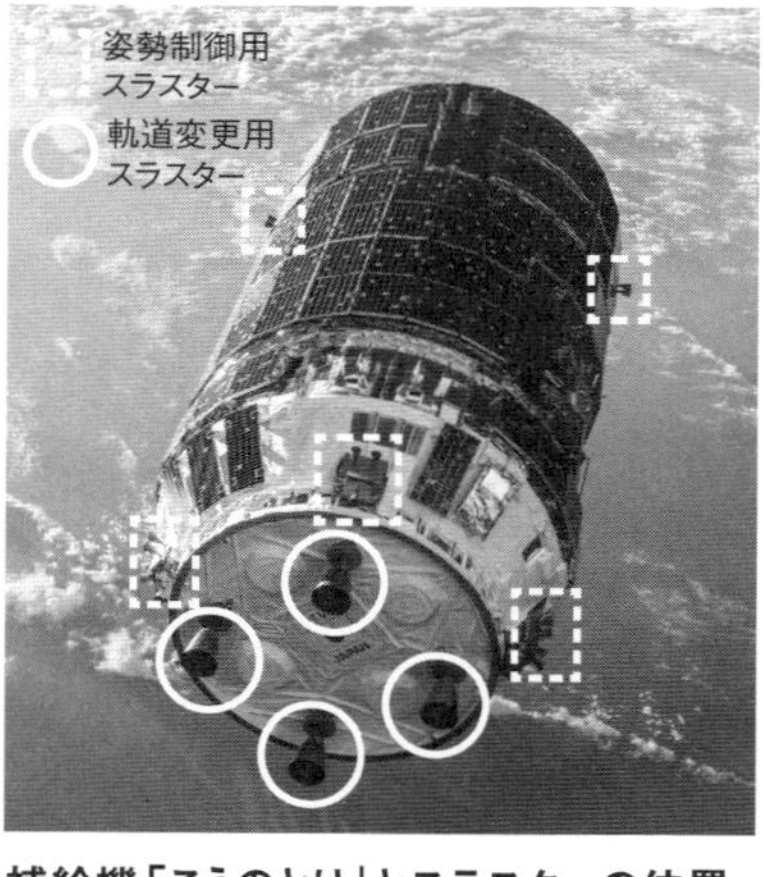

補給機「こうのとり」とスラスターの位置

宇宙空間を飛行中の、宇宙ステーション補給機「こうのとり」。「こうのとり」は宇宙ステーションとのランデブーのため、強力なマニューバ能力を備えている。軌道変更用の4基の大型スラスターは、静止衛星のアポジエンジンと同じもの。姿勢制御用の小型スラスターは2基ずつセットになっていて、RCS全体も2重系としており、有人宇宙ステーションに衝突しないよう信頼性を高めているのが特徴的だ（写真／NASA）

ンジンがいくつも取り付けられている。ロケットエンジンと言ってもノズルが数cm、推力も1kgもないような小さなものもあり、エンジンと呼ぶのも大袈裟ということか「スラスター」と呼ばれることが多い。

なお、人工衛星の姿勢や軌道を変更することを「マニューバー」（機動）と呼ぶ。軍用機ファンにはおなじみの言葉だ。

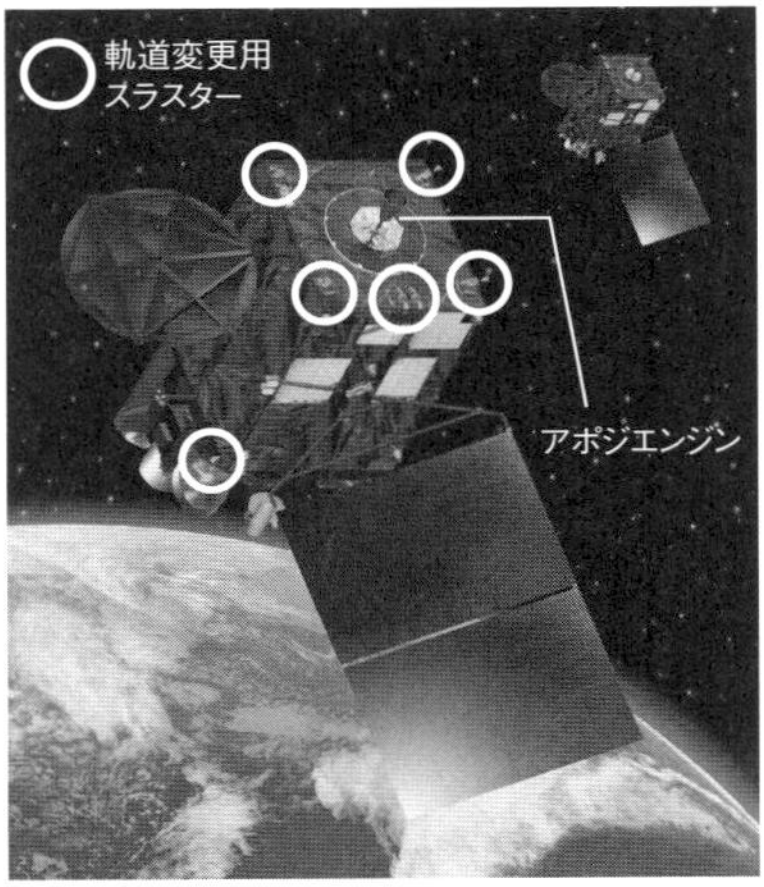

気象衛星「ひまわり8号」とスラスターの位置

気象衛星「ひまわり8号」は、高度3万6000kmを飛行する静止衛星だ。打ち上げ時に使用する大型のアポジエンジンと、姿勢制御用の小型スラスターが見てとれる。静止衛星は観測装置やアンテナなどをじっと地球へ向けているので、RCSは衛星をピタっと止めるように使われる（画像／気象庁）

衛星の運動を制御する「RCS」

翼を使えない宇宙で衛星の運動を制御する装置の代表格はＲＣＳだ。ＲＣＳは一般に「姿勢制御システム」と訳されるが、英語のリアクション・コントロール・システムの略なので、直訳すれば「反動制御システム」となる。つまりスラスターで機体を制御するシステムという意味で、姿勢だけでなく推進にも使われる。ちなみに軍用機の世界でＲＣＳと言えばステルス性を表す「レーダー反射断面積」のことだが、宇宙でもデブリがレーダーで発見できるかという文脈でこちらのＲＣＳが出てくることもある。英語の略語という奴は、面倒だ。

スラスターを交互に使って回転 同じ方向に使って軌道変更

ＲＣＳは、衛星の各部に取り付けられたスラスターと、その制御システムの総称だ。飛行機の操縦に使われる動翼と、フライバイワイヤ操縦システムに相当するものと考えればよい。

飛行機の動翼が主翼の先端や尾翼に取り付けられているように、スラスターも衛星の端っこに付けられている。といっても折り畳み式の太陽電池パネルに付けるわけにはいかないので、衛星本体の端っこに付いているのが一般的だ。

スラスターを一つだけ、あるいは互い違いに噴射すると、衛星は回転運動を起こす。同じ向きのスラスターを同時に噴射すると、衛星は回転せずに移動する。と言っても、もともと止まっているわけではなく衛星軌道上を飛行しているので、軌道を変更することになる。

空気抵抗で高度が下がった衛星をリブースト

低い高度を飛行する低軌道衛星は空気抵抗を受けるので、定期的にこのスラスターを使い、高度を上げる。飛行機のようにエンジンをずっと作動させるのではなく、高度がある程度下がったらぐいっと持ち上げる。これを「リブースト」と呼ぶ。低く飛ぶ衛星ほど空気抵抗は大きくなるので、リブーストの燃料を大量に積んでおかなければならない。たとえば民生用の地球観測衛星「だいち2」の軌道は高度628㎞だが、偵察衛星の軌道はもっと低く、中には高度200㎞前後というものもあった。地球に近付いた方が精細な写真を撮影できるからだが、高度の維持は大変になる。

低軌道衛星は燃料が切れると再突入

飛行機と違って衛星は燃料が切れてもすぐには落ちないが、低軌道衛星の場合は少しずつ軌道が低下してしまう。たとえ衛星が故障していなくても、燃料切れはやはり衛星の寿命を意味する。燃料の切れた衛星は、高度が下がるにつれ空気抵抗も大きくなり、加速度的に降下して大気圏に突入。燃え尽きてその生涯を終える。高度200kmの偵察衛星は、打ち上げから数ヶ月程度で寿命を迎えたようだ。

静止衛星は燃料切れの前に墓場軌道へ

一方、静止衛星は高度が3万6000kmもあるので、空気抵抗はほとんどない。このため高度維持のための燃料は必要ないが、太陽や月の引力、太陽光の圧力（光にもごくわずかな圧力がある）、地球の重力の不均一などで少しずつ軌道がずれる。このため軌道の微修正は必要で、やはり燃料切れは衛星の寿命につながる。

ただ、低軌道衛星と違ってそのまま放置しても永久に落ちてこないので、放置すると他の衛星とぶつかる危険がある。そこで静止衛星は燃料が残っているうちに、少し高い軌道へ移ることになっている。これを墓場軌道と呼び、まさに衛星の墓場のように、たくさんの衛星が永久に地球を回り続けている。

人工衛星の主要な軌道と墓場軌道

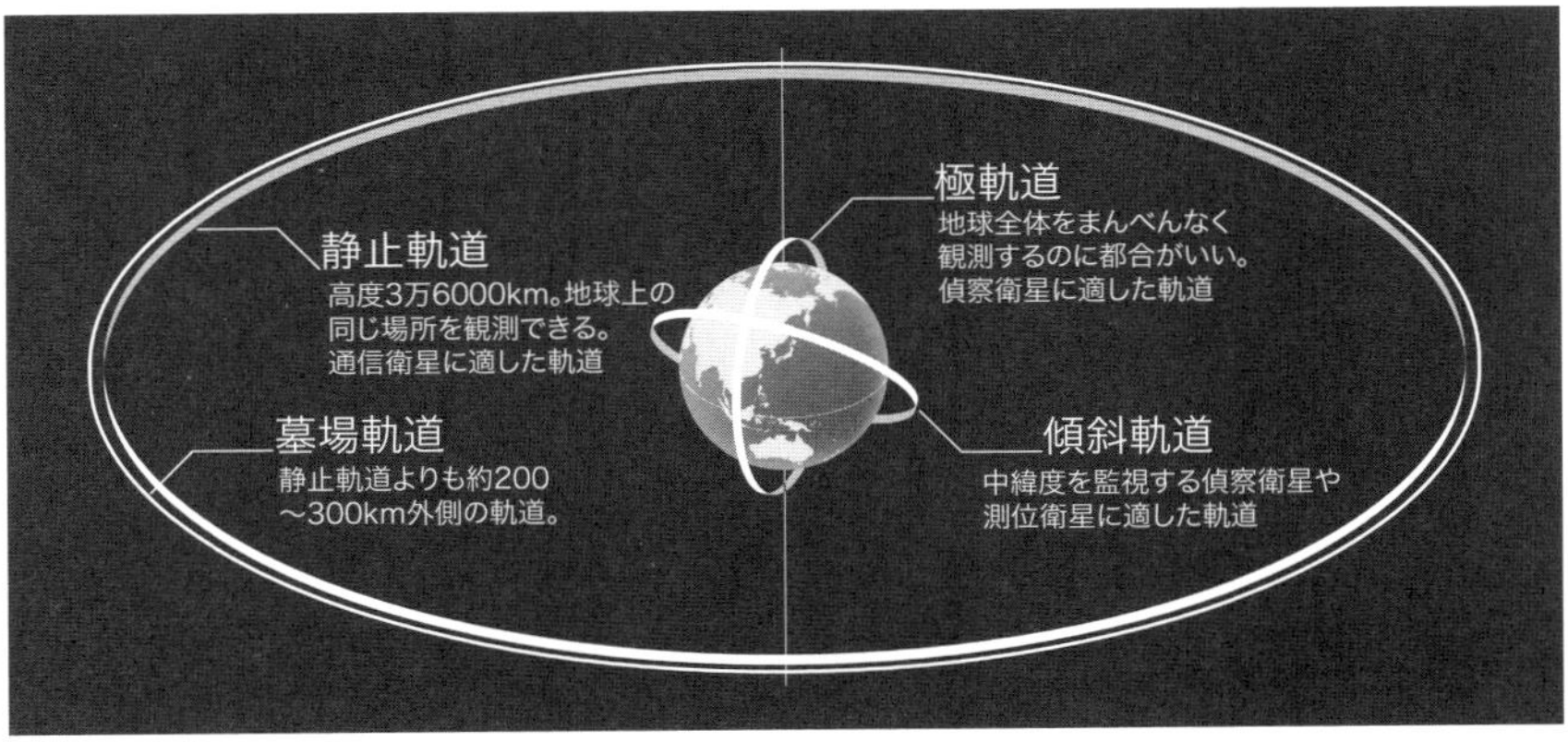
極軌道
地球全体をまんべんなく観測するのに都合がいい。偵察衛星に適した軌道
静止軌道
高度3万6000km。地球上の同じ場所を観測できる。通信衛星に適した軌道
墓場軌道
静止軌道よりも約200〜300km外側の軌道。
傾斜軌道
中緯度を監視する偵察衛星や測位衛星に適した軌道

燃料を使わない姿勢制御　リアクションホイール

燃料を消費せずに姿勢制御する方法もある。「リアクション・ホイール」（RW）は、衛星の中にコマのような物を入れて回転させる装置だ。最近だとハードディスクと言った方がわかりやすいかもしれない。

ホイールと呼ばれる丸いおもりを回転させると、その反動（リアクション）で衛星は逆に回る。この方法で衛星の向きを変えるのがRWで、モーターを回したり止めたりする電力だけで衛星の姿勢を変えられるのが利点だ。このため、たとえば偵察衛星のカメラを目標に向けるなど、頻繁な姿勢変更でも燃料を消費せず、衛星の寿命を延ばすことができる。

「アポジモーター」や「バーニア」もエンジン？

ところで、宇宙に関するアニメ作品の中で「アポジモーター」や「バーニア」といった言葉が出てくることから、これらは宇宙で使用するエンジンのことだと誤解されている節があるので、ここで解説しておこう。

「アポジモーター」は、主に静止衛星が静止軌道に乗るため

姿勢制御に使うリアクションホイール

アメリカ製のリアクションホイール。茶碗を伏せたような形をしているが、内部にはモーターで回転するおもりが入っており、これを回すことで衛星の姿勢を制御することができる。写真のものはハッブル宇宙望遠鏡用（右）だが、宇宙望遠鏡も偵察衛星もカメラの向きを頻繁に変えなければならないので、同じものが偵察衛星にも使われているかもしれない（写真／NASA）

高度569kmの上空を飛行するハッブル宇宙望遠鏡（写真／NASA）

着陸するスペースシャトル「エンデヴァー号」
（写真／NASA）

スペースシャトル「エンデヴァー」のスラスター

スペースシャトル「エンデヴァー号」（下）の機首に内蔵されている、RCSのスラスター。縦長の2つの穴は斜め下向き、円形の2つの穴は横向きのスラスターの噴射口。大気圏外での姿勢制御に使用するほか大気圏再突入時にも、翼の舵面が効く程度の空気の濃さになるまでは、RCSによる姿勢制御が併用される（写真／筆者）

に使うスラスターのことだ。静止衛星はロケットから分離されたあと、地球から一番離れた場所（アポジ）に着いたら自分のスラスターで軌道を変更し、静止軌道に乗らなければならない。このために搭載する、軌道変更用スラスターのことを「アポジモーター」、あるいは「アポジエンジン」と呼ぶ（ロケットエンジンのことはモーターと呼ぶこともある）。静止衛星以外の衛星はアポジでの軌道変更をしないので、アポジモーターとは呼ばない。

「バーニア」というのは、もとはノギスなどの計測器具の副尺、1㎜より小さな寸法を測るための目盛りのことで、そこから転じて微調整用の小さなスラスターという意味になる。推進用の大きなスラスターに対して、姿勢制御用の小さなスラスターをバーニアと呼ぶことがある。

このように、「アポジモーター」と「バーニア」はどちらも宇宙で使用するスラスターの種類と言えるのだが、アニメの中ではスラスター全般を意味するような使われ方をしているようだ。最近はアニメの世界に登場する軍用機はとてもリアルに描かれるようになってきたと思うが、宇宙を舞台にした作品はまだ現実離れしていることが多いせいか、こういった描写もアニメ独特のものが多く、宇宙マニアとしてはツッコミを入れながら楽しむことになる。読者の皆様は、これからは宇宙で使用するエンジンは「スラスター」と呼んで頂きたい。

Column

「はやぶさ」のイオンエンジン

イオンエンジンはガスを電気の力で噴射する、非常に燃費の良いエンジンだ。小惑星探査機「はやぶさ」で有名になったが、最近は軌道変更用にイオンエンジンを搭載する衛星も増えている。搭載する推進ガスを大幅に削減できるため、衛星の軽量化や寿命延長に役立っている。今後は従来のような燃料を一切使わない「全電化衛星」も増えそうだ。

小惑星探査機「はやぶさ」の模型。4つのイオンエンジンがみえる（写真／JWings）

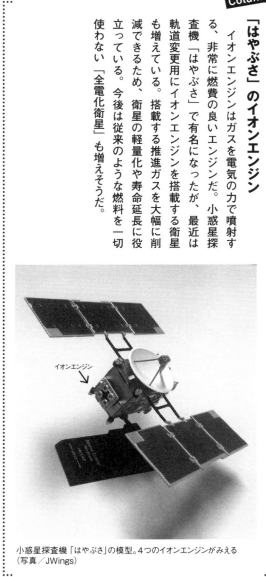

第5講 宇宙を駆けるパワー ロケットエンジン

人工衛星は、真空の宇宙を飛ぶためにロケットエンジンを使う。また、地球から宇宙へ衛星を運ぶのにもロケットが必要だ。そこでここからは、ロケットエンジンとはどのようなものかを解説しよう。

ロケットエンジンはジェットエンジンの一種

飛行機などが積んでいるジェットエンジンは、ノズルからのジェット噴射の反動で推進力を得る。実は、ロケットエンジンも原理は同じで、定義上はジェットエンジンの一種だ。

実際、かつてはロケットとジェットという言葉の区別は曖昧で、航空機に補助ロケットを付けて短距離離陸するロケット補助離陸（RATO、Rocket Assisted Take Off）は、ジェット補助離陸（JATO、Jet Assisted Take Off）と呼ばれることもある。ただ現在は、ジェットエンジンと呼んだ場合は、ロケットエンジンを含まないことが多い。

空気を噴射するジェットと推進剤を噴射するロケット

いわゆるジェットエンジンとロケットエンジンの違いは、噴射するガスを何から作るかということだ。

ジェットエンジンは前から空気を吸い込んで後ろへ噴射する。燃料を混ぜて燃やしているが、吸い込む空気の方が燃料よりずっと多い。

宇宙ではこの方法ではダメだ。吸い込む空気が宇宙にはないからだ。そこで、噴射するガスは全て、機内に積んでおかなければならない。機内に積んだ推進剤（プロペラント）

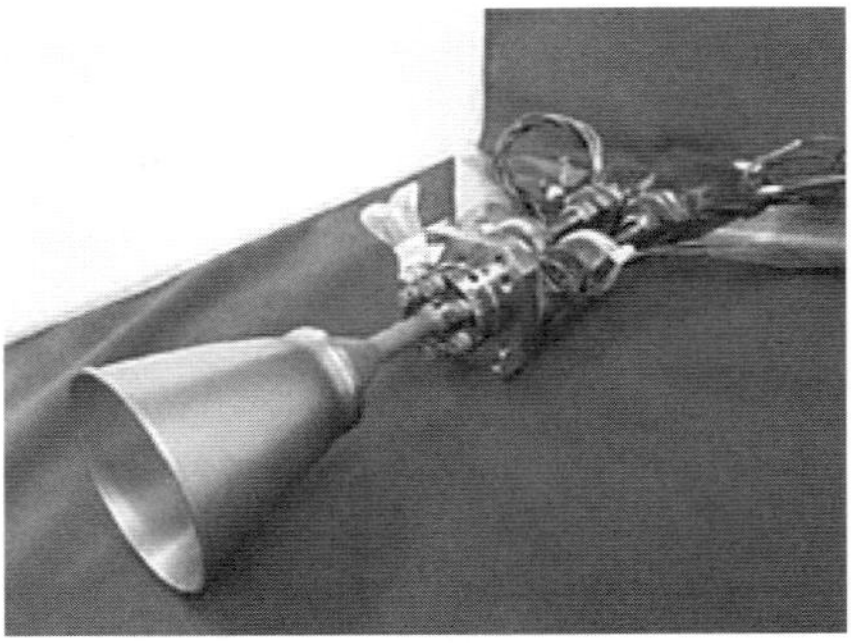

人工衛星の姿勢制御用の2液式スラスター。推進剤と酸化剤をバルブで出したり止めたりする単純な構造で、大きさも小さいが、長期間繰り返し使える耐久性が求められる（写真／JAXA）

ジェットエンジンと3形式のロケットエンジン （イラスト／田村紀雄）

●ジェットエンジン（ターボファン）

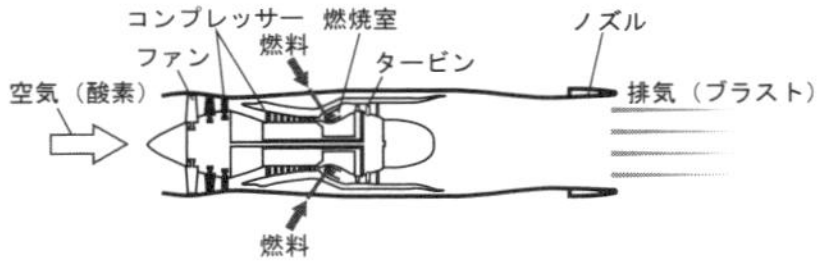

空気をコンプレッサーで圧縮し、燃焼室で燃やして高温高圧ガスにしたあと排気タービンを通り、ノズルから噴射して推力を得る。ファンやタービンなどの回転部分が大半を占めており、ロケットエンジンと比べると仕組みは複雑だ。ちなみにF-15のF100エンジンが約10.8トン重の推力を発生するのはアフターバーナー使用時

●2液式ロケットエンジン

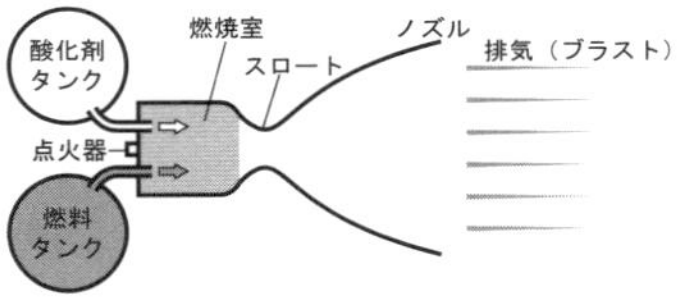

液体の燃料と酸化剤を燃やすタイプのエンジン。燃焼室で高温高圧のガスになり、スロートを通過してノズルで膨張、噴射する。基本的な構造はこれだけで、あとは推進剤の供給や燃焼室の冷却などの配管だ。衛星などの小型エンジンでは、燃料と酸化剤はタンクの圧力で直接噴射するが、ロケットなどの大型エンジンでは強力なターボポンプで送り込む

●1液式スラスター

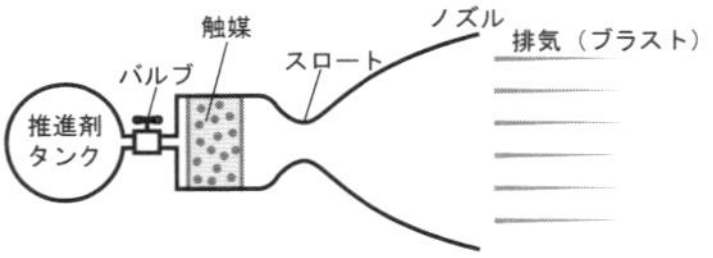

推進剤を触媒で分解するタイプのエンジン。推進剤にはヒドラジン、触媒にはイリジウム（レアメタルの一種）をコーティングした粒を使うのが一般的で、バルブを開けて触媒と推進剤を接触させただけで高温高圧のガスを発生するため点火器は不要。圧力タンクを使えばポンプも不要で、非常に単純な構造だ

●固体ロケットモーター

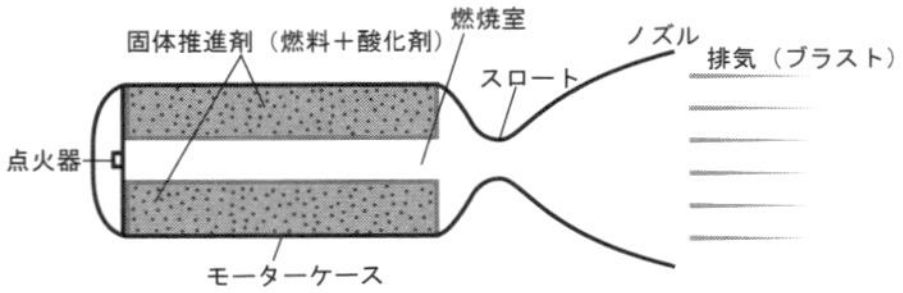

モーターケース内の固体推進剤が、その場で燃える構造。先端の点火器も火薬を使った小型ロケットのような物で、その炎が固体推進剤の中央を貫通するトンネル状の空洞全体に着火すると、推進剤が燃え尽きるまで止めることはできない。モーターケース全体が燃焼室なので、大きさの割に大推力を得やすい

を噴射して推進するのがロケットエンジンだ。

そして、推進剤を液体の状態で搭載するか、固体で搭載するかでロケットエンジンは大きく2種類に分かれる。

宇宙ロケットの主役 液体ロケットエンジン

液体の燃料と酸化剤（酸素や酸素の元になるもの）を燃焼し、その高温高圧ガスを噴射するものを液体ロケットエンジンと呼ぶ。

液体ロケットエンジンの構造は、ジェットエンジンと比べると非常に単純だ。燃料と酸化剤が燃焼室に送り込まれて高温高圧のガスになり、くびれた出口（スロート）を通ってスカート型のノズルから噴射される。ノズルはガスを膨張・加速させ、その圧力を受け止めて推力にする。

推進剤を燃焼室に送り込むには、燃焼室より高い圧力が必要だ。そこで、大型のロケットエンジンではポンプを使用する。現在、日本のＨ‐ⅡＡロケットなどの第1段に使われているＬＥ‐７Ａエンジンの液体水素ポンプは2万８０００馬力もあり、ポンプだけでＣ‐１３０輸送機のターボプロップ・エンジン8発分の力がある。

小型ロケットや人工衛星では、スプレー缶のような圧力タンクから直接、推進剤を供給する。バルブの操作だけで操作できるので簡便だが、タンクが重くなるので大型化には向かない。

戦闘機5機分！ 超強力なロケットエンジン

H-IIAロケットと2種類のロケットエンジン

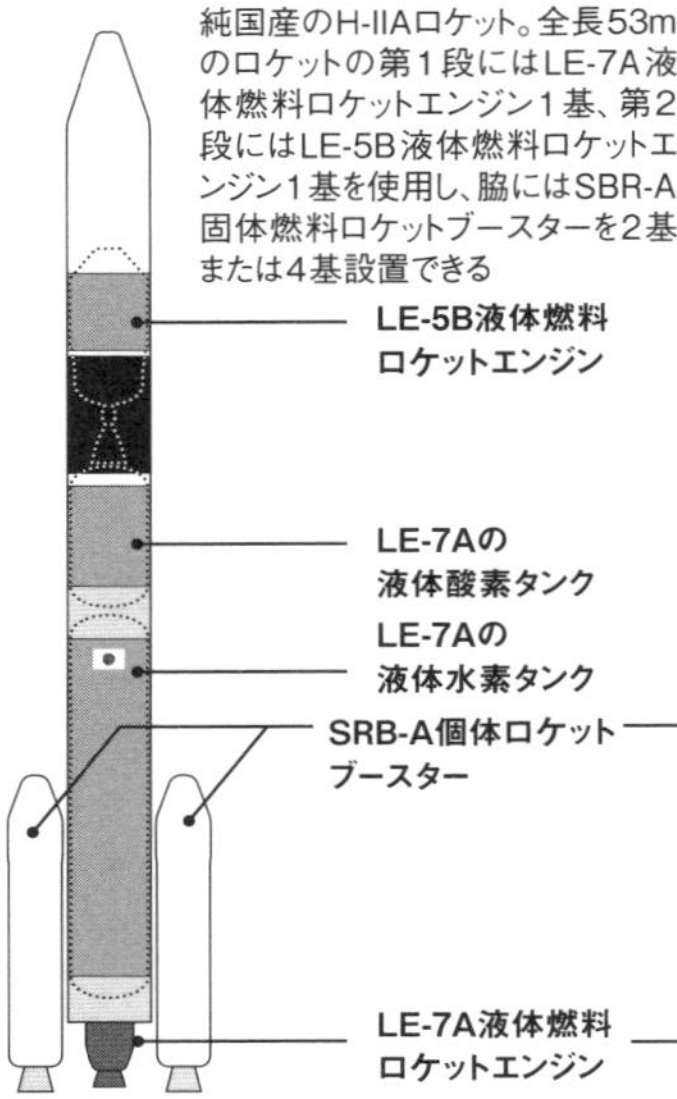

純国産のH-IIAロケット。全長53mのロケットの第1段にはLE-7A液体燃料ロケットエンジン1基、第2段にはLE-5B液体燃料ロケットエンジン1基を使用し、脇にはSBR-A固体燃料ロケットブースターを2基または4基設置できる

H-IIAロケットの補助ブースターとして、またイプシロンロケットの1段目として使われる固体ロケットモーター、SRB-Aの地上燃焼試験。合成ゴムに粒状の酸化剤とアルミ粉末を混ぜて燃やしているため、盛大な火炎と白煙を噴射する（写真／JAXA）

日本の大型液体ロケットエンジン、LE-7Aの地上燃焼試験。大きなノズルの上にある配管は、1秒間にドラム缶3本分の液体水素と、1本分の液体酸素を燃焼室へ押し込むターボポンプなど。たったひとつの燃焼室でF-15J戦闘機5機分の推力を発生する（写真／JAXA）

人工衛星打ち上げに使われるロケットエンジンの推力は、想像を絶するものだ。LE-7Aエンジンのサイズは F-15戦闘機のF100エンジンと同程度だが、推力は最大112トン重。F100はアフターバーナーを使用しても約10・8トン重だから、なんと10倍。たった1機のLE-7Aで、F-15戦闘機5機と同じ推力なのだ。

小さくて長寿命 人工衛星のスラスター

一方、人工衛星が姿勢や軌道を変えるために使うロケットエンジン「スラスター」では、燃料にヒドラジン、酸化剤には四酸化二窒素を用いることが多い。これらは常温で液体なので長期保存しやすいうえ、混ぜただけで自然発火するので点火装置が不要になり、バルブの開け閉めだけで始動と停止ができる。また、ヒドラジンは酸化剤を使わなくても触媒だけで分解して高温のガスになるので、より小さなスラスター

ではヒドラジンだけの「一液式」推進システムもよく使われる。推力は1~数十キログラム重程度と小さいが、10年以上にわたって短時間の噴射を繰り返すので、高い耐久性や信頼性が求められる。

シンプルで力持ち 固体ロケットモーター

推進剤が固体のものは固体ロケットモーターと呼ぶ。液体ロケットエンジンと同じく、後方で絞ってノズルで噴射する構造だが、液体推進剤を供給するパイプなどもなく、本当にただの筒だ。あまりにも構造が簡単なせいか、固体ロケットはロケットエンジンとは呼ばず、ロケットモーターと呼ばれることが多い。

固体推進剤はポリブタジエンという一種の合成ゴム燃料に、過塩素酸アンモニウムという粒状の酸化剤を混ぜたものが主流で、砂消しゴムのような手触りをしている。固体推進剤は中心に穴が空いたチクワ型をしており、この穴の内面全体が燃える内面燃焼方式によって短時間で大量の推進剤を燃やし、大推力を発揮す

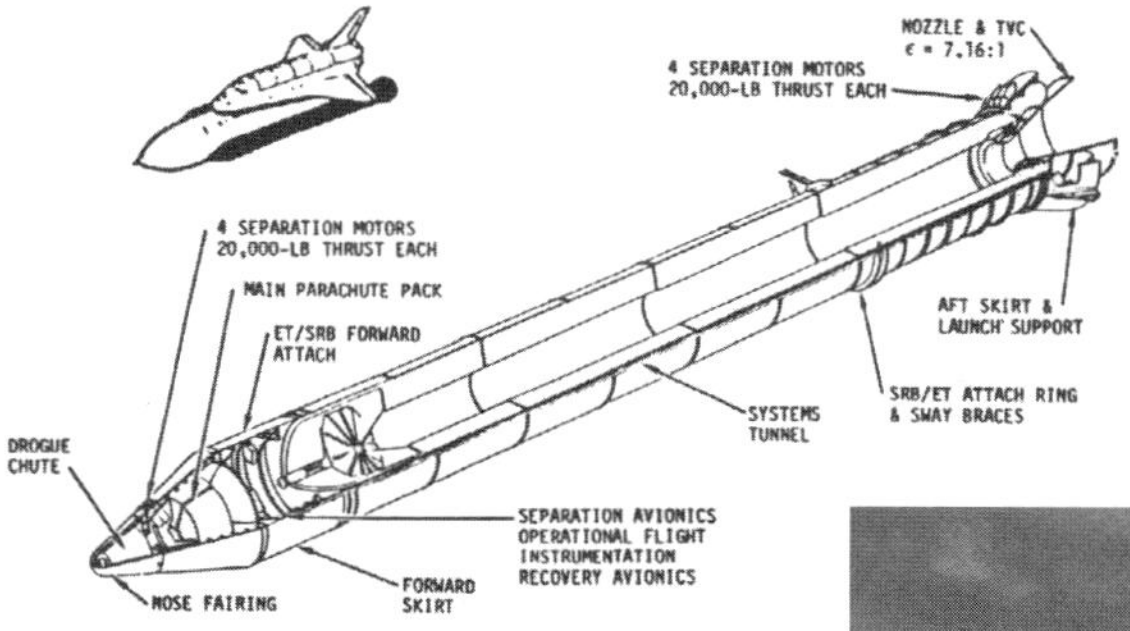

スペースシャトルの固体ロケットブースター（SRB）。鋼鉄製の筒の中で、固体推進剤の空洞の内面が燃え、ノズルから噴射する。全長46mもあるが、構造は驚くほど単純だ（画像／NASA）

スペースシャトルの離陸。炎や煙のほとんどが固体ロケットのもので、液体ロケットエンジンの炎はよく見えない（写真／NASA）

る。
　この、大推力を出しやすいことが、液体ロケットエンジンに対する固体ロケットモーターの最大の利点だ。現在、日本で使用されている最大の固体ロケットモーター、ＳＲＢ‐Ａの推力は最大で約２５０トン重にも達する。１本のＳＲＢ‐Ａで、Ｆ‐15戦闘機12機と同じ推力だ。ちなみに日本最大のロケットである、Ｈ‐ⅡＢロケットではＬＥ‐７Ａを2機、ＳＲＢ‐Ａを４本装備しているので、合計するとなんとＦ‐15戦闘機56機分というすさまじい推力で飛んで行く。

Column

ミサイルの多くは固体ロケット

　ミサイルには固体ロケットモーターが使われることが多い。液体と比べて構造が単純で保存しやすく、点火するだけで確実に飛行するからだ。特に戦闘機に搭載する空対空ミサイルや空対地ミサイル、あるいは地対空ミサイルなどは、ほとんどが固体ロケットモーターを使用している。基本的な構造は宇宙ロケットと変わりはない。

F-16戦闘機のコクピットから見たAIM-9Lの発射シーン。AIM-9L/Mでは胴体の後ろ半分を占める推進セクションに固体ロケットモーターが使用されている（写真／US Air Force）

AIM-9M/Lサイドワインダー空対空ミサイルのMk.36固体ロケットモーター。基本構造はスペースシャトルのSRBと全く同じだ（画像／AIAA）

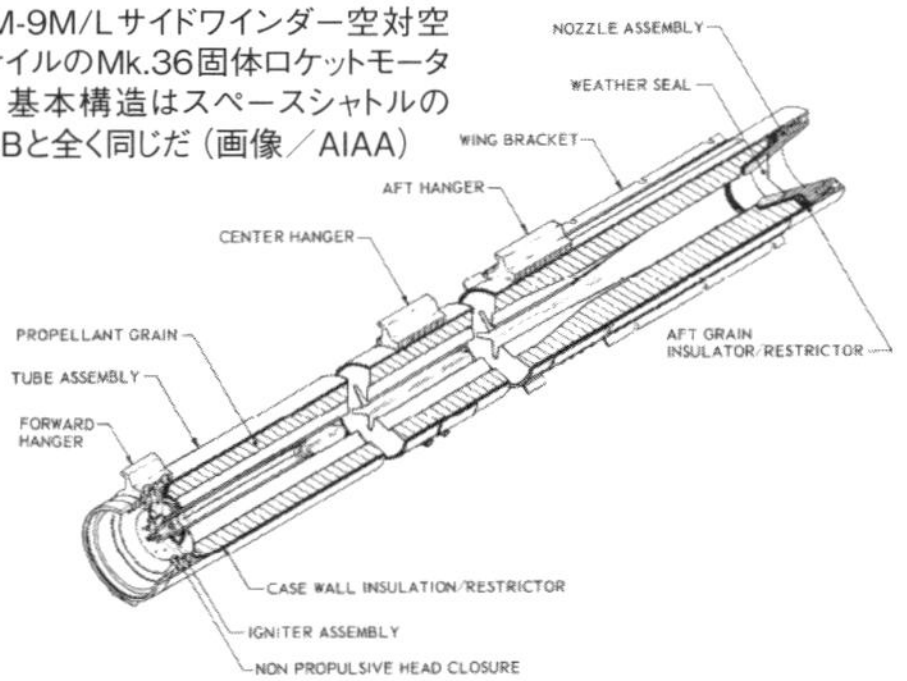

左／米空軍や航空自衛隊など各国で採用された名輸送機C-130。4基のターボプロップ・エンジンを搭載している（写真／航空自衛隊）
右／パワフルなF100エンジン2基を積んだ航空自衛隊のF-15J戦闘機だが、人工衛星打ち上げ用のロケットエンジンと比べると5機合わせてようやくH-IIAロケットのLE-7Aと同程度になる（写真／航空自衛隊）

第6講

もっと速く、もっと遠くへ！ 多段式ロケット

宇宙ロケットの目的は搭載物を目的の方向に必要な速度で加速し、正確な軌道を描いて飛ばすことだ。大砲が砲弾を発射するのと似たようなことだが、砲弾の速度は最高でも秒速2㎞程度。しかしロケットは秒速7㎞以上というすさまじい速度を出さなければならない。

飛行機とロケットでは「推力」の目的が違う

大気圏内を飛ぶ飛行機と、大気圏外を飛ぶロケットでは飛び方が違うのは当然だが、その重要な違いのひとつに空気抵抗の有無がある。

飛行機が加速するには、空気抵抗より大きな推力が必要だ。そして、その速度での空気抵抗とエンジンの推力が釣り合うと、それ以上加速せず一定の速度で飛び続ける。エンジンを止めれば減速してしまうから、飛び続けるためにはエンジンは動作させ続けなければならない。

空気抵抗がなければ飛ぶのに推力は要らない

一方、大気圏外の宇宙には空気がないので、空気抵抗もない。中学校の理科で習う「慣性の法則」に従

1969年7月16日、月へ向かうアポロ11号を載せてケネディ宇宙センターから打ち上げられた、サターンVロケットの分離シーン。第1段ロケット「S-IC」はボーイング製で、総重量2280tもあるが、わずか150秒で推進剤を使い果たして分離される。このときの高度は67㎞、速度は秒速2.3㎞（写真／NASA）

アメリカのSR-71偵察機（退役済み）。実用の軍用機としては世界最高のマッハ3.2で飛行できたが、秒速で言えば1㎞程度。いっぽう宇宙ロケットは秒速7㎞以上で飛行する。大気圏内と圏外とではこんなに差がある（写真／Lockheed Martin）

って、同じ速度で動き続ける。ただ飛び続けるだけなら推力は要らないから、燃料も消費しない。エンジンが推力を発生させれば、そのぶんだけロケットは加速する。空気抵抗がないので、推力が小さくても小さいなりに、少しずつ加速することができる。

飛行機の燃料量は航続力
ロケットの燃料量は加速量

飛行機もロケットも、エンジンの推力を発生させるには推進剤が必要だ。推進剤が尽きればエンジンは止まる。

飛行機が一定の推力と速度で飛び続ける場合、燃料搭載量が多いほど長時間飛び続けることができる。飛行機の燃料搭載量で決まるのは、滞空時間や航続距離である。

ロケットの場合、加速時間が長ければそれだけ多く加速することができる。だから、推進剤の搭載量で決まるのは航続距離ではなく、加速量（加速前と加速後の速度差）だ。ここが飛行機とロケットの大きな違いだ。

宇宙を飛ぶための速度はマッハ22！

さて、宇宙ロケットは人工衛星を宇宙へ運ぶ乗り物だ。人工衛星になるには秒速7・6km、飛行機で言えばマッハ約22（宇宙には空気はないから、厳密にはマッハという言い方はしない）という猛スピードを出さなければならない。実はロケットでも、これほどの速度を出すのは難しい。

燃料を増やすと搭載スペースは減る

先ほど、ロケットの最高速度を上げるのと、飛行機の航続距離を伸ばすのはどちらも推進剤を多く積む必要がある、と説明した。つまり、ロケットの速度を上げようとするのと、飛行機の航続距離を伸ばそうとするのでは、同じことが起きる。推進剤を増やすと、それだけ貨物を減らさなければならなくなるのだ。推進剤だけで離陸最大重量に達してしまうと、貨物搭載量はゼロだ。ロケットが宇宙へ行くだけで、宇宙船も人工衛星も（弾道ミサイルなら弾頭も）載せられないのでは、飛ばす意味がない。

空中給油と多段式ロケットは似ている

無理をしないで航続距離を伸ばすにはどうしたらいいだろう。仮に、ここに1000km離れた場所まで飛んで攻撃できる飛行機があるとしよう。軍用機の世界ではこの飛行機で2000km先の地上目標を攻撃するための方法として、皆さんもご存知の空中給油がある。1000km先まで空中給油機が一緒に飛んで、そこで給油して飛行機を満タンにし、そこから飛行機だけで飛んで行けば、燃料の心配をせずに2000km先で爆弾を落とせる。

A330MRTT空中給油機とF/A-18戦闘機。飛行機の航続距離には限りがあるが、大きな飛行機が小さな飛行機の燃料を運び、小さな飛行機がミサイルを運ぶことで、ミサイルの飛行距離はその合計になる。多段式ロケットの原理はこれと似ている（写真／RAAF）

ロケットでもこれと同じことができる。ロケットの場合は小さなロケットを大きなロケットに載せて飛ばすので、空中給油というよりは「戦闘機を大型機に搭載してしまう」というイメージだが、分離した時点で小さなロケットのタンクは満タンという意味では似たようなものだ。

では、２５００km先の地上目標を攻撃するにはどうしたらいいだろうか？　こんどは飛行機に爆弾ではなく、航続距離１０００kmの巡航ミサイルを積んでいけばいい。そう、ロケットなら3段式ロケットというわけだ。これが多段式ロケットの原理で、飛行機なら航続距離の合計が全体の飛行距離だが、ロケットは各段の加速量の合計が最高速度になる。

速やかに垂直上昇を終えるための離陸パワー

ジェット戦闘機の推力は機体重量と同じくらい（推力重量比が1前後）だ。旅客機や輸送機はもっと弱いが、それでも充分加速できる。宇宙ロケットも、宇宙空間で加速するときの推力重量比は1未満で良い。むしろ、空気抵抗がないので小さな推力でもちゃんと加速する。

ただ、打ち上げのときは違う。重さ１００トンのロケットの推力が１００トン以下（推力重量比が1以下）だったら、いくら轟音を上げてもロケットは少しも浮き上がらない。推力が１１０トン（推力重量比

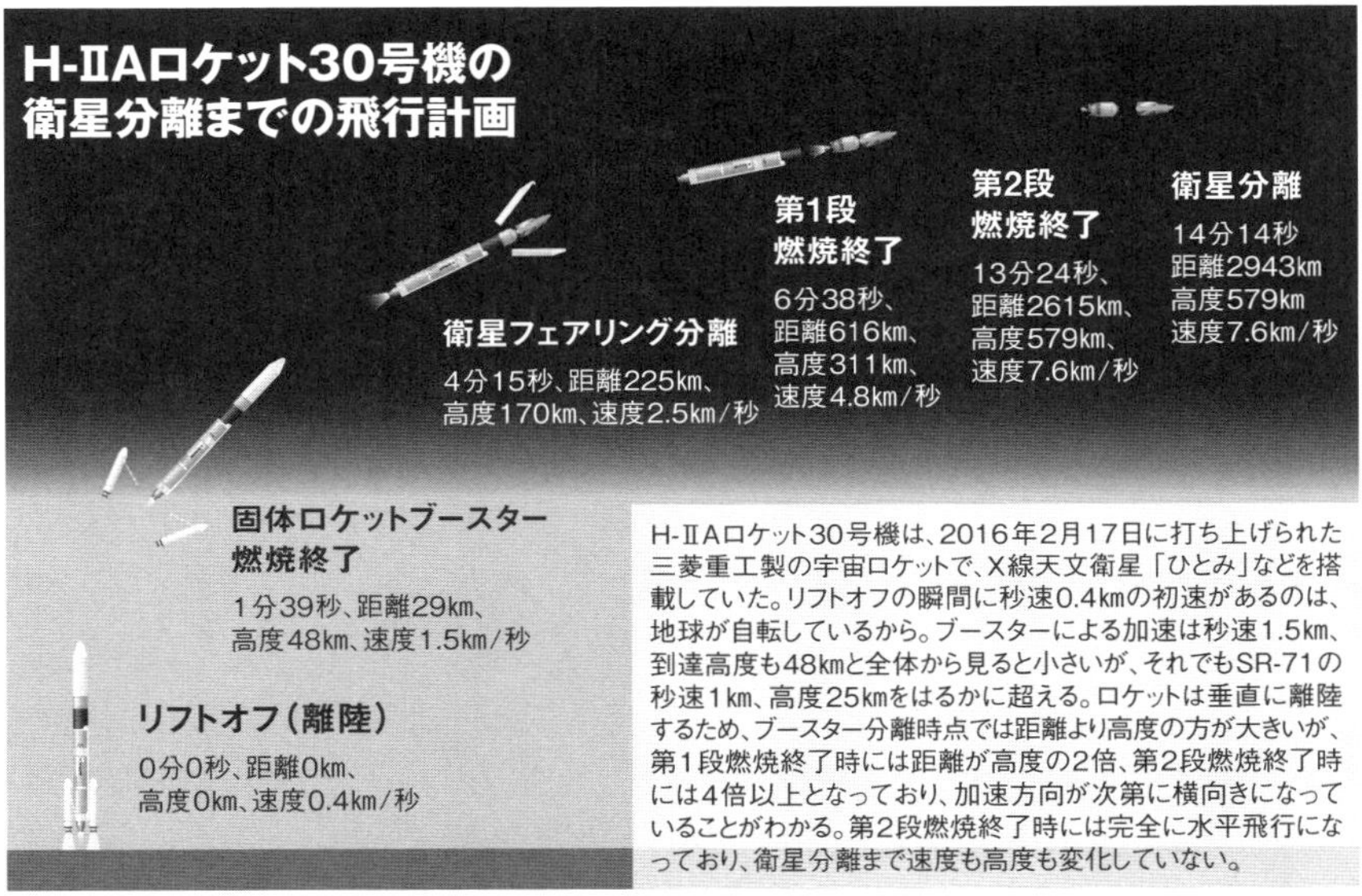

H-ⅡAロケット30号機は、2016年2月17日に打ち上げられた三菱重工製の宇宙ロケットで、X線天文衛星「ひとみ」などを搭載していた。リフトオフの瞬間に秒速0.4㎞の初速があるのは、地球が自転しているから。ブースターによる加速は秒速1.5㎞、到達高度も48㎞と全体から見ると小さいが、それでもSR-71の秒速1㎞、高度25㎞をはるかに超える。ロケットは垂直に離陸するため、ブースター分離時点では距離より高度の方が大きいが、第1段燃焼終了時には距離が高度の2倍、第2段燃焼終了時には4倍以上となっており、加速方向が次第に横向きになっていることがわかる。第2段燃焼終了時には完全に水平飛行になっており、衛星分離まで速度も高度も変化していない。

が1・1）あっても、重量を支えるだけで100トン分を使ってしまい、加速力は10トン分しかない。これでは推進剤の無駄遣いだ。早く垂直上昇を終えて本来の目的である水平加速に移るため、第1段はできるだけ大推力が欲しい。

固体ブースターで飛び出し液体ロケットで加速する

液体ロケットエンジンは燃費が良く、宇宙ロケットの目的である秒速7・6㎞の高速を出すのに適しているが、打ち上げ時の大推力を出すのは大変だ。そこで、大きさの割に大推力を出しやすい固体ロケットを打ち上げの補助に使うのが固体ロケットブースター（SRB）だ。SRBのパワーで一気に空気抵抗のない大気圏外へ飛び出し、そのあとは燃費の良い液体ロケットでじっくり加速しようというわけだ。

日本のH・ⅡAロケットの場合、SRBを2本装備する基本型の重量が289トンなのに対し、最大推力は622トンで、推力重量比は2・15にも達する。戦闘機の2倍のパワーでロケットは離陸するのだ。

※ロケットの最大推力は真空中の値なので、打ち上げ時には1割程度低下する。

ミサイルのブースター

宇宙ロケットと違い、弾道ミサイルではブースターは使わないことが多い。兵器は数をそろえなければならないから、構造はシンプルな方が量産しやすく整備しやすい。大推力の第1段で一気に加速するのが一般的だ。反対に、巡航ミサイルは飛行機のようにジェットエンジンで長距離を飛行するが、滑走路から離陸するのでは使い勝手が悪い。そこで、地上や艦船から発射する場合は、固体ブースターで打ち上げる。航空機から発射する場合は固体ブースターは必要ない。

Column

スペースシャトルの超大型・増加燃料タンク

スペースシャトルは飛行機型の宇宙ロケットだが、基本的な構成は高性能の水素エンジンを使った1段式ロケットなので、膨大な量の推進剤（液体水素と液体酸素）を積まなければならない。そこで、推進剤タンクを機体の下に取り付け、空になったら捨てることにした。なんと、スペースシャトルが抱えている巨大なタンクは、戦闘機と同じ「増加燃料タンク」なのだ。機内搭載の燃料タンクは小さく、補助エンジン用のものなので、宇宙ステーションとのランデブーなど小さな軌道変更にしか使わない。

スペースシャトルの胴体下に付く外部燃料タンクは、世界最大の「増加燃料タンク」（ドロップタンク）だ。そのサイズは、全長46.9mで旅客機のボーイング767-200（全長48.5m、空自E-767警戒管制機の原型）とほぼ同じ、直径は8.4mでボーイング747の胴体（幅6.5m、高さ7.8m、政府専用機も同型）より太い（写真／NASA）

第7講

人工衛星への脅威 スペースデブリ

スペースデブリという言葉をご存知の読者も多いだろう。「デブリ」とはゴミのこと。宇宙にゴミが増えると人類の宇宙活動ができなくなるのは、ミリタリーでも平和目的でも同じことだ。ただ、危険なイメージばかりが先行して、宇宙活動全体のイメージが悪くなっているようにも筆者は思う。改めて、スペースデブリとはどんなものなのか解説しておこう。

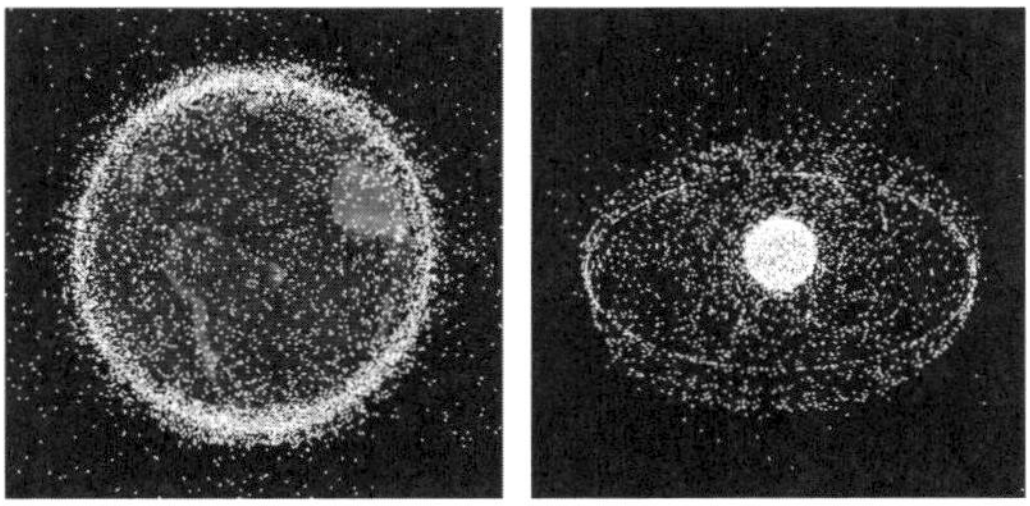

2010年のスペースデブリの分布。デブリは発生元の人工衛星の軌道に近い場所を飛んでいるため、分布には偏りがある。地球観測衛星や偵察衛星などが飛ぶ高度1000㎞前後の低い場所（地球の表面近く）に大半のデブリがあるのがわかる。また赤道上36,000㎞の静止軌道付近にもデブリが多いが、これは寿命を迎えた静止衛星が他の衛星と衝突しないよう少し高く移動した軌道、通称「墓場軌道」だ（画像／NASA）

地球周辺に数億個？ 恐ろしいスペースデブリ

スペースデブリの正確な数はわからないが、地上から観測可能な、大きさ10㎝以上のもので約2万個。観測不可能な小さなものまで含むと億単位とも言われる。もとは不要になったロケットや人工衛星などで、さらにそこから分離した部品や破片などがある。これらは元の衛星の軌道をそのまま、秒速数キロメートルの猛スピードで飛び続けているので、運悪く稼働中の人工衛星と衝突して破壊してしまうおそれがあるのだ。

戦闘機に搭載されている
M61バルカン砲
（写真／US Navy）

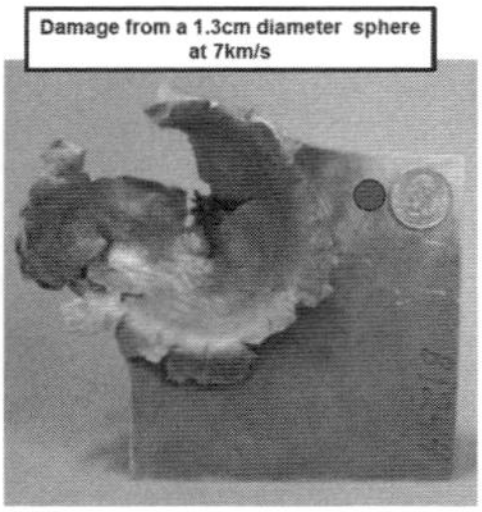

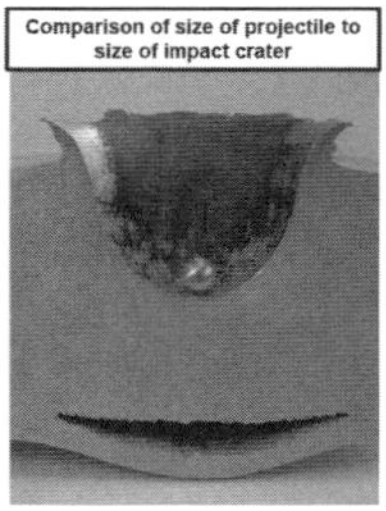

直径1.3㎝のアルミ球を秒速7㎞でアルミ板に衝突させた実験結果。アルミ板が溶けて大きな穴が空いている（写真／NASA）

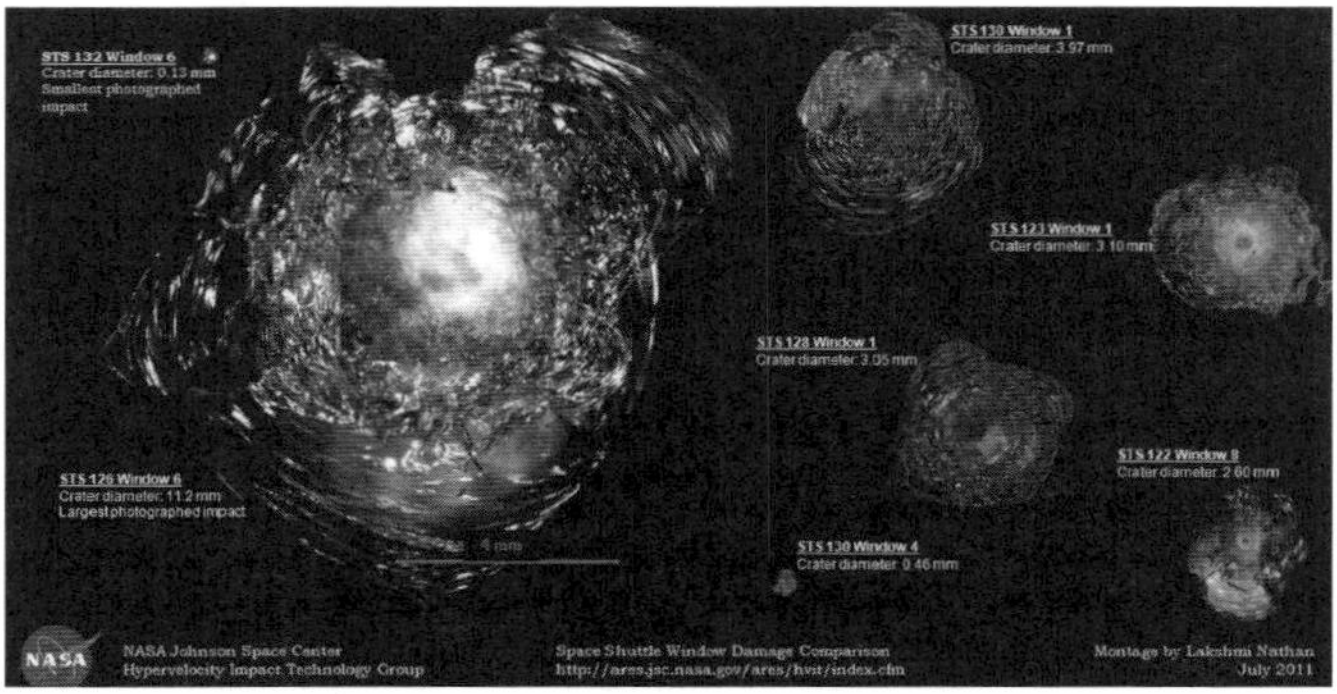

スペースシャトルの窓ガラスに当たったデブリの跡。最大１㎝のクレーターができているが、当たったのはおそらく砂粒ほどのデブリだろう（写真／NASA）

スペースデブリの威力はどんなものだろうか？　航空自衛隊の戦闘機が搭載しているM61機関砲「バルカン」と比較してみよう。

バルカンの砲弾は約100g、発射初速は秒速約1000mだ。スペースデブリや人工衛星の速度は秒速数km、衝突時の相対速度は秒速10km前後にもなる。

物体の運動エネルギーは速度の2乗に比例するので、速度が10倍ならば運動エネルギーは100倍。わずか1gの小さなデブリでさえ、100gのバルカン砲弾と同じエネルギーを持っているのだ。

良いデブリと悪いデブリ？

スペースデブリは永久に落ちてこないというイメージがあるかもしれない。しかし地球周辺の宇宙空間にはごくわずかな空気があるので、空気抵抗で速度と高度が下がり、高度が下がると空気が濃くなるので加速度的に落下して大気圏に突入し、燃え尽きる。早く大気圏突入するデブリは「良いデブリ」、なかなか突入しないデブリは「悪いデブリ」と言えるだろう。

高度が高いと空気抵抗が小さいので、なかなか高度が下がらない。おおざっぱに言うと高度300〜1000㎞ぐらいに、この空気抵抗のグレーゾーンがある。300㎞より低い高度では空気抵抗が大きく、あっというまに地球へ落下してしまう。高度1000㎞以上になると空気の濃さは1000分の1以下になるから、ほとんど高度が下がらない。

重いデブリは落ちにくい 増やしたくない悪いデブリ

同じ高度でも、重いデブリは速度が落ちにくい。バスケットボールとビーチボールを投げると、ビーチボールの方が近くに落ちてしまうだろう。これは、バスケットボールの方が重いため、空気抵抗を受けても速度が落ちにくいからだ。デブリも同じで、大型の人工衛星はなかなか高度が下がらないが、超小型衛星や小さなデブリは早く高度が下がる。

こう考えると、たちの悪いデブリがどんなものかが見えてくる。高度が高いものや、重いものだ。大きなデブリはデブリ同士の衝突で小さなデブリを大量に増やしてしまう原因にもなるから、大きく重いデブリを増やさないことが重要と言えるだろう。

最近、超小型衛星が増えるとデブリが増えるのではと心配する声も聞くが、あまり心配しなくて良いだろう。超小型衛星は軌道制御機能がないので、通常の衛星より低い軌道に打ち上げることとなっている。しかも小さくて軽いので、数年程度で落下してしまう。寿命を終えた超小型衛星は「良いデブリ」になるのだ。

スペースデブリから衛星を守れ！

このように危険なスペースデブリから衛星を守る方法は、「避ける」「装甲で防御する」「迎撃する」の3通りだ。

避けるためには監視しなければならない。アメリカ戦略軍連合宇宙運用センター（CSpOC）はデブリの一覧表「デブリカタログ」を公表しており、これを見れば衛星に接近するデブリを予測して事前に避けることができる。こういったことを宇宙状況監視（SSA）と呼ぶ。

航空自衛隊のJ/FPS-5、通称「ガメラレーダー」は航空機だけでなく弾道ミサイルも捜索・追尾可能な性能を持っているので、スペースデブリの監視にも利用できるかもしれない（写真／JWings）

ガメラレーダーで監視？宇宙も見守る航空自衛隊

CSpOCでも発見可能なデブリはサイズが10cm以上のものに限られる。それより小さなものはわからないということだ。1円玉がバルカン砲と同じ威力を持つことを考えると、10cm未満なら大丈夫とは到底言えない。

そこで、今後はより小さなデブリを発見することや、発見したデブリを繰り返し観測して予測の精度を高めることが考えられている。衛星の安全を守るのは自衛隊にとっても重要なことなので、航空自衛隊のレーダーサイトで使用しているJ/FPS-5、通称「ガメラレーダー」を使ってデブリを観測する研究を経て、現在は専用の宇宙監視レーダーの建設が始まっている。

ＩＳＳの防弾装甲！「ホイップルシールド」

10㎝以下のデブリの衝突は、現在のところ回避できない。そこでデブリが衝突しても衛星が壊れないようにする必要があるが、全く壊れないようにするのは不可能だ。無人の衛星なら壊れても「運が悪かった」と言えるが、有人の国際宇宙ステーション（ＩＳＳ）ではそうはいかない。そこでＩＳＳにはデブリに対応する特殊装甲「ホイップルシールド」が装備されている。

ホイップルシールドは一種の空間装甲だ。詳しくは図を見て欲しいが、基本原理は1枚目の「バンパー」を貫通するときにデブリを液体にしてしまうことにある。「バンパー」とモジュール本体を合わせたアルミの厚みはわずか7㎜だが、厚さ8㎝のアルミ一枚板と同じ防御性能があり、1㎝以下のデブリを防ぐことができる。

貫通されても大丈夫！ＩＳＳのダメコン

1㎝〜10㎝のデブリは予測することもシールドで耐

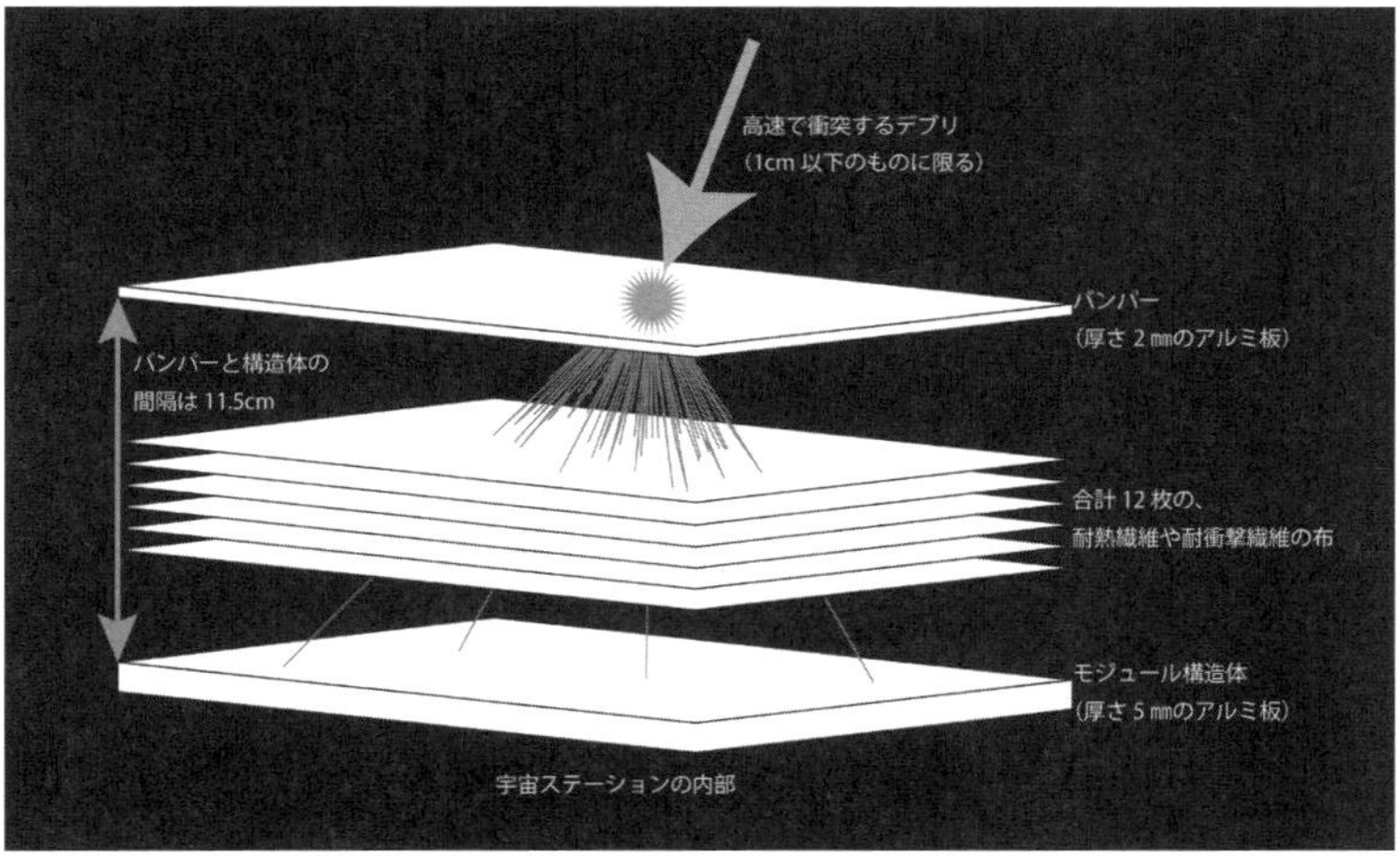

ホイップルシールドの構造。デブリがバンパーに衝突すると、運動エネルギーが熱に変換されて液体になる。バンパーを貫通したデブリはシャワー状に飛散して、12枚の特殊な布に次々に衝突。貫通するたびにエネルギーを失い、12枚全てを貫通してもさらに飛散してモジュール構造体に衝突。元のデブリが1㎝以下のサイズなら、構造体を貫通することはできない（イラスト／筆者）

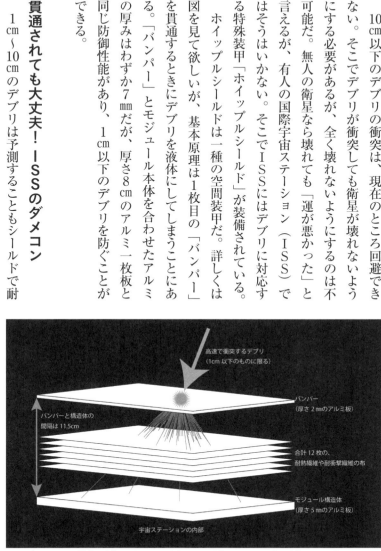

えることもできず、ＩＳＳの壁を貫通してしまう。そのような場合でも、ＩＳＳの空気が抜けて危険な気圧になるには２００秒以上かかるので、宇宙飛行士は穴の空いたモジュールから出てハッチを閉め、宇宙服を着て修理することになっている。このあたりは飛行機より、艦船のダメージコントロールに似ているかもしれない。

Column

わずか1ヶ月！　軽いデブリが地球に落下する時間

２０１６年3月26日、日本のX線天文観測衛星「ひとみ」が故障して宇宙で部品を撒き散らす事故が起きた。故障したときの「ひとみ」の高度は５７５kmもあったが、最も早く落下したデブリは1ヶ月も経たない４月20日に大気圏再突入した。おそらく断熱フィルムなど、軽くて空気抵抗の大きなものだったのだろう。

故障した「ひとみ」本体もデブリになってしまったが、重さ2・7トンもある衛星なのでおそらく10年以上、地球を回り続けるだろう。このような大きなデブリを処理することは今後の課題だ。

X線天文衛星「ひとみ」
（画像／GoMiyazaki）

第8講

アニメの世界が現実に？ 宇宙戦闘機はつくれるか

昔からＳＦに登場する宇宙での戦いと言えば、ひと昔前の戦闘機のように、宇宙戦闘機やロボット兵器が接近して戦う、いわゆるドッグファイトが華だ。そんな宇宙戦闘機は現実に作れるのだろうか？

スペースシャトルは宇宙戦闘機になれるか？

戦闘機のように宇宙機同士が接近して戦闘するにはどうすればいいのか、想像してみよう。とはいえ、地球から遠く離れた宇宙での戦闘を想像するのは現在の技術では無理がある。地球を周回する国際宇宙ステーション（ＩＳＳ）と同じくらいの、高度数百キロで、現在利用可能な技術の延長で（核融合とか、○○粒子とかを使わずに）可能な戦闘を考えてみる。例えば実在の機体、スペースシャトルを戦闘機のように飛ばすことができるか、想像のテスト飛行をしてみよう。

真空の宇宙では翼が使えない！

戦闘機同士の接近戦と言えば格闘戦、ドッグファイトだろう。戦闘機の格闘戦能力で大きな役割を果たすものと言えば、〝大きな主翼〟と〝強力なジェットエンジン〟だ。戦闘機を旋回させるのに必要な荷重

機体を傾けて旋回するF-15戦闘機。このとき大きな翼で生み出す横向きの揚力が、旋回する力になる。ただし、大気のない宇宙では翼はこの役割を果たさない（写真／Boeing）

を支えるのは大きな主翼で、旋回のために急増する空気抵抗でも速度を維持するのはエンジンの役割だからだ。

ところが宇宙へ行くと、空気がないから翼は役に立たない。大気圏であれば飛行機は機体の向きを変えるだけでその方向へと曲がっていくが、宇宙では氷の上を滑る自動車のように、くるくる回りながらまっすぐ飛んでいく。宇宙戦闘機の進行方向を変えるには翼ではなく、ロケットエンジンの推力を横向きにしなければならない。

推力700トンのSSMEをぶっ放したら……

スペースシャトルに搭載されている3種類のエンジンのうち、最もパワフルなスペースシャトルメインエンジン（SSME）の推力は3基合計で最大約700トンもある。F-15J戦闘機のF100エンジンが、アフターバーナーを使用しても2基で20トンほどだから、ものすごいパワーだ。

宇宙空間を秒速7㎞で飛行する100トンのオービターを（スラスターで）くるりと横向きにして、推力700トンのエンジンで推進すれば、戦闘機並みの7G旋回ができるようにも思える。ところが、これは不可能だ。なぜなら3基のSSMEをフルスロットルにした場合、1秒間の推進剤（液体水素と液体酸素）消費量は合計で約4㎥。

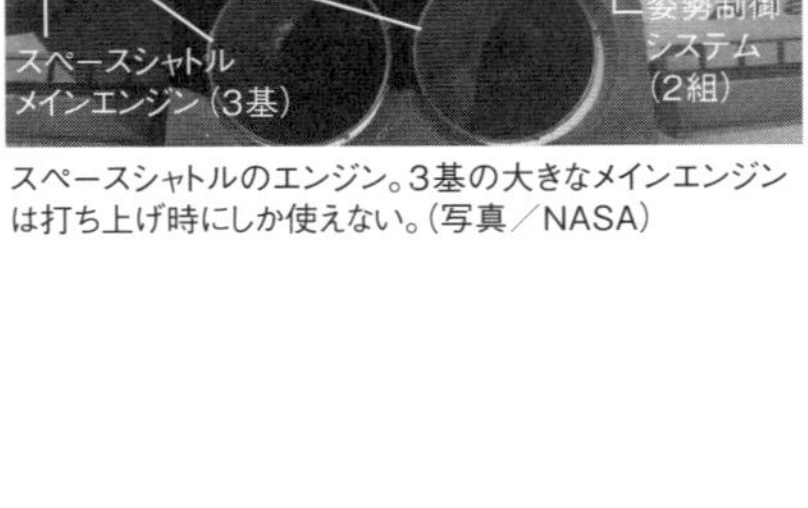

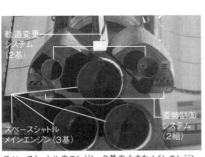

スペースシャトルのエンジン。3基の大きなメインエンジンは打ち上げ時にしか使えない。（写真／NASA）

スペースシャトルは打ち上げ時、巨大な外部燃料タンク（ＥＴ）に２０００㎥、重さにして７３０トンもの推進剤を搭載しているが、宇宙空間へ行くまでのわずか9分弱で使い切ってしまう。地上から宇宙へ飛び出すだけで、これほどのエネルギーが必要なのだ。オービター内に宇宙空間で機動するための推進剤を搭載するとしても、せいぜい10秒ぶん程度だろう。

シャトルは急に曲がれない？ 軌道変更は上下のみ

宇宙ステーションからの目視点検のため、くるりと1回転して機体全体を見せるスペースシャトル。宇宙では機体の姿勢を変えても飛行方向は変わらない。大きな翼は大気圏突入後の滑空だけを目的とするものだ（写真／NASA）

宇宙へ飛び出したスペースシャトルは、２種類のエンジンを使って操縦する。一つは軌道変更システム（ＯＭＳ）というもので、２基のエンジンで約５・４トンの推力があるが、１００トンもあるオービターに空戦機動をさせる力はない。それどころかシャトルに限ら

大気圏内の旋回（左）と宇宙空間での旋回（右）（イラスト／筆者）

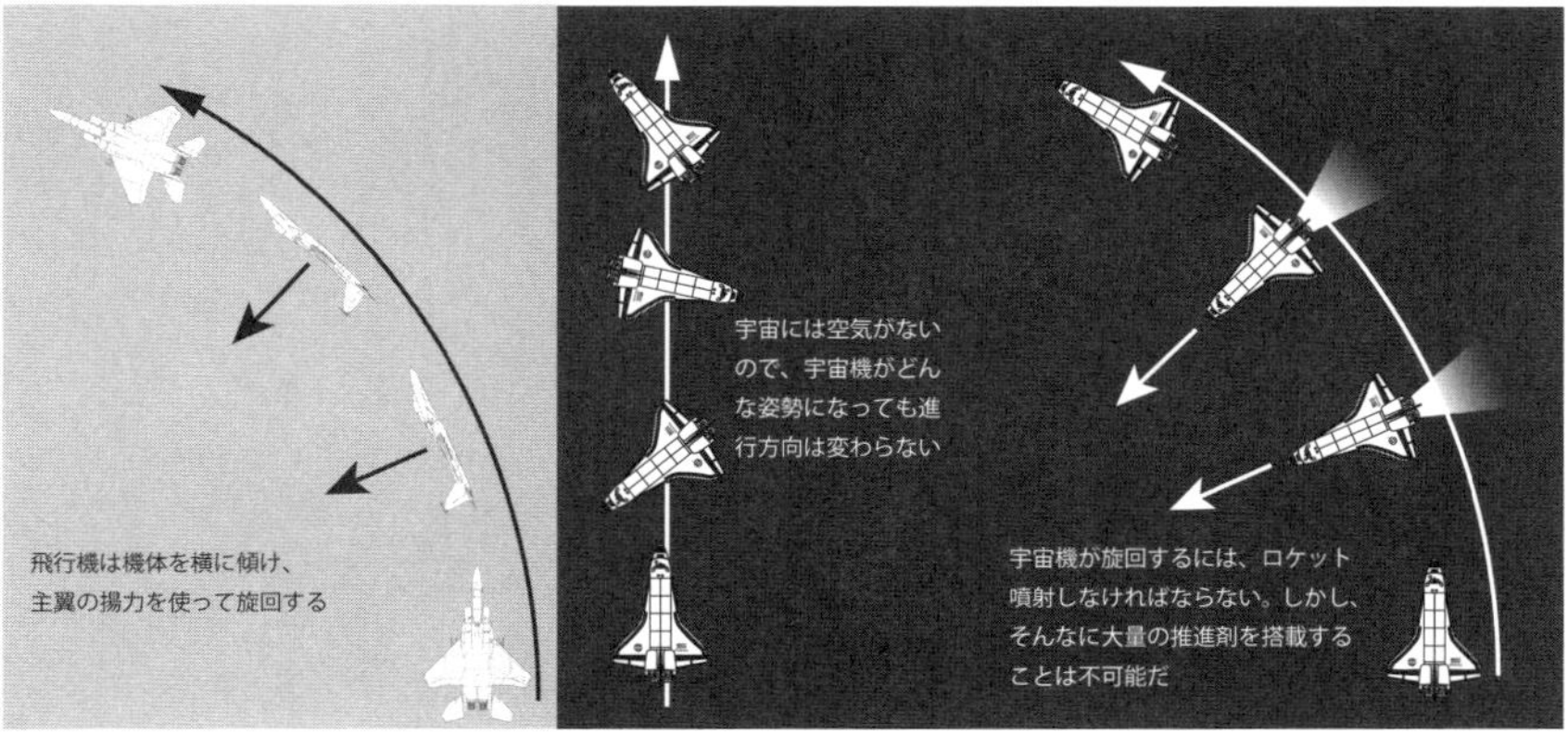

飛行機は機体を横に傾け、
主翼の揚力を使って旋回する
宇宙には空気がないので、宇宙機がどんな姿勢になっても進行方向は変わらない
宇宙機が旋回するには、ロケット噴射しなければならない。しかし、そんなに大量の推進剤を搭載することは不可能だ

スペースシャトルの姿勢制御システム（RCS）は機首と後部にある。機首の上面と両側面に鼻の穴のように開いているのは、すべてスラスターの噴射口だ。尾翼の付け根の左右には、RCSと軌道制御システム（OMS）が一体になった「OMSポッド」が装着されている。（写真／NASA）

スペースシャトル外部燃料タンクは全長47mで、KC-767J空中給油機とほぼ同じ。推進剤は700t以上入るが、わずか9分弱で空になって投棄される（写真／NASA）

ず、宇宙船は左右に進行方向を変えることはほとんどできない。高度を上げ下げするだけで、まっすぐに飛び続けるのだ。

もう一つのエンジンは姿勢制御システム（RCS）だ。真空の宇宙では主翼だけでなく、エレベーター・ラダー・エルロンといった動翼も役に立たない。そこで小型のエンジンを胴体の前後に取り付けて、その推力で機体を回転させたり、止めたりしている。OMSやRCSのように小さなロケットエンジンは、エンジンと呼ぶと少し大げさなので、スラスター（推進器）と呼ぶことが多い。

このように、地球上の戦闘機のように自由自在に飛ぶ宇宙戦闘機を開発するには、スペースシャトルとは桁違いのエネルギーを発生させる超技術が必要だ。おそらく核融合エンジンなどが開発されるまでは不可能だろう。

これは危ない！ 撃破したらデブリが発生！

もうひとつ問題がある。たとえ宇宙戦闘が可能でも、敵の衛星や宇宙船を撃破すれば大量の破片が発生し、スペースデブリ（宇宙ゴミ）になってしまう。第7講で解説したように、軌道上を人工衛星と同じ速さで周回するスペースデブリは、戦闘機の機関砲弾よりも威力がある。衝突して破壊される危険にさらされるのは敵だけではなく、そんな厄介なものを撒き散らしたら、戦争どころではない。

人工衛星はもともと脆弱な装置だ。高価なロケットで運ぶために超軽量に作られているし、太陽電池パドルやアンテナなどがむき出しで装着されている。これらの部分が少し傷付けられただけで、人工衛星は機能を失ってしまうだろう。だから、地球上の戦闘機のように機関砲弾やミサイルで敵を破壊しなくても、ほんの少し傷つけるだけで敵を無力化できる。そういう宇宙戦闘機なら実現性が高いだろう。

宇宙戦闘ではレーザー攻撃やハッキングが有効?

考えられる方法のひとつはレーザーだ。真空の宇宙では、レーザーのエネルギーが大気で減衰することもないから長距離の攻撃も可能になる。格闘戦をしなくても、すれ違いざまに敵を攻撃できるのだ。また電力は太陽電池から得られるので、弾薬を補給しなくても済むのも魅力だ。

もうひとつは、電波だ。電波の場合、衛星を破壊するほど強力なエネルギーを集中させるのは難しい。しかし、衛星に偽の命令を送って機能を妨害したり、システムを破壊してしまうこともできるかもしれない。当然、衛星への命令信号は公開されていないし、軍事衛星なら暗号化もされている。しかし衛星のメモリーにはときどき、命令を送っていない時間に(つまり送信所上空でない場所で)信号

1980年代にアメリカ空軍で検討されたレーザー戦闘衛星。冷戦終結で開発は中止されたが、近年のレーザー兵器の進歩で復活するかもしれない
(イラスト/US Air Force)

を受信した記録が残っていることがあるそうだ。どんな信号を送ると何が起きるか、平時から試している国があるのだろう。

Column

宇宙戦闘機のエンジンは？

ロケットエンジンはとてつもない推力を発揮できる反面、空気を利用できないため推進剤の使用量も桁違いに多い。アニメに登場する宇宙戦闘機のような機動をすれば、数分もしないうちに推進剤がなくなるだろう。

より少ない推進剤で激しい機動をするには、推進剤をずっと高速で噴射する必要がある。そのためには原子力など、化学反応以外のエネルギー源が必要だ。アニメのように激しい空戦機動をするには、安全で超小型の核融合炉など、未来技術が必要なのだ。

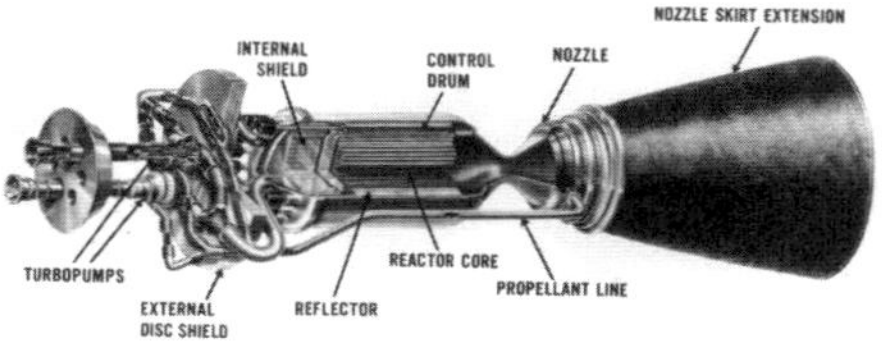

NASAが研究していた原子力ロケットエンジン。火星など遠距離の飛行用で、宇宙戦闘機に使えるような性能ではない（画像／NASA）

第二章

ミリタリー衛星の種類

軍事衛星といっても、偵察、測位、通信など
その人工衛星が果たそうとしている役割は様々だ。
この章では宇宙のミリタリー利用の実例を紹介しながら、
その驚異的な能力と、宇宙利用によって
世界の軍隊がどのように変化してきたのか紹介する。

第9講

大気圏外のスパイ偵察衛星の誕生

第1章では人工衛星の基本から宇宙ロケットの基本を主に解説してきたが、ここからはいよいよ軍事衛星の話題に入る。軍事衛星の花形と言えば、何と言っても偵察衛星だ。

高い場所から戦場を見渡すのは、古くから、戦争に勝つための必須条件だ。飛行機の軍事利用も偵察から始まっている。ならば人工衛星の実利用として、偵察衛星が考えられたのは自然なことだろう。

敵の核ミサイルを見つけたい

1950年代の終わり頃、宇宙ロケットと同時に実用化された大陸間弾道ミサイル（ICBM）は、安全な自国領土内から地球上のどこでも核攻撃できる兵器であった。ICBMの実用化でソ連に先を越されたアメリカは、核戦力で圧倒的に劣っているのではないかという疑心暗鬼「ミサイル・ギャップ」に悩まされた。ソ連領土の奥深くに配備された核ミサイルは何基あるのか、どうしても知りたかった。

U-2偵察機撃墜事件

そこでアメリカ空軍とCIAが投入したU-2偵察機は、当時の戦闘機では迎撃不可能な高度2万m以上を飛行することで、堂々とソ連領空に侵入して偵察任務を行っていた。

偵察の対象はソ連の弾道ミサイル発射基地だ。しかし1960年5月1日、ついにソ連が実用化に成功した地対空ミサイルSA-2「ガイドライン」により、U-2は撃墜される。パワーズ操縦士（空軍を大尉で退役し、CIAでパイロットに従事）はソ連に逮捕され、アメリカの領空侵犯による偵察活動が世界に公表されるという一大事件に発展してしまった。いわゆる「パワーズ事件」だ。

撃墜不可能な偵察機はどうすれば作れるだろう。ひとつは高速で飛ぶことで、マッハ3の偵察機SR-71ブラックバードが誕生する。もうひとつは、宇宙を飛ぶことだ。

高高度偵察機U-2（上）と、マッハ3の超音速偵察機SR-71ブラックバード（下）。地対空ミサイルの実用化で、ソ連本土領空の偵察飛行は困難になった
（写真／US Air Force）

最初の偵察衛星「コロナ」の誕生

偵察衛星を開発する「ディスカバラー計画」は、アメリカ初の人工衛星エクスプローラー1号の打ち上げより前から始まっていた。そしてエクスプローラー1号打ち上げの翌年、1959年1月には早くも最初の試験衛星「ディスカバラー1号」を打ち上げた。偵察衛星は、人工衛星の最初の実用化のひとつだったと言えるだろう。

ディスカバラー計画の偵察衛星は通称「コロナ」と呼ばれ、偵察衛星の型式にはキーホール（鍵穴）を意味する「KH」という記号が付けられた。

宇宙を飛ぶ「使い切りカメラ」

ところで読者の皆さんのほとんどは、デジタルカメラを使っているだろう。しかしデジタルカメラが一般に普及したのは１９９０年代。１９６０年代にはデジタルカメラは存在しない。「コロナ」偵察衛星もフィルムカメラだった。ということは、宇宙から地球へ写真を送るには、フィルムそのものを送らなければならない。「コロナ」偵察衛星の基本的な構造は、フィルムカメラそのものだ。撮影前のフィルムを巻いたリールがあり、カメラを通って、撮影済みフィルムを巻きとるリールに格納される。フィルムを使い切ったら、新しいフィルムを再装填する方法はない。初期の偵察衛星は完全な「使い切りカメラ」だったのだ。

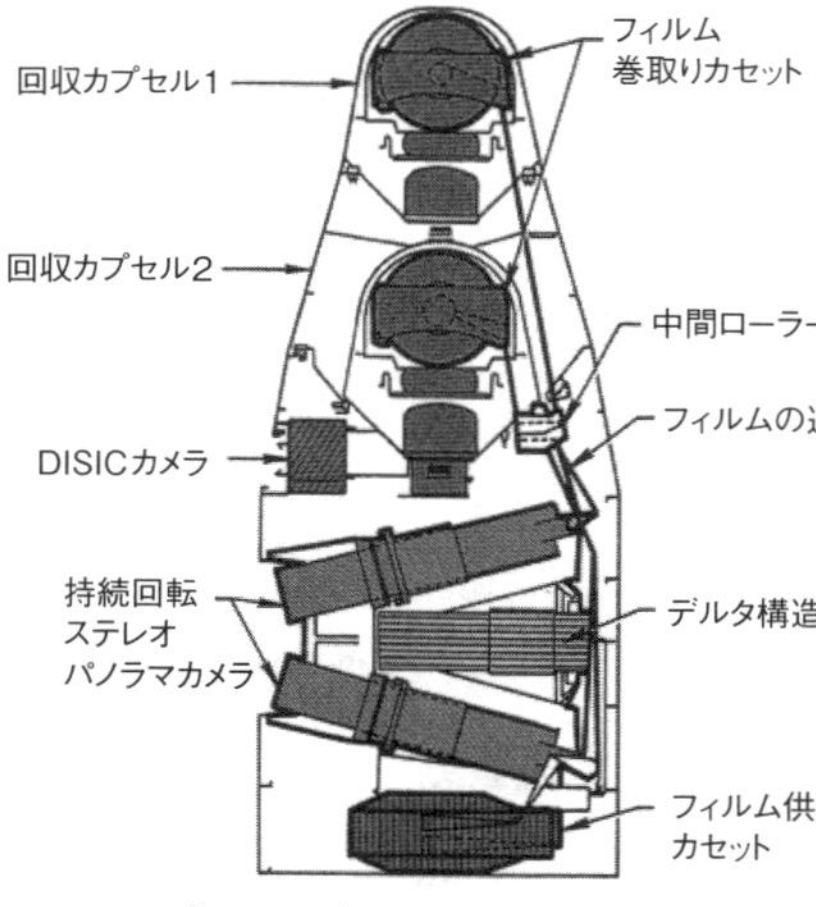

KH-4B「コロナJ3」のカメラシステム。フィルムは後方のカセットから2台のパノラマカメラを通り、前方の2個の再突入カプセル内のリールに送り込まれる（イラスト／NRO）

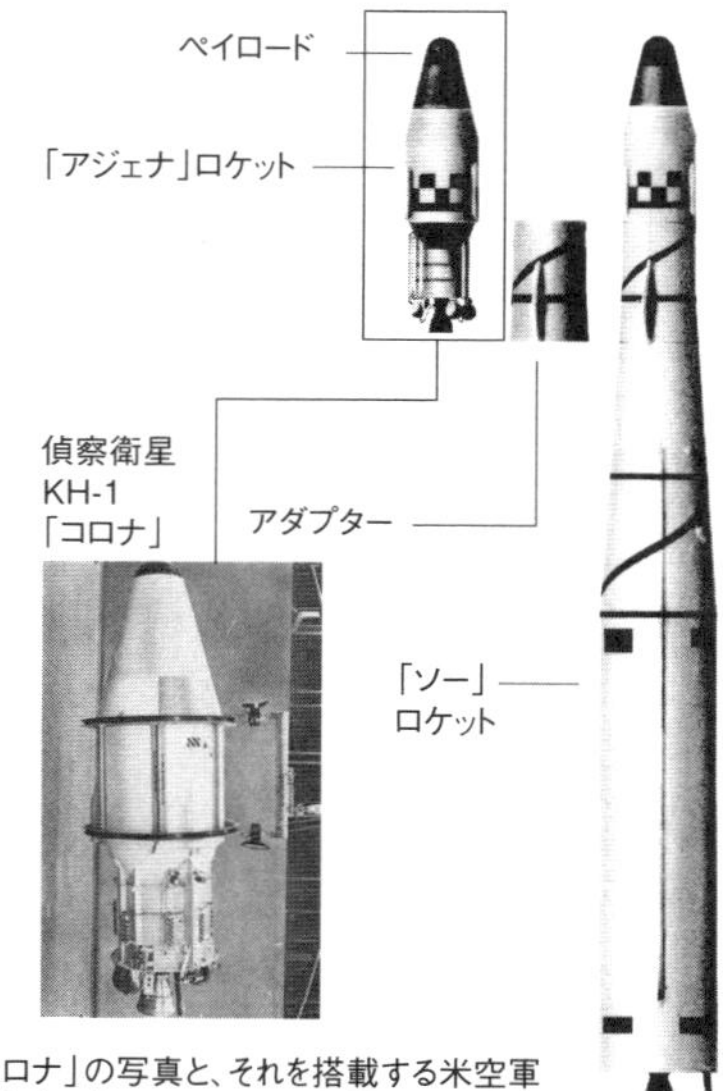

偵察衛星KH-1「コロナ」の写真と、それを搭載する米空軍の「ソー・アジェナ」宇宙ロケットのイラスト。見比べると、第2段の「アジェナ」ロケットとペイロードの部分が「コロナ」そのものであることがわかる。「コロナ」は尖った方を前に向け、地球を縦に回る「極軌道」を飛行する。KH-8「ガンビット3」までの偵察衛星は、第2段の「アジェナ」を衛星の姿勢制御システムとし、「ソー」ロケットの上にむき出しで搭載されていた（写真・イラスト／US Air Force）

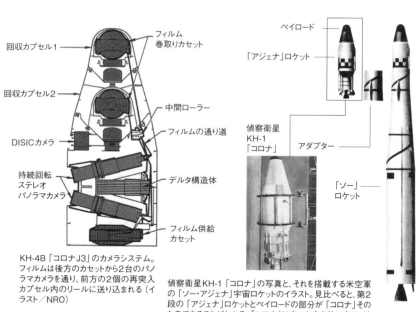

落としたフィルムを飛行機でキャッチ！

撮影したフィルムを地球に届けるには、撮影済みフィルムを格納したカプセルを大気圏再突入させなければならない。1960年8月、アメリカは「ディスカバラー14号」で大気圏再突入カプセルの回収に成功したが、これは人類初の「宇宙からの物体回収」だった。次いで「ディスカバラー15号」では、カメラで撮影したフィルムの回収に成功。こうして、宇宙から地球の写真を撮影して送るという、偵察衛星の基礎が確立した。

小さなカプセルを陸上や海上で探すのは大変だし、時間がかかる。そこでカプセルの回収は空中で行われた。C-119フライング・ボックスカー輸送機（後にC-130ハーキュリーズに交代）の後部から2本の竿を出

コロナ衛星のフィルムが入ったカプセルを、パラシュートごとワイヤーで引っ掛けるC-119輸送機。後にC-130輸送機と交代した（写真／US Air Force）

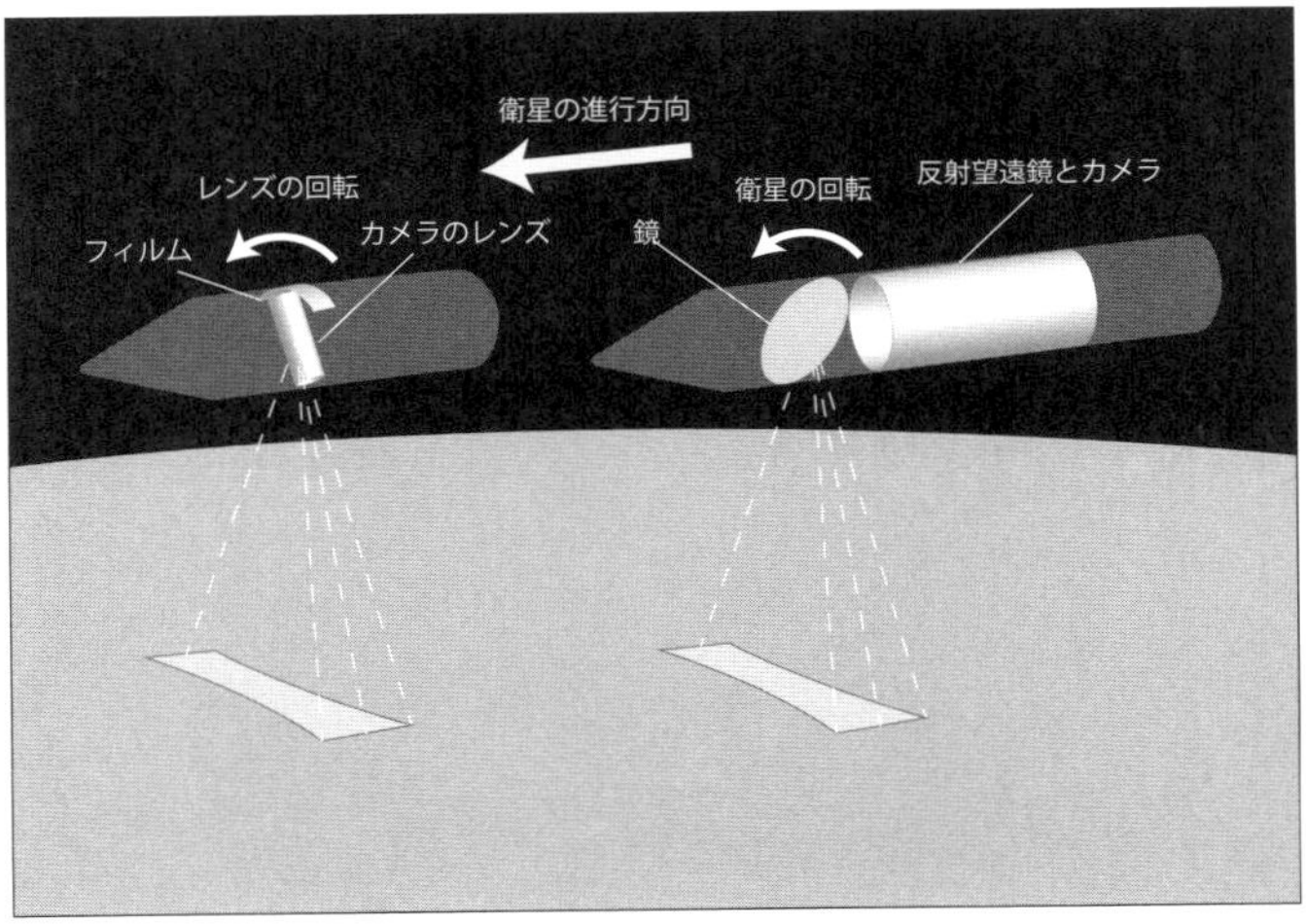

KH-1「コロナ」（左）とKH-7「ガンビット」（右）のパノラマ撮影の原理。コロナは望遠レンズを横に振り、円弧状に配置したフィルムにパノラマ写真を焼き付ける。この方法では、衛星の太さに収まる長さの望遠レンズしか使えないため、ガンビットは大きな反射望遠鏡に斜めの鏡を付けて、衛星ごと回転する。KH-9「ヘキサゴン」はガンビット方式のカメラ2台を内蔵
（イラスト／筆者）

し、その間のワイヤーでパラシュートを引っ掛けるという荒業だ。

回転カメラで地上をパノラマ撮影

コロナ偵察衛星のカメラは、ある瞬間にパシャリとシャッターを切るわけではない。デジタルカメラには、カメラを横に振りながら連続的に撮影することでパノラマ写真を撮るモードがあるが、コロナ偵察衛星の撮影方法はまさにそれだ。

望遠レンズを横に振って地上のパノラマ写真を撮る。その間に衛星は少し前へ進んでいるので、同じことを繰り返せば少しずれたパノラマ写真を次々に撮影できるのだ。

もっと大きなレンズでもっと細かく見る！

カメラの中で最も大きく、最も高価なものは望遠レンズだということは写真撮影を趣味にしている方ならよくご存知だろう。より精細に撮影しようとすればレンズは天体望遠鏡のように大きくなる。いや、レンズ式ではなく反射望遠鏡になる。１９６３年には巨大な反射望遠鏡を搭載したＫＨ‐７「ガンビット」が登場する。コロナシリーズの写真が初期型で７・５ｍ、最終型の「コロナＪ３」で１・８ｍの物体を識別できたのに対し、「ガンビット」では０・６ｍまで向上した。

こうなると、カメラを横に向けて回転させるのは大掛かりになりすぎる。そこでカメラの前に45度傾けた鏡を置き、軸方向に回転させる方式になった（61ページ下の図参照）。実はこの方法はＳＲ‐71ブラックバード偵察機でも使われている。

フィルム4連装！
巨大偵察衛星ヘキサゴン

カメラが大きく高価になってくると、フィルム1本で衛星を捨ててしまうのはもったいない。コロナシリーズのうちKH-1からKH-4まではカメラ部分の改良が主だったが、1963年のKH-4A「コロナJ1」ではフィルムと再突入カプセルが2組になった。それでも1972年までにコロナシリーズは年10機程度、全部で121機が打ち上げられた。

1966年には「ガンビット」のフィルムを2本に増やしたKH-8「ガンビット3」が登場。そして1971年にはフィルムを4本に増やしたKH-9「ヘキサゴン」が登場した。「ヘキサゴン」のサイズは全長16・2m、打ち上げ時の重量は13・3トンと、宇宙ステーションにも匹敵する巨大衛星だ。

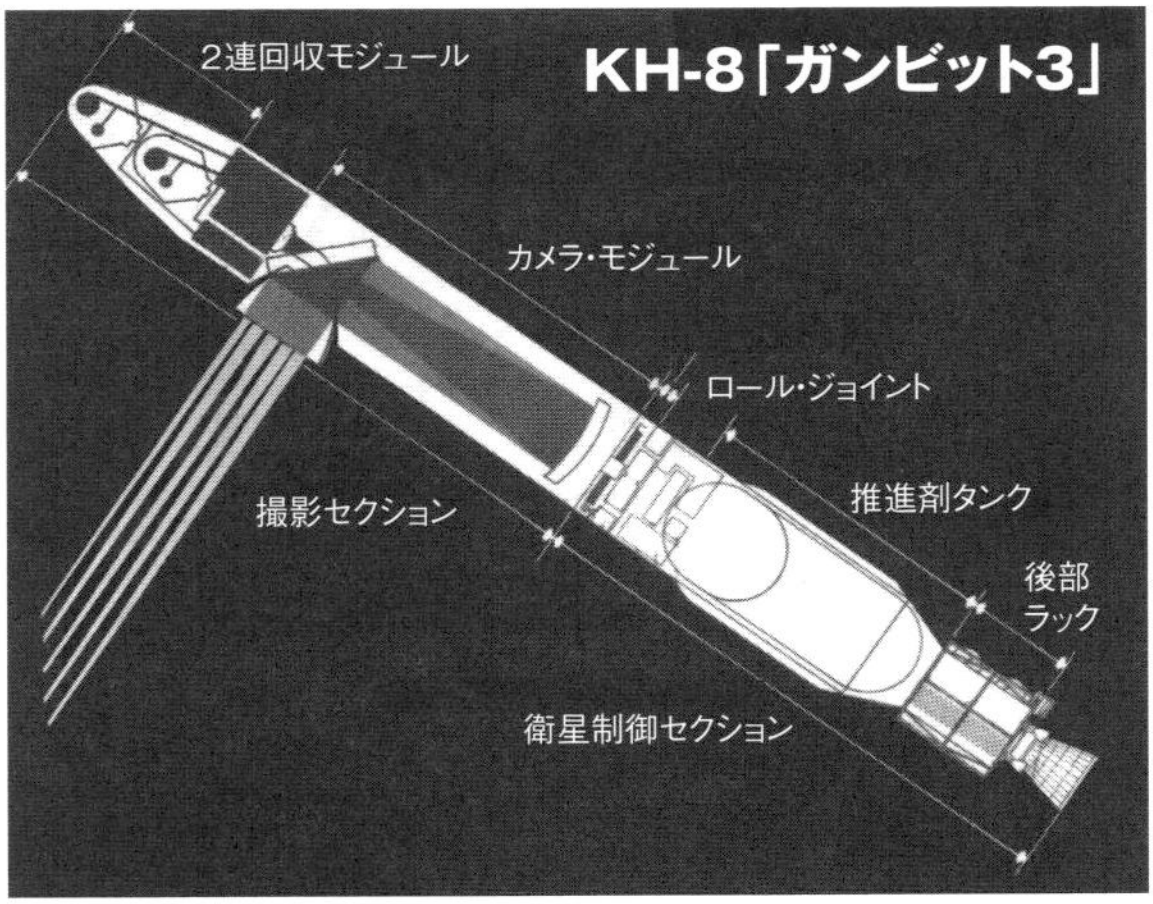

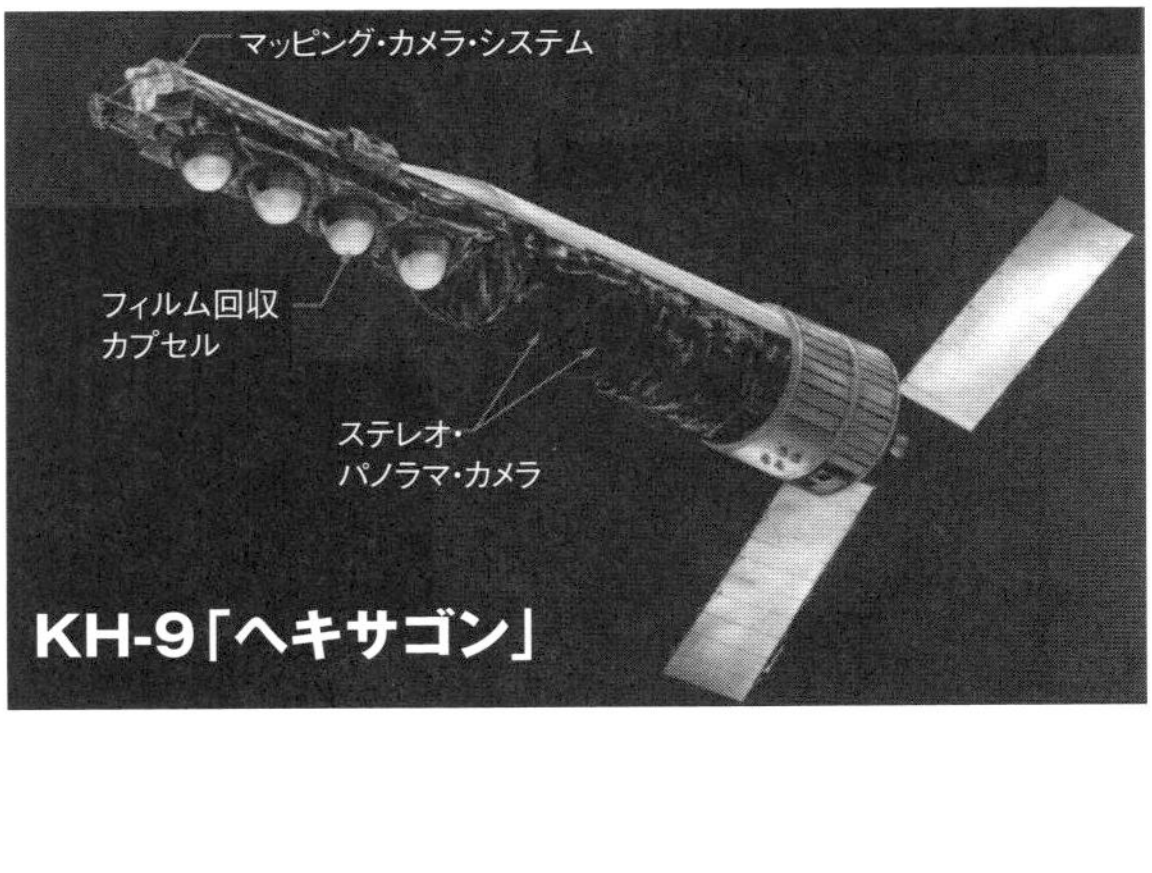

上／KH-8「ガンビット3」の内部構造。反射望遠鏡の前に45度の鏡を置き、横を撮りながら回転する。「コロナ」や「ガンビット」は打ち上げ時の第2段ロケット「アジェナ」が分離せず、衛星の姿勢制御システムを兼ねているため、ミサイルのような形をしている（イラスト／NRO）

下／フィルム時代の最後を飾る巨大衛星、KH-9「ヘキサゴン」のイラスト。先端から順に、「コロナ」と同程度の地図作成用カメラ、4個のフィルム回収用カプセル、2本のパノラマカメラを備えた独特のスタイルだ（写真／NRO）

「ヘキサゴン」は1984年までに19機が打ち上げられ、輸送機によるフィルムの空中キャッチもそれまで続けられた。巨大な「ヘキサゴン」はアマチュア天文観測でも容易に見えるため、一般には「ビッグバード」というニックネームでも知られたが、実際に機密指定が解除され存在が明らかにされたのはつい最近、2011年のことだ。

1968年にKH-8「ガンビット3」が撮影したソ連の月ロケット、Nロケット。アメリカのアポロ計画と壮絶な月飛行レースを繰り広げたソ連だが、全て宇宙から見られていた（写真／NRO）

Column

分解能――性能＋腕前で決まる衛星の「視力」

偵察衛星や地球観測衛星が地上を撮影したときに、どのくらい細かく見ることができるのかという性能の指標が、分解能だ。

これは人間で言えば、視力と同じだと考えると良いだろう。視力検査で使う「C」型の模様を「ランドルト環」と言う。ランドルト環の切れ目の向きがどちらかを見分けられれば、その視力があると判定される。視力1・0とは、ランドルト環の線の太さと切れ目の幅が、目の場所から見て角度1分（1／60度）の場合に見分けられるという意味だ。視力検査表から5ｍ離れる場合、ランドルト環の線の太さと切れ目が1・5㎜なら角度1分に相当する。これを分解能で言い換えると、「視力1・0の人は分解能が1分」ということになる。

視力検査でも、近づいて見ればより小さなランドルト環を見分けることができる。同じように衛星も、より低い高度で地上を撮影すると、より細かく見分けられる写真を撮ることができる。そこで衛星の分解能は、角度ではなく「地上の物体の大きさ」で表現するのが一般的だ。「分解能0・5ｍの偵察衛星」と言った場合、地上に描かれた太さ・切れ目0・5ｍのランドルト環を判読できる写真を撮れると考えればよいだろう。

衛星の分解能はいろいろな条件で決まる。レンズや反射鏡の精度、ピント合わせの正確さ、高速移動する衛星をしっかり被写体に向けるポインティング、衛星の振動で起きる「手振れ」の削減。さらには大気のゆらぎの影響を除去する「補償光学」という技術もある。

また良い撮影場所の確保も、カメラマンの腕前のひとつ。撮影したい場所の真上を飛ばなければそれだけ遠くから撮影することになるので、カタログスペック通りの分解能を発揮するには、軌道修正能力も求められる。

衛星に搭載されているカメラの性能だけでなく、カメラマンである衛星本体の「撮影テクニック」も、分解能には重要なのだ。

視力検査に使われるランドルト環。「分解能1mの偵察衛星」と言った場合、地上に描いたランドルト環の切れ目の幅が1mのときに、向きがわかる「視力」があると考えると良いだろう

第10講

宇宙に浮かぶデジカメ 現代の偵察衛星

第9講で紹介したアメリカの初期の偵察衛星（KH‐1「コロナ」からKH‐9「ヘキサゴン」）まではフィルムで撮影していたが、現代の偵察衛星は写真をすぐに送信できるデジタルカメラだ。今回は最新の偵察衛星がどんなものか推測しながら、そのミッションを見ていこう。

極秘の存在！ 世界最高性能の米偵察衛星「クリスタル」

フィルム衛星の最後を飾ったKH‐9「ヘキサゴン」と、キャンセルされた有人偵察衛星KH‐10「ドリアン」。ここまでの衛星は機密解除され、衛星の構造や外観が公開された。しかしその後のデジタル偵察衛星はいまだに機密解除されていない。秘密の衛星なのだ。

その名はKH‐11「クリスタル」。1979年打ち上げの1号機から現在まで、継続して打ち上げられている現役の偵察衛星だ。初期には「ケネン」と呼ばれたこともあり、現在運用中の最新型はKH‐11ブロックⅢとか「発展型クリスタル」とか、KH‐13とも言われているが正確なことはわからない。

このように極秘の「クリスタル」シリーズだが、その正体は意外なところでよく知られている。実はアメリカ航空宇宙局（NASA）の天文観測衛星「ハッブル宇宙望遠鏡」と「クリスタル」は双子の兄弟と

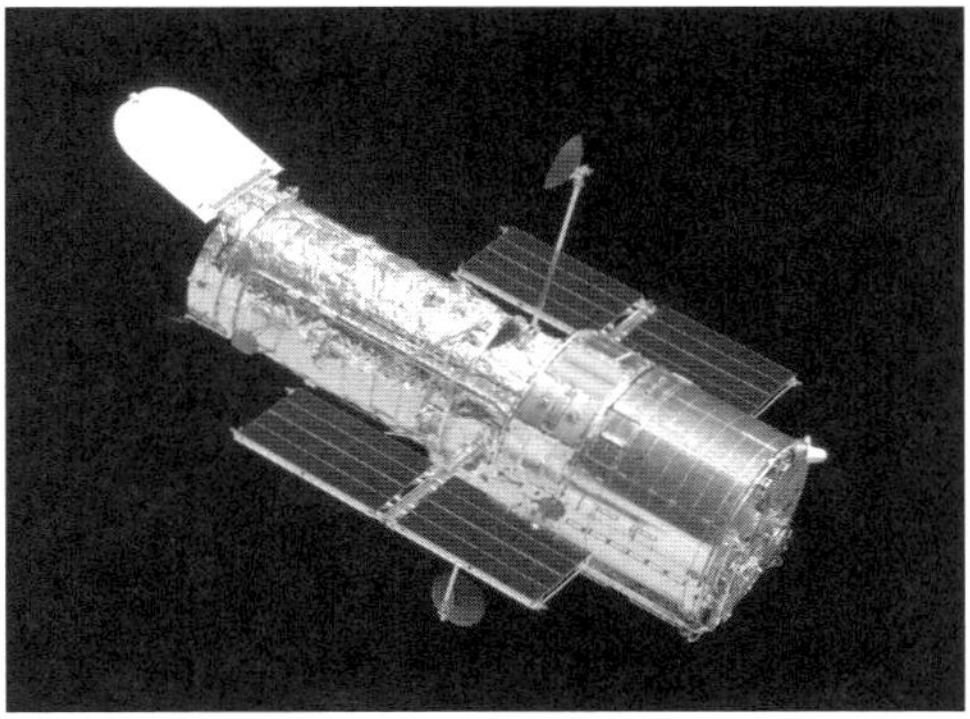

左写真と下図は、ハッブル宇宙望遠鏡。偵察衛星KH-11「クリスタル」とは双子のような衛星で、KH-11の方が若干長いなどの違いはあるが、基本的には同じ設計だと考えられている
(写真・イラスト/NASA)

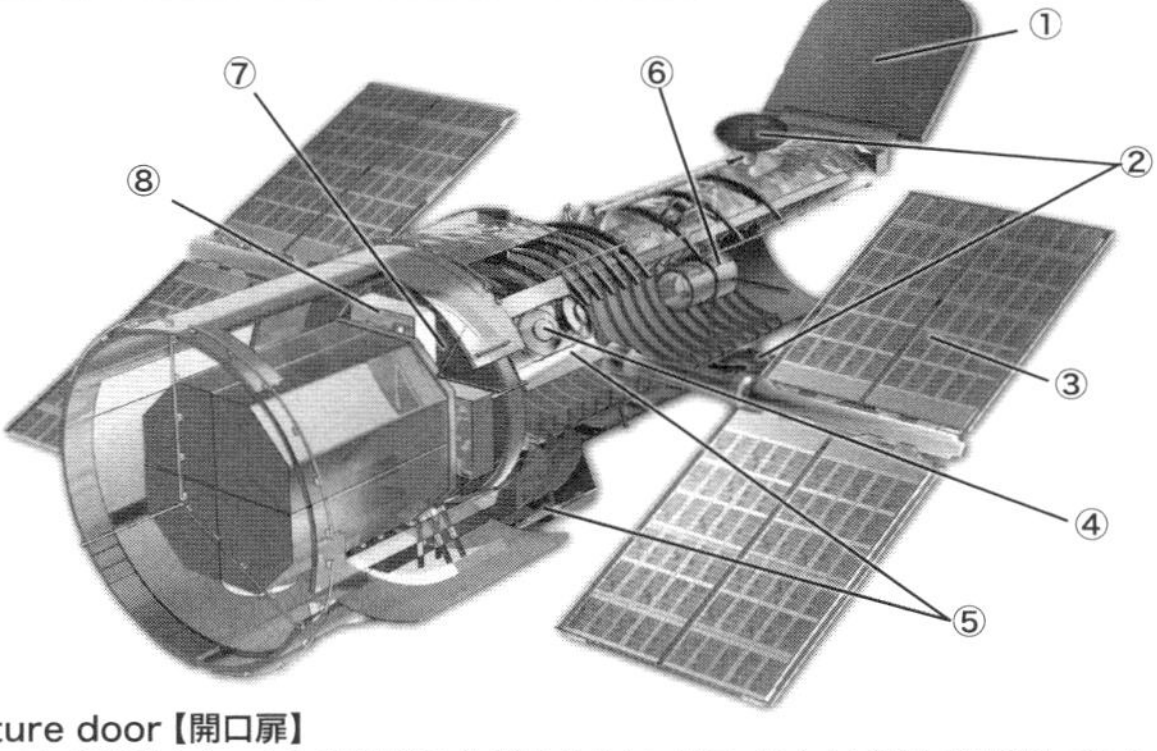

①Aperture door【開口扉】
太陽光でカメラを焼かないよう、望遠鏡の先端に付けられた扉。打ち上げ時などは閉めておく

②Communication antennas【衛星通信アンテナ】
撮影した画像を通信衛星経由で送信するアンテナ。通信速度が遅いと撮影した画像を送りきれないので、カメラの性能向上と同時に通信機能も改良されているはずだ

③Solar panels【太陽電池パネル】
ハッブルでは初期は軽量なフィルムタイプだったが、後に硬いパネル状のものに変更された。柔軟な構造は「手ブレ」の原因になる

④Reaction wheels【リアクションホイール】
コマのように回転するおもりの反動で、衛星全体の向きを変える装置。天体撮影用の「ハッブル」より、頻繁にカメラの向きを変える「クリスタル」の方が強化されているかもしれない

⑤Support Systems【補助システム】
コンピューターやジャイロ、バッテリーなどを搭載し、地上からの指示を受けて自動的に目標を撮影する

⑥Secondary mirror【副鏡】
主鏡で反射した光をカメラへ導く、直径30.5㎝の凸面鏡。「クリスタル」にはアクティブ手ブレ補正のような機構が組み込まれていて、撮影方向の微調整が可能

⑦Primary mirror【主鏡】
反射望遠鏡の性能を決める、直径2.4mの大きな凹面鏡。ガラスの1枚板を精密に磨き上げ、アルミコーティングしている

⑧FGS【カメラ】
「ハッブル」は天文観測用の各種カメラを搭載しているが、「クリスタル」は地上撮影に適したものを搭載しているだろう。また、「ハッブル」より空気抵抗が大きい低高度を飛行するため、「クリスタル」はこの部分に推進剤タンクとロケットエンジンも搭載していると思われる

も言える衛星なのだ。ここからは「ハッブル」をもとに、秘密の衛星「クリスタル」の正体を推測していこう。

約20ｍの巨体！驚異の巨大望遠カメラ

「ハッブル宇宙望遠鏡」は、ミラー口径２・４ｍの反射望遠鏡に太陽電池を付けて飛ばしたようなデザインだ。「クリスタル」もほぼ同じ望遠鏡を備えているはずで、理論上は２５０㎞先の５㎝の物体を見分けられる性能（地上分解能）がある。たとえば航空機の横に置かれたミサイルの種類や、機体番号まで判別できるかもしれない。「クリスタル」の全長は19ｍ、重量は20トン近くといわれおり、これはＦ‐15戦闘機とほぼ同じだ。大型戦闘機に匹敵する巨大な望遠カメラが、秒速７・９㎞の超高速で飛びながら地球の写真を撮り続けているのだ。

地球を回り続ける偵察衛星の軌道

偵察衛星も人工衛星だから、地球をぐるぐると回る軌道を飛行している。「クリスタル」の軌道は地球の北極と南極を交互に通り、高度約３００～１０００㎞の宇宙空間を南北方向に飛行して、約97分で地球を1周する極軌道だ。

極軌道の衛星は南北に飛行しているが、地球の方が東へ自転しているので、地上から見ると衛星は南北ではなく、南南西や北北西へ飛んでいるように見える。衛星から見ると、地球を1周して戻ってくると地球が東へ移動しているので、真下には少し西へずれた場所が見える。これを1日繰り返すと地球全体の上

偵察衛星KH-11の軌道と地球上の飛行の軌跡

（イラスト／筆者）

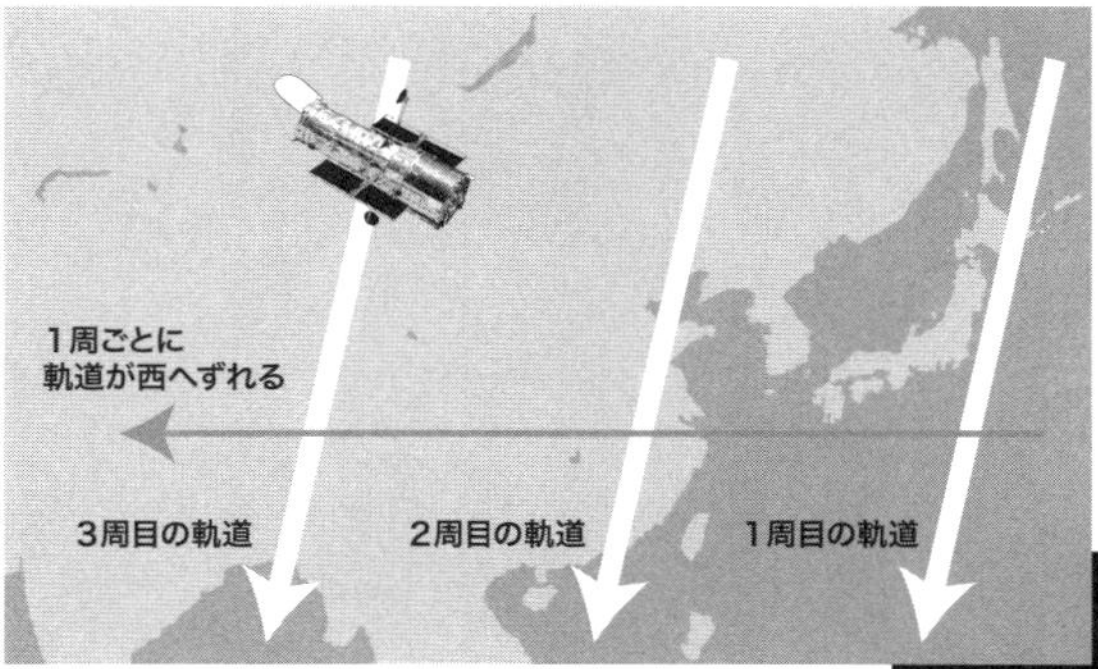

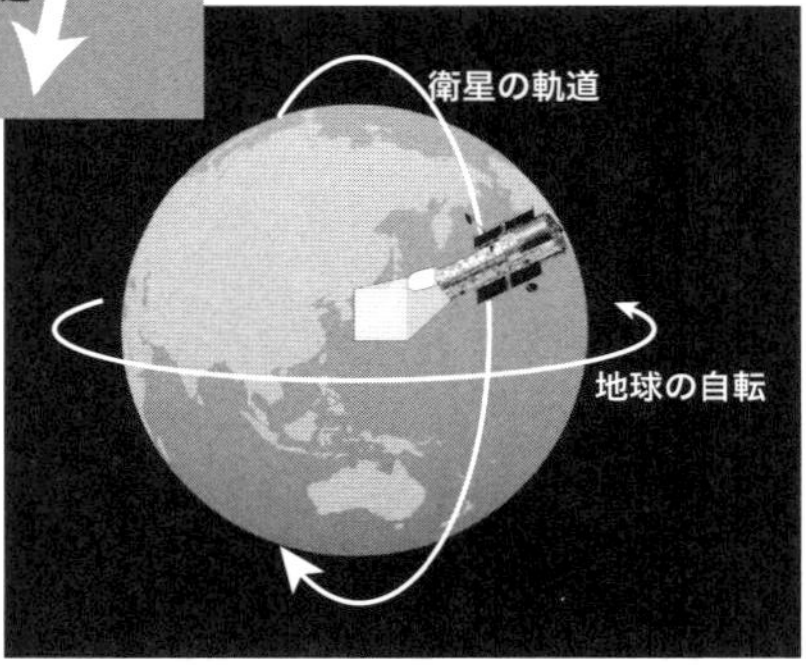

KH-11「クリスタル」は地球を南北に回る軌道を飛行しながら地球を撮影している（右図）が、1周する間に地球が少し自転するため、次の周回では少しずれた場所の上空を飛ぶことになる。このため地球が1回転、つまり1日かけて地球全体の上空を飛ぶことができる。これを地上から見ると、地球が東へ動いていくため衛星は真南ではなく南南西へ飛んで行くように見える。また、地球を1周して戻ってくると前回より西へずれた場所を飛ぶ（右図）

空を通ったことになる。

地球の両面を通っているから半日で上空を通ったことになるのではないかって？　それはそうなのだが、地球のある場所が昼ならその裏側は夜だ。「クリスタル」のような光学カメラでは昼側の面しか撮影できないので、地球全体を「見る」には1日かかってしまうのだ。「クリスタル」は1日かけて地球全体の上空を通るが、望遠カメラは視野が狭いから、1日で地球全体を撮影できるわけではない。地上から撮影命令を送ると、「クリスタル」は目標上空を通過するときに自動的に撮影する。まさに無人宇宙偵察機だ。

撮影するときは普通のカメラのように、衛星をまるごと目標に向ける。巨大な衛星を素早く回転させてピタッと止めるのは相当難しいはずで、内部には光学手ブレ補正のようにミラーを動かす機構が組み込まれているようだ。

「クリスタル」はロケットで打ち上げられると10～15年程度飛び続けて使用される。1機の価格は3000

億円程度で、2019年時点では13～16号機の4機が運用中。性能も驚きだが、お値段も驚きだ。

知っておくと便利!? 偵察衛星の弱点

こんなにスゴイ偵察衛星があったら、航空機による偵察は必要ないのだろうか? そんなことはない。偵察衛星にも弱点があるのだ。

①雲の下や夜は撮れない

光学撮影では雲の下は見えないいし、暗視カメラで宇宙から地上を見るのは難しい。レーダーで撮影する衛星もあるが、地上分解能は数m程度。低空飛行や暗視カメラを使える航空機にはかなわない。

②軌道がモロバレ

人工衛星をステルスにするのは難しいし、軌道変更は燃料を消費するので基本的には同じ軌道を飛び続けるから、いつ上空に来るか簡単に予測できる。「だるまさんが転んだ」のように、偵察衛星が見ていない間に行動を済ませることも難しくない。

③偵察対象を見続けられない

映画などでは偵察衛星が同じ場所を生中継、なんてシーンもあるが、衛星は地球を周回し続けているからすぐに目標が見えなくなってしまう。連続してリアルタイムに監視するには長時間滞空可能な無人偵察機や、アメリカ空軍のE‐8ジョイントスターズのような監視機が必要だ。

このように前線の戦力を監視するような任務には、衛星より航空機による偵察が向いていると言える。偵察衛星は他国を領空侵犯せずに偵察し、戦力の配置や戦争の準備状況を知るといった、航空偵察では困難な任務に向いていると言えるだろう。

Column

お得意様はアメリカ軍 民間の地球観測衛星

「クリスタル」は超望遠カメラなので、アップの撮影は得意だが広角の撮影は苦手だ。そこまで細かくなくて良い写真の撮影や、戦場全体など広範囲の撮影を「クリスタル」だけで行うのは無理がある。そこで利用されているのが民間の地球観測衛星だ。アメリカのデジタルグローブ社は5機の衛星を運用しており、最新衛星「ワールドビュー4」の地上分解能は0・3m。フィルム時代最後の偵察衛星「ヘキサゴン」の0・6mより精密だ。また1日に最大68万㎢という広大な写真を撮影し、すぐに送信することができる。デジタルグローブ社の画像は誰でも買うことができ、グーグルアースなどにも使われているのだが、最大の利用者はアメリカ政府で、日本の防衛省も購入している。地球観測衛星ビジネスは、ミリタリー需要に支えられているのだ。

ワールドビュー4

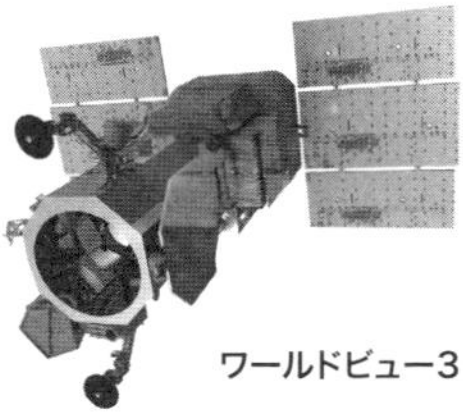
ワールドビュー3

デジタルグローブ社の最新衛星、「ワールドビュー3」と「ワールドビュー4」。どちらも地上分解能0.3mの光学カメラを備えている。「3」は太陽電池を3枚ずつ付けているが、「4」は6枚を衛星本体に直接固定しており、太陽電池の振動による「手ブレ」を改善したものと思われる（イラスト／DigitalGlobe）

2016年に打ち上げられたばかりの「ワールドビュー4」が撮影した代々木公園付近。建物や自動車がはっきり写っているのはもちろん、グラウンドにいる人の影から人数を数えることもできる。グーグルアースもこの衛星の画像を利用する予定だ（写真／DigitalGlobe）

第11講

雲にも夜にも邪魔させない！
レーダー衛星

地球上を撮影するのは地球観測衛星の仕事だが、カメラで撮影するのでは雲に覆われた地域の撮影や、夜間の撮影はできない。そこで電波を使って、つまりレーダーの原理で撮影するのがレーダー衛星だ。

戦闘機にも搭載されている合成開口レーダー

ミリタリー分野では、レーダーは地上施設や艦船、飛行機などに搭載され、飛行機や船を捜索・追跡するのに多く使われることは皆さんもよくご存知だろう。ただ、レーダー画面に映る目標の姿は、ただの点だ。レーダーは電波を送信し、その反射を受信して目標を発見するが、その目標の画像を得るほど精密に見わけることは難しい。

大きなアンテナで受信すればより細かい映像を得ることは可能なのだが、戦闘機の機首に搭載できるレーダーは、大きなものでも直径1m程度。そこで、移動しながら電波の反射を記録し、この情報を「合成」するという方法がある。10m移動する間の情報を合成すると、直径10mのアンテナで受信したのと同じ情報を得られるのだ。このようなレーダーの使い方を「合成開口モード」と言う。

戦闘機ではF‐15やF‐16の最新型、F‐35などのレーダーがこの合成開口モードを備えている。相手

F-35戦闘機が機首部に搭載しているAN/APG-81レーダーには合成開口モードがあり、飛行しながら地面の詳細な3Dデータを作成できる。合成開口レーダーの原理は衛星も同じだ（写真／航空自衛隊、Northrop Grumman）

も高速で動いていると合成できないので、使えるのは地上に対してだ。飛行しながら地面を連続撮影することで、地面の凹凸を測定して正確な地形図を作成することができる。分解能は1m程度だから、地形だけでなく建物や車両なども判別可能なデータが得られる。いわば、空飛ぶ3Dスキャナということだ。

雲にも負けず夜にも負けず 地上を観測するレーダー衛星

この合成開口モードを持つレーダー（SAR）を人工衛星に搭載したのが、レーダー衛星やSAR衛星と呼ばれる衛星だ。

SAR衛星を光学式の地球観測衛星や偵察衛星と比べたとき、その最大のメリットは雲があっても撮影可能なことだ。雲があると光学衛星では全く地上を見ることができないが、レーダー電波は雲に邪魔されずに地上に反射し、レーダー画像を得ることができる。また光学衛星では撮影不可能な夜間も撮影が可能なので、夜陰に隠れて移動する敵部隊を発見することもできる。

分解能は光学衛星と比べるとやや劣り、一般的なレーダー衛星は1m前後。ただ、分解能1mでも乗用車程度の物体の有無はわかるから、その価値は絶大だ。光学衛星で精密な画像を撮影して、何がどこにあるかを把握したあと、それらの物体が移動したかどうかのチェックをするといった使い方が可能になる。

災害派遣にも活躍
万能選手のレーダー衛星

SARは災害の時に大活躍することも特徴だ。雲があっても撮影できるため、災害直後に確実に第一報が得られるのだ。2011年の東日本大震災では、JAXAの地球観測衛星「だいち」が東北地方をSARで撮影し、津波で浸水した地域はどこか、建物が倒壊した地域はどこかといった情報をいち早く地図化した。このような情報は、自衛隊をはじめとする災害救援活動をどこにどれだけ送り込めばよいのか、といった判断に大いに役立った。

また、SARの画像を以前に観

JAXAのレーダー衛星「だいち2号」の打ち上げ前の写真と、軌道上の想像図。レーダーの平面アンテナと太陽電池パネルは折り畳まれた状態で打ち上げられ、宇宙で展開する。情報収集衛星の第1世代レーダー衛星とほぼ同型機と思われる（画像／JAXA）

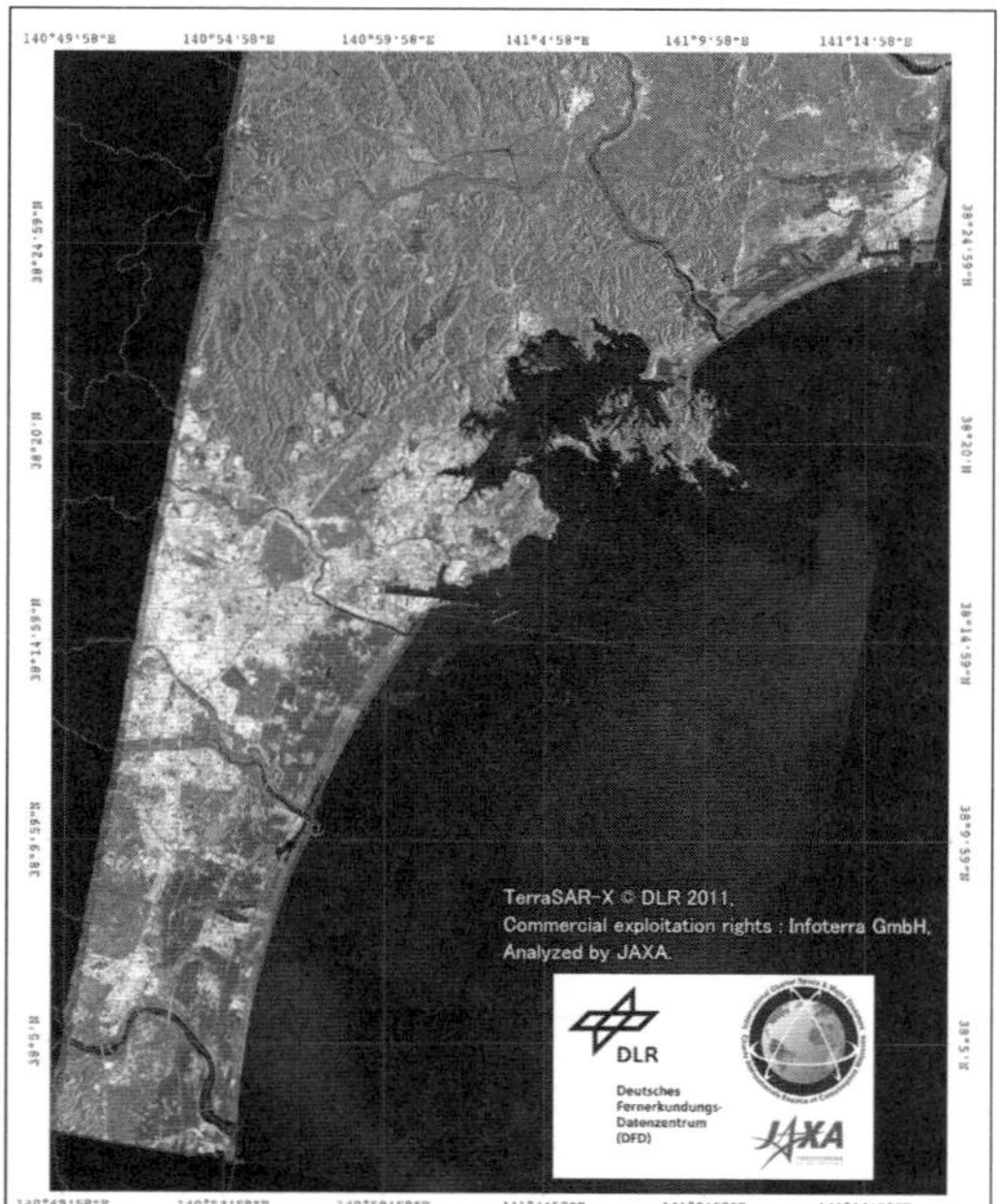

ドイツのレーダー衛星「TerraSAR-X」が撮影しJAXAが解析した、東日本大震災直後の仙台市付近の画像。被災前の画像との比較で着色されており、海岸線付近の色の濃い部分は津波で冠水していることを示す。高分解能の衛星なら、画像の比較で車両の有無などを検出することも可能だ（写真／JAXA）

測した画像と比較することで、地面の凹凸の変化を1㎝ほどの超高精度で測定することもできる。東日本大震災では、地震による地殻変動で東北地方全体が動いたことを観測している。また噴火前の火山で、これから噴火する場所の地面が膨らんだり、噴火後の地面がしぼんだりする様子も観測された。レーダー衛星は、非常に幅広い用途で役に立つ多目的衛星なのだ。

レーダー衛星の進化

巨大だった初期のレーダー衛星

最も初期に実用化されたレーダー偵察衛星としては、ソ連の「レゲンダ」システムがよく知られている。最初の打ち上げは1967年とかなり早いが、当時は大電力が必要だったため、原子炉を搭載した原子力衛星だ。それでも現在のような高い分解能は得られず、主に洋上のアメリカ空母機動艦隊を追跡するのが目的だった。多数の艦船からなる空母機動艦隊は、分解能の低い画像でも判別しやすく、どこにいるかさえわかればミサイル攻撃の目標設定には充分な情報だった。

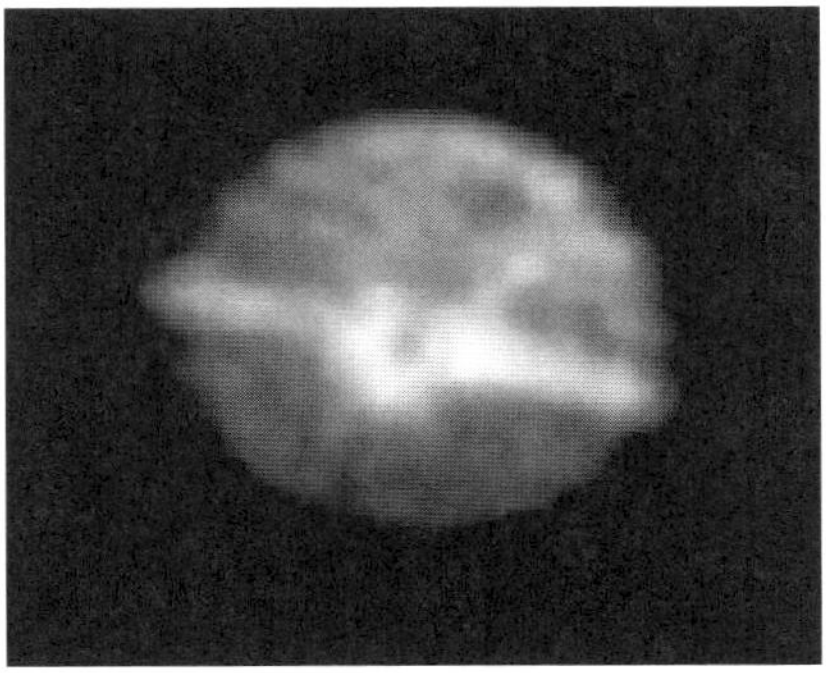

アメリカのレーダー衛星「ラクロス2」を地球上から撮影した写真。詳細は非公表だが、直径50m近い巨大なパラボラアンテナと、左右に手を広げたような太陽電池を備えている（©Altai Optical Laser Center / VP Aleshin、EA Grishin、VD Shargorodsky、DD Novgorodtsev）

アメリカの実用レーダー偵察衛星「ラクロス」は、1988年に1号機が打ち上げられた。ラクロスの詳細は非公開だが、科学者による地上からの観測で大まかな形状は判明している。大型レーダーに必要な大電力をまかなうため、ラクロスには宇宙ステーションにも匹敵する、両翼50mの巨大な太陽電池を装備している。また4号機まではやはり直径50mもの巨大パラボラアンテナが装備されていたが、5号機は長方形の平面アンテナに変更された。分解能は最高で0・3mと言われている。

しかし巨大なレーダー衛星は費用も膨大にかかる。ラクロスは2018年現在、1997年打ち上げの3号機から2005年の5号機までが使用中で、後継の開発は中止された。

レーダー衛星も進化、小型化へ

一方、日本では1992年に宇宙開発事業団（NASDA）がSARを搭載した初の地球観測衛星「ふよう1号」を打ち上げた。「ふよう1号」の目的は資源探査で、分解能は18mと粗いが、重量は1・3tとかなり小さい。2003年に打ち上げられた、日本初の安全保障用衛星である情報収集衛星の「レーダ1号機」は、スポットライトモードでの分解能は1~3mと「ラクロス」の通常モードに近い性能になった。これも非公開ながらロケットの性能から重量は2t以内と思われる。2017年打ち上げの「レーダ5号機」では分解能0・5mとも言われており、ラクロスに匹敵する高性能を数分の1のサイズで実現したことになる。

重量数トン程度の中型SAR衛星は日本以外でも開発されており、偵察衛星としても非軍事用地球観測衛星としても活躍している。さらに、重量1トン未満の小型SAR衛星の開発も進んでおり、中型衛星よりは分解能が低いものの低価格を活かして多数打ち上げ、1日に何度も撮影可能にすることが考えられている。

Column

ラクロスの同級生? 飛行機版の「ジョイントスターズ」

ラクロスの1号機が打ち上げられたのと同じ1988年、もうひとつの合成開口レーダー搭載機が初飛行した。E‐8ジョイントスターズだ。

ジョイントスターズはボーイング707旅客機の胴体下面に、大型の側方監視レーダーAN／APY‐3を搭載したもので、地上を精密に観測する合成開口モードを備えたSARだ。まさに「飛行機版ラクロス」、あるいはラクロスが「宇宙版ジョイントスターズ」であると言えるだろう。同じ時期に同じ技術で開発された同級生だ。

ラクロスと異なり、ジョイントスターズは戦場近くの空域を旋回して滞空することで、継続的な監視ができる。また早期警戒管制機（AWACS）のように、地上部隊や攻撃機に指示を出す、指揮機能も備えている。

ただラクロスと同様、ジョイントスターズも後継機の開発が中止された。空中目標より膨大な地上の情報を処理し指揮することの難しさ、価格の高さなどが理由だが、より小型で低価格の無人偵察機や、F‐35戦闘機のSARの情報をネットワークで共有する方が良いという判断もあるだろう。

小型化とネットワーク化は、ラクロスとジョイントスターズの後継問題において共通の答えになりそうだ。

ラクロスとほぼ同時期に開発されたE-8「ジョイントスターズ」は、前部胴体下面に細長いレーダーを備えている。飛行しながら側面を撮影する合成開口レーダーだ（写真／US Air Force）

第12講

小型化や超低高度軌道 進化する偵察衛星

偵察衛星は宇宙から地球上を監視する「宇宙のデジタルカメラ」だ。そして、地球上で使われるデジタルカメラが進化しているように、偵察衛星も進化を続けている。その大きなトレンドは、小型化だ。

偵察衛星の課題はシャッターチャンス

地上から飛行中の飛行機を大きく精密に撮るには望遠レンズが必要だが、超望遠レンズはレンズの直径も長さも巨大で、お値段も桁違いに高い。

地球観測衛星や偵察衛星もそれは同じだ。被写体を細かく見分ける能力、分解能を向上するには大きなレンズ（実際は反射望遠鏡も多いので、光学系と呼ぶ）が必要になる。その究極は第10講で紹介したアメリカの「クリスタル」偵察衛星。口径2・4m、全長19m、重量20トンのこの衛星は、地上の5㎝の物体を見分ける能力（分解能）があると言われている。

しかし偵察衛星は地球を回り続けているので、地上の同じ場所の上を通るのは1日に2回。そのうち1回は夜なので、写真を撮れるのは1回だけ。どれほど高性能の偵察衛星でも、同じ場所を1日に何度も撮ることはできない。タイミングが悪くて重要な変化の撮影が遅れてしまうかもしれないし、雲が出ていて何も見えないかもしれない。

偵察衛星もハイ・ロー・ミックス

偵察衛星は、飛行機の機種が判別できるほど精密な写真を広範囲で撮影できれば理想的だ。しかし、範囲が狭くても精密に撮れれば良いということや、粗い写真でも判別さえできるなら良いということもあるだろう。高価な戦闘機と安価な戦闘機を組み合わせて運用する「ハイ・ロー・ミックス」のように、性能を抑えた小型衛星を組み合わせ、数を増やして運用すれば、撮影機会が少ないという偵察衛星の弱点をカバーできる。

ただ、偵察衛星は機能的には非ミリタリー向けの地球観測衛星と同じものなので、「ハイ・ロー」の「ロー」はあえてミリタリー専用とする必要がない。むしろ民間企業に地球観測衛星を開発・運用してもらって、ミリタリー向けと非ミリタリー向けの両方に画像を販売するビジネスにした方が予算も安く済むし、多くの人に便利に利用される。そんな計画が、日本でも始まっている。

画角は狭いが高分解能 小型衛星「ASNARO」

日本電気（NEC）の小型地球観測衛星「ASNARO」（アスナロ）は重量500kg程度で、情報収集衛星やJAXA（宇宙航空研究開発機構）の地球観測衛星が2～3トン程度なのと比べると格段に小さい。〝小型・情報収集衛星〟のイメージに最も近い衛星だ。

次ページの表を見て欲しい。光学カメラを搭載した「ASNARO-1」の分解能は0・5mと、日本

ASNAROプログラム衛星の主な諸元
（画像／NEC）

	ASNARO-1	ASNARO-2
衛星外観		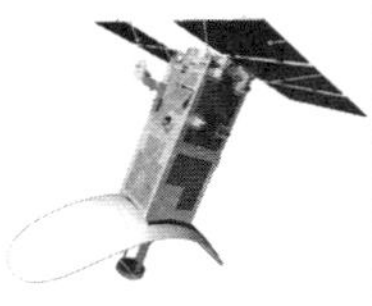
打ち上げ年	2014年	2018年
センサー	光学	合成開口レーダー
空間分解能	0.5m以下	1.0m
質量	500kg	570kg

の情報収集衛星にも匹敵する高性能だ。その一方で観測幅、つまり1枚の写真に収められる幅は10㎞しかない。情報収集衛星の観測幅は不明だが、機体サイズが近いJAXAの先進光学衛星「だいち3号」（ALOS3）の観測幅は70㎞もある。画角は狭いが、分解能は同じくらいで、衛星のお値段はずっと安いというのが「ASNARO」だ。

初期の偵察衛星よりすごい現代の超小型観測衛星

もっと小さな、スマートフォン（スマホ）のカメラのような衛星は作れるだろうか？ カメラとコンピューター、通信装置をコンパクトにまとめたスマホは、地球観測衛星とほとんど同じ機能を持っている。実はスマホ技術の応用で、超小型衛星の開発が可能になった。

NECの小型地球観測衛星「ASNARO」。左の写真は光学カメラを搭載した1号機「ASNARO-1」の実物大模型で、右の写真は合成開口レーダーを搭載した2号機「ASNARO-2」の実機。ロケットに搭載するため、太陽電池とレーダーは折り畳まれている（写真／筆者）

日本のベンチャー企業「アクセルスペース」社は２０１８年、重さわずか１００kgの超小型地球観測衛星「ＧＲＵＳ」１号機を打ち上げた。ＧＲＵＳの分解能は２・５ｍで、ＩＧＳやＡＳＮＡＲＯほどではないが、車両の移動や建物の変化などを判別するには充分。価格もずっと安いため、多数の衛星を同時に運用することで、地球全体の画像を短い間隔で更新し、低価格で販売することを目指している。

カメラがショボいなら超低高度から撮ろう！

カメラが小さくて性能が低くても、地球に近寄って撮れば細かいところまでくっきり撮れるのではないか。そんな逆転の発想で開発が進んでいるのが、超低高度衛星だ。

従来の地球観測衛星が飛行する高度６００〜８００kmから、半分以下の２５０km程度まで高度を下げたらどうだろう？　簡単に言うと、同じことをするのにカメラもレンズも安く済む。しかし高度２５０kmというのは地球の大気圏と真空の宇宙の境目のような高さだ。わずかか空気抵抗があるので、この高さを飛ぶ衛星は早ければ数日で大気圏に突入してしまう。

そこで、飛行機のようにエンジンで推進しながら飛行するのがＪＡＸＡの超低高度衛星技術試験機「つばめ」（ＳＬＡＴＳ）だ。空気の抵抗を受けながらの飛行を可能にするために、イオンエンジンを搭

日本の地球観測衛星／情報収集衛星の比較

	ASNARO-1	情報収集衛星 光学5号機	だいち3号
最高分解能	0.5m	0.4m以下	0.8m
最大観測幅	10km	（だいち3号の半分程度？）	70km
衛星重量	495kg	2〜3t？	約3t
打ち上げ年	2014年	2015年	2020年（予定）

載する。イオンエンジンは小惑星探査機「はやぶさ」にも使われた技術で、従来のロケットエンジンよりずっと推力は弱いが燃費は1桁よい。

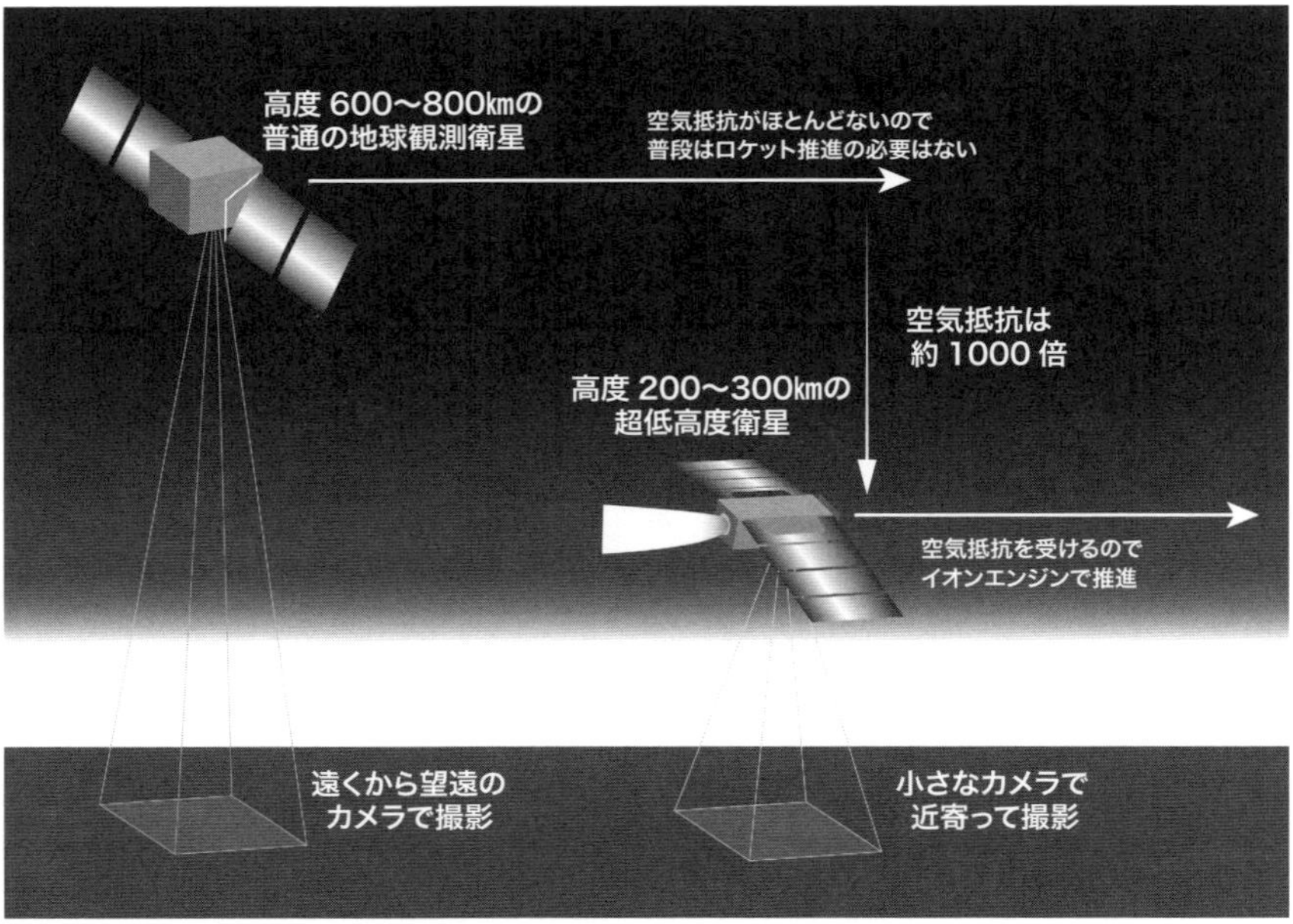

超低高度衛星技術試験機「つばめ」(SLATS)は、比較的空気抵抗が大きい高度300㎞以下で地球を撮影するために、ジェット機のようにイオンエンジンを噴射しながら飛行する。日本独自の着想による新しい技術だ(イラスト/筆者)

Column

飛行機から宇宙ロケットを発射？

超小型衛星は低コストだが寿命が短いので、地上に備蓄しておいて有事に多数打ち上げるような運用も考えられる。超小型衛星ならロケットも超小型になるから、地上に発射場を設けるより、航空機を使って空中で打ち上げた方が良いかもしれない。筆者は航空自衛隊の戦闘機パイロットに「戦闘機で宇宙ロケットを発射できると思いますか？」と聞いたことがある。すると、にっこり笑ってこう答えてくださった。「宇宙ロケットのことはよくわかりません。でもロケット（ミサイル）の空中発射は、戦闘機がいつもやっていることですよ」

上は2016年12月15日、胴体下に搭載した宇宙ロケット「シグナス」を空中発射したロッキードL1011トライスター旅客機（写真／NASA/Laurie Losey）。下はアメリカ国防先進研究計画局（DARPA）の「空中発射補助スペースアクセス」（ALASA）の構想図。より小型の衛星を搭載した小型ロケットならF-15戦闘機からでも発射できるかもしれない（イラスト／DARPA/Boeing）。航空自衛隊のF-15Jが有事に超小型偵察衛星を次々に打ち上げるなんて未来もあり得るのだろうか？

第13講

新たな力 ネットワーク戦闘

自衛隊の通信衛星

自衛隊、宇宙へ！ 初の〝防衛衛星〟登場

この本のはじめに筆者は、人工衛星を保有し運用する「宇宙自衛隊」が誕生するかもしれないという話を書いたが、実は既に自衛隊の宇宙利用は本格的に始まっている。

２０１７年1月24日、自衛隊初の人工衛星が打ち上げられた。Xバンド防衛通信衛星「きらめき2号」だ。1号機はやや遅れて２０１８年4月6日に打ち上げられ、２０２２年度までに全部で3機の衛星が計画されている。通信衛星は宇宙に浮かぶ通信中継施設だ。地上の通信では、送信側と受信側の間に山や建物などの障害物があると電波が伝わりにくくなるので、アンテナはできるだけ見通しの良い高台に設置したり、塔を建ててその上に乗せたりする。その究極が「アンテナを宇宙に置く」、通信衛星だ。

地球の1／3と通信できる通信衛星

通信衛星の多くは赤道上空約3万６０００㎞の、静止軌道を飛行している。この軌道では地球1周に24時間かかるため、地球上から見て空中の1点に静止しているように見え、衛星にアンテナを向けるのが容易だからだ。

また、地球の大きさは半径約６４００㎞だから、高度３万６０００㎞というのは地球を結構遠くから見下ろす位置だ。地球の約半分が見えるので、そのどことでも通信しやすい。超広範囲と通信できるのがメリットだ。

ただ、見えている範囲の端っこの方では衛星がかなり低い位置に見えることになり使いにくいので、通信可能な範囲は概ね地球の１／３ぐらいになる。そこで、通信衛星は大きく分けて３ヶ所、太平洋・大西洋・インド洋の上空に配置されることが多い。たとえば太平洋上の衛星はアジアと南北アメリカを通信圏内にできるので、両地域内の通信や、太平洋をまたいだ通信、太平洋上の艦船や航空機との通信に使える。

ミリタリー目的での通信衛星のメリットは非常に大きい。地上の中継局よりはるかに広い範囲での通信が可能なので、広い海上や、他国領域へ展開する場合でも容易に通信が確保できる。全世界に展開するアメリカ軍の場合、軍だけでなく政府レベルの意思決定でも使用するＷＧＳ、高速通信用のＡＥＨＦ、戦闘機や車両などの移動通信用のＭＵＯＳと、目的に応じた多数の通信衛星を配備している。

自衛隊の衛星通信は「スカパー！」だった？

アメリカ軍ほど全世界への展開はしない自衛隊だが、現代のミリタリー組織に衛星通信は欠かせない。今までも自衛隊は衛星通信を利用してきたのだが、独自の衛星は保有していなかった。利用していたのはスカパーＪＳＡＴ社の「スーパーバード」通信衛星だ。スカパーＪＳＡＴと言えば衛星放送の「スカパー！」でおなじみだが、もうひとつの顔は16機もの静止通信衛星を保有する衛星通信サービス企業だ。

通信衛星の仕事は、地上からの電波を増幅し、地上へ送り返すこと。外見上は送信用や受信用のパラボラアンテナと、大きな太陽電池が特徴だ。これまでの自衛隊の衛星通信は、３機の「スーパーバード」に自衛隊用のXバンド中継機を搭載してもらうことで実現してきた。
ただ、「スーパーバード」による衛星通信は自衛隊にとって充分なものではなかった。搭載していた自衛隊用中継機では音声通信やFAXの送受信は可能だが、デジタル写真や動画などの送受信には非常に時間がかかる。そう、「ブロードバンドではない」のだ。そこで、3機の「スーパーバード」が設計寿命を迎える時期に合わせて、防衛省独自のXバンド防衛通信衛星「きらめき」を打ち上げることになった。

自衛隊、宇宙へ！ 初の自衛隊衛星は通信衛星

2017年1月24日に「きらめき2号」が、2018年4月6日に「きらめき1号」が打ち上げられた。打ち上げ前に技術的トラブルが起きたため、1号の打ち上げが遅れて順番が入れ替わっている。2022年に「きらめき3号」が打ち上げられ、従来の3機の「スーパーバード」から任務を引き継ぐ予定だ。3機の「きらめき」の正確な位置は公表されていないが、太平洋上空の少し分散した位置に配置されるものと思われる。

「きらめき」の詳細な性能は公表されていないが、画像や動画の送信も可能なスマホ並みの通信速度と思われる。また災害派遣や海外派遣など状況に応じて、陸海空の自衛隊の電波の割り当てを変えたり、特定の地域に電波を向けることなどが可能だ
自衛隊は「きらめき」以外に人工衛星を運用していないので、「きらめき」は初の自衛隊衛星と言えるだろう。

1月24日16時44分、種子島宇宙センターから発射するH-ⅡAロケット。通信衛星「きらめき2号」はロケットの先端に収納されている（写真／JAXA-MHI）

Xバンド防衛通信衛星「きらめき」

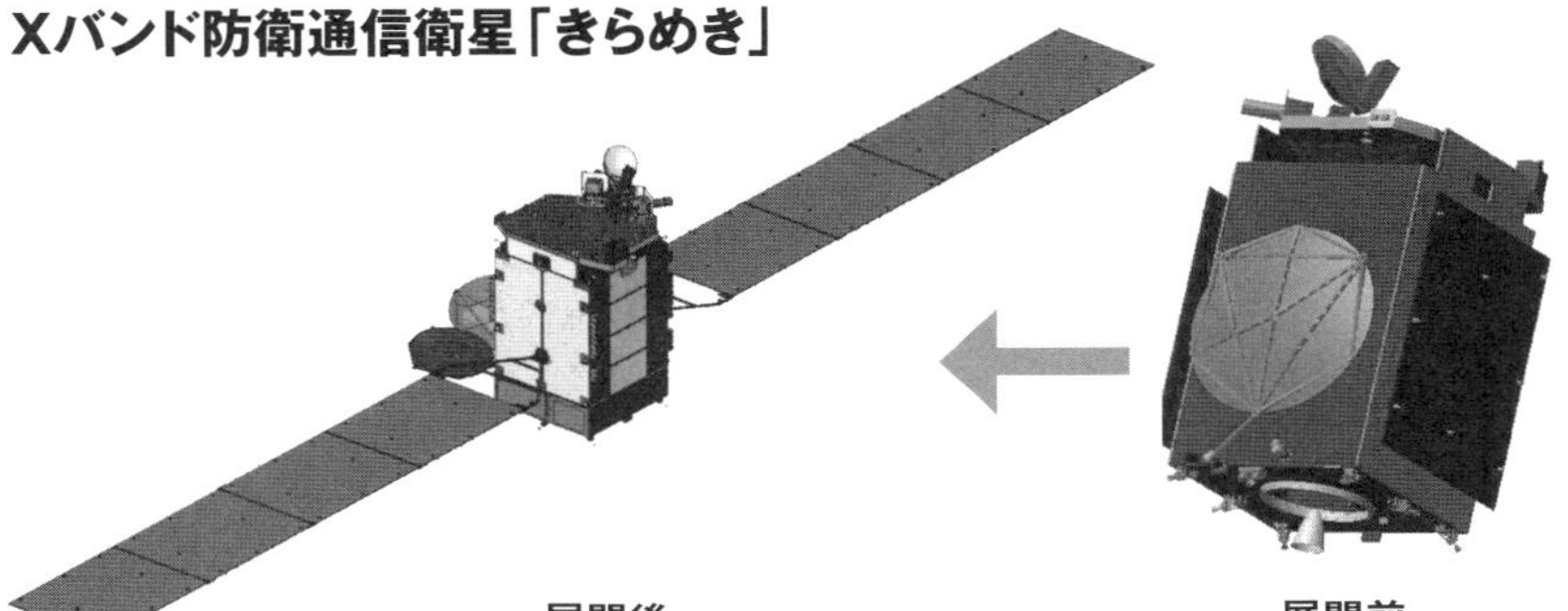

Xバンド防衛通信衛星「きらめき」の想像図。一部機器が省略されているとあるが、通信衛星にしてはパラボラアンテナが少なく、小さいように見受けられる。打ち上げ時には左上のように太陽電池とパラボラアンテナを畳んだサイコロ形になっており、ロケットから分離したあとに展開する（画像／防衛省）

ただし、「きらめき」を保有し運用しているのは自衛隊ではない。「きらめき」を製造したＮＥＣや、運用ノウハウを持っているスカパーＪＳＡＴなどが協力して「きらめき」を整備運用し、衛星通信サービスを自衛隊に提供するという民間中心の事業になっている。自衛隊員が訓練を受けて運用するより、隊員の定数も予算も節約できるからだ。

海外展開だけじゃない！ 通信衛星が変える自衛隊

ところで、専守防衛の自衛隊にはアメリカ軍ほどには、地球全体での通信のニーズはない。インド洋などの海外派遣任務はあるが、太平洋上の「きらめき」の電波はインド洋には届かないから、民間やアメリカ軍の衛星を借りなければならない。では、どうして自衛隊にも衛星通信が必要なのだろうか。

航空機用衛星通信アンテナの例。アメリカ空軍E-3AWACSなどの胴体上面に付いている。日本では政府専用機やP-3Cなど海外に展開する中〜大型機に装備されている（写真左／VERDANT、右／US Air Force）

水平線の向こうは「圏外」！ 高速データ通信の弱点

飛行機の通信に使われる電波には、水平線の先まで届く電波と、届かない電波がある。長距離の航空無線に使われている短波（ＨＦ）は水平線の先にいる飛行機とも通信できるが、通信品質は音声程度だ。空港周辺で使われる超短波（ＶＨＦ）や極超短波（ＵＨＦ）は携帯電話にも使われているように高速データ通信が可能だが、水平線の先までは届かない。

水平線までの距離はどのくらいだろうか。標高１００ｍのタワーから見える水平線までの距離は、たったの36㎞しかない。高度１０００ｍからでも１１３㎞、１万ｍからでも３５６㎞だ。つまり、１０００ｍの山の上から高度１万ｍの飛行機を見ても、５００㎞足らずで水平線の向こう側に隠れてしまう。この直接見える状態を「見通し」と言い、ＶＨＦやＵＨＦの高速通信は見通し距離内でしかできない。

日本周辺を「圏内」にする衛星ブロードバンド

戦闘機などのデータリンク装置は高速通信が必要なので、「見通し」距離内でしか通信ができない。たとえば那覇から尖閣諸島までは４００㎞以上あるが、沖縄には１０００ｍの山はないから、高度

見通し通信と衛星通信のイメージ

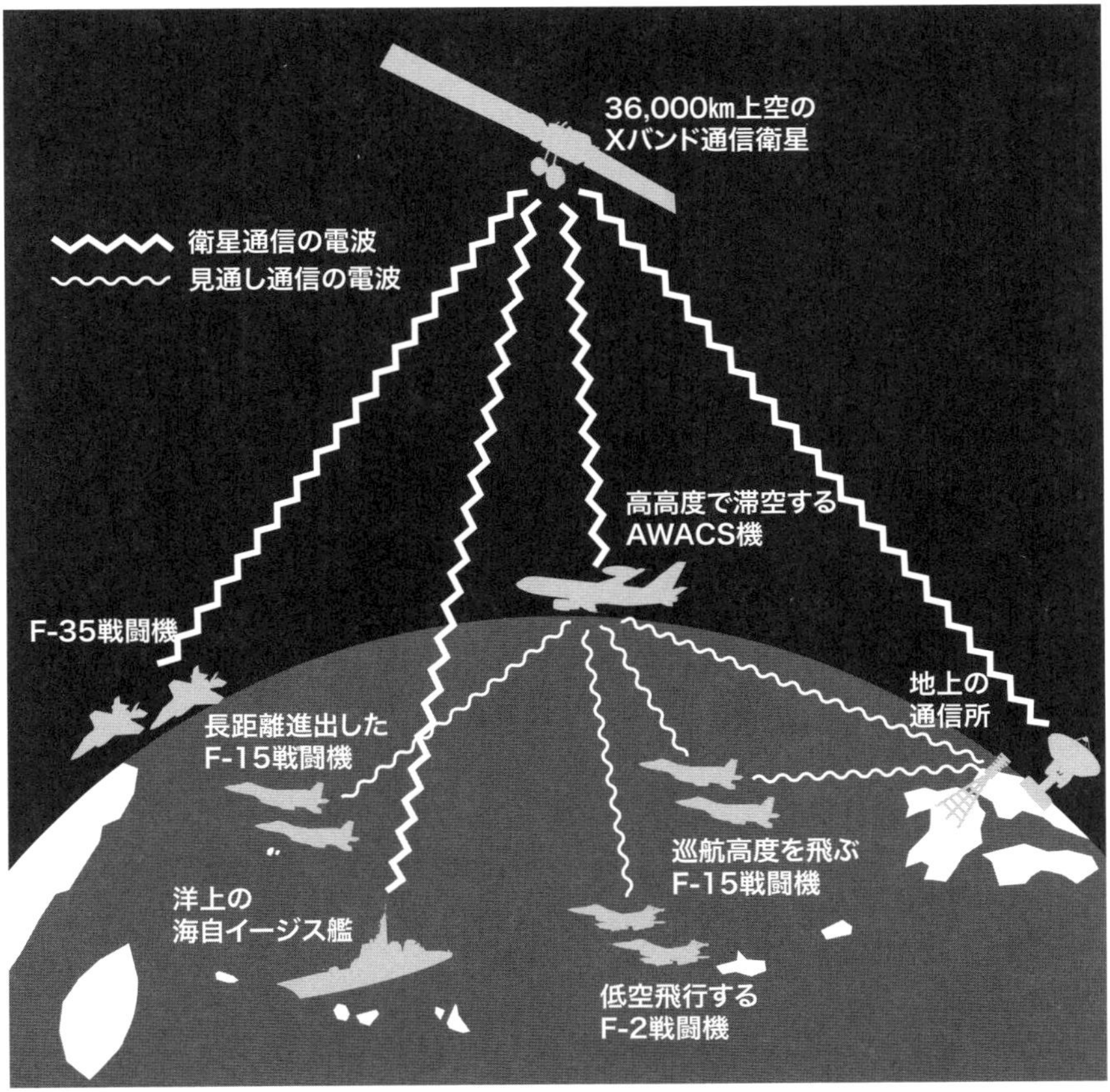

高速通信に使われるVHF以上の電波は地球の丸みにさえぎられるため、航空機や護衛艦などは地上の通信所から離れると見通しでの通信ができない。高高度を飛行するAWACSは電波の中継も担っている。衛星通信では、宇宙空間の衛星が、地球の丸みの影響を受けずに通信を中継してくれる。近くの地上の通信所が攻撃された場合でも、衛星を通じて遠くの地上局と通信できる。F-35は衛星通信が可能な通信機を持つが、F-15やF-2はこれを持たないので、衛星通信ができるAWACSなどによる中継が必要だ。護衛艦は日本から遠く離れた洋上でも日本と高速通信が可能になる
(イラスト／JWings)

1万mの飛行機でも「見通し」の通信はできない。このため那覇からスクランブル発進するF‐15J戦闘機の通信には、E‐767早期警戒管制機（AWACS）やE‐2C早期警戒機（AEW）による中継が不可欠だ。それに万一、沖縄の陸上通信所がミサイル攻撃でも受けたら中継による通信も途絶えてしまう。

この、見通し外では通信ができないという問題を解消するのが通信衛星だ。赤道上空3万6000㎞の静止軌道を飛行する通信衛星は地球の反対側以外なら「見通し」の位置関係になるので、広範囲でデータリンク可能なのだ。「きらめき」のアンテナは日本周辺エリアに向けられているほか、自衛隊が「圏外」の場所へ展開するときはそちらへ電波を向けることも可能だ。

AWACSが衛星通信の中継を果たす

衛星との通信には専用のアンテナが必要だ。地上部隊や艦船、大型航空機なら増設が容易だが、戦闘機のような小型機への搭載は少し大変。現在、自衛隊の戦闘機が搭載しているデータリンク装置は航空機同士や地上との見通し通信をするもので、衛星通信装置は搭載していない。

アメリカ軍はE‐3セントリーAWACSやE‐2ホークアイAEWに衛星通信アンテナを装備することで、衛星通信アンテナを持たない戦闘機と通信衛星の中継を行っている。これにより見通し外の部隊や地上の管制システムともデータリンクできるようになるのだ。ちょうど、Wi‐Fiが使えない場所で携帯電話回線を経由してインターネットを利用できる、モバイルルーターのような機能だと考えると良いだろう。

現在のところ航空自衛隊のE‐767AWACSには衛星通信アンテナは装備されていないようだが、

「きらめき」との組み合わせが実現すれば自衛隊の通信能力は格段に向上するだろう。今後のE-767の改修や、E-2Dの導入に注目していきたい。

Column

F-35の能力を完全に引き出す？ 通信衛星との連係プレイ

航空自衛隊の次期主力戦闘機F-35にとって、衛星データリンクは非常に重要な意味を持つ。F-35は衛星通信機を標準装備しており、AWACSを経由しなくても直接、衛星通信が可能なのだ。

F-35は高度なレーダーやセンサーを装備し、従来の電子戦機や偵察機にも匹敵する情報収集能力を持ちながら、ステルス性を活かして敵に接近することができる。単独でも高い攻撃力を持つが、それはF-35の能力の半面に過ぎない。真の能力は、ネットワーク戦にある。F-35は、同型機同士はもちろん他の部隊ともデータリンクして、自分からは見えない目標と戦闘できるようになる。これに通信衛星が加わることで、数千キロも離れたイージス艦や地上のミサイルの目となって弾道ミサイルを迎撃するような、広域のネットワーク戦が実現する。

F-35の衛星データリンクシステムはLink16を使用しているが、「きらめき」がLink16に対応しているかは不明だ。音声や画像だけでなく様々なデータを共有できる衛星データリンクシステムは、目立たないが重要な技術と言えるだろう。

航空自衛隊向けのF-35A。F-35戦闘機には高度なセンサーシステムに加え、衛星通信装置も搭載可能。AWACSの中継を受けずに直接、衛星通信ネットワークに参加可能だ（写真／Lockheed Martin）

第14講

戦闘機も歩行者もナビ「GPS」のしくみ

スマートフォンやカーナビでおなじみのGPSは、もともとアメリカ軍が自分たちの位置を正確に知るために整備したシステムだ。いまやミリタリーと民間の両方で欠かせない存在のGPSも、もちろん宇宙技術。今回はその原理を紹介していこう。

アメリカ軍の衛星測位システム「GPS」

位置を知る技術を「測位」と言う。衛星を使った測位システムは一般に「GPS」と呼ばれることが多いが、GPSはアメリカ軍が開発し運用している衛星測位システム、「全地球測位システム」(Global Positioning System)の略称。GPSを含む衛星測位システム全般のことは「GNSS」(Global-Navigation Satellite System)と呼ぶが、たとえば日本の衛星測位システムは「日本版GPS」などと呼ばれることも多い。本記事では聞き慣れた「GPS」という言葉を使うが、

現在の最新型、ボーイング製のGPSブロックⅡF衛星。新しい民間用信号の追加、軍用信号の強化などが図られ、12機が打ち上げられた。このほかに2017年3月現在、ブロックⅡR、ブロックⅡRMと合わせて31機が運用中
(写真／US Air Force)

原理はどの衛星測位システムでもだいたい同じだと考えてほしい。

地球上のどこでもかなりの正確さで測位

衛星測位が実用化される前、陸地から遠く離れた海洋などで電波を利用して測位を行う技術には「ロラン」や「オメガ」などがあった。これらは地上の送信局からの電波を受信して測位を行うが、数キロメートルから数十キロメートルの誤差があった。それでも広い海で船や航空機がおよその現在位置を知るには充分な精度だ。

しかし潜水艦発射弾道ミサイル（ＳＬＢＭ）が登場すると、もっと正確に位置を知る必要が生じた。ミサイルを発射する場所に誤差があれば、それだけ着弾地点にも誤差が生じるからだ。１９６０年代に最初の実用的な測位衛星「トランシット」が誕生し、核ミサイルには充分な数十メートルの精度が実現できた。

きっかけは冷戦時代の〝あの事件〟

ＧＰＳはアメリカ軍の次世代衛星測位システムとして１９７３年に開発開始されたが、現在一般の人も自由に利用できているのは、１９８３年の大韓航空機撃墜事件がきっかけだ。航路を大きく外れたボーイング７４７旅客機が誤ってソ連領空に侵入し撃墜されたこの事件を受けて、アメリカ政府は民間航空機の安全のため、ＧＰＳを民間に開放することを決めたのだ。さらに民間向けのカーナビや携帯型ＧＰＳ受信機が安く大量に製造販売されるようになり、１９９１年の湾岸戦争ではアメリカ軍も民間向けＧＰＳ受信機を購入し、地上部隊も含むあらゆる部隊がＧＰＳを利用できるようになっていた。

１９９０年代にはＧＰＳ衛星の数も揃い、軍も民間もＧＰＳを常時利用できるようになった。役割を終えたオメガは1990年代末には運用を終了、ロランも運用が縮小されつつある。

「時計の時刻」と「現在位置」をお知らせ

ときどき誤解している人がいるが、衛星がGPS受信機の位置を調べてくれているわけではない。衛星は電波を送信しているだけで、その電波をGPS受信機が受信（だから受信機と言うのだ）して計算し、現在位置を求めている。

GPS衛星が送信している電波から得られる情報は単純で、電波を送信した瞬間の「衛星の時計の時刻」と「衛星の現在位置」だ。電波は光の速さで伝わるので、受信機が受信する時刻は衛星からの距離のぶんだけ遅れることになる。光速は秒速30万キロメートルだから、もし衛星から受信機までの距離が3万キロメートルあったら0・1秒、遅れて受信するはずだ。この遅れから、衛星までの距離が計算できる。

3機の衛星の位置と衛星からの距離がわかると、現在位置を計算することができる。式で説明すると難しいので、

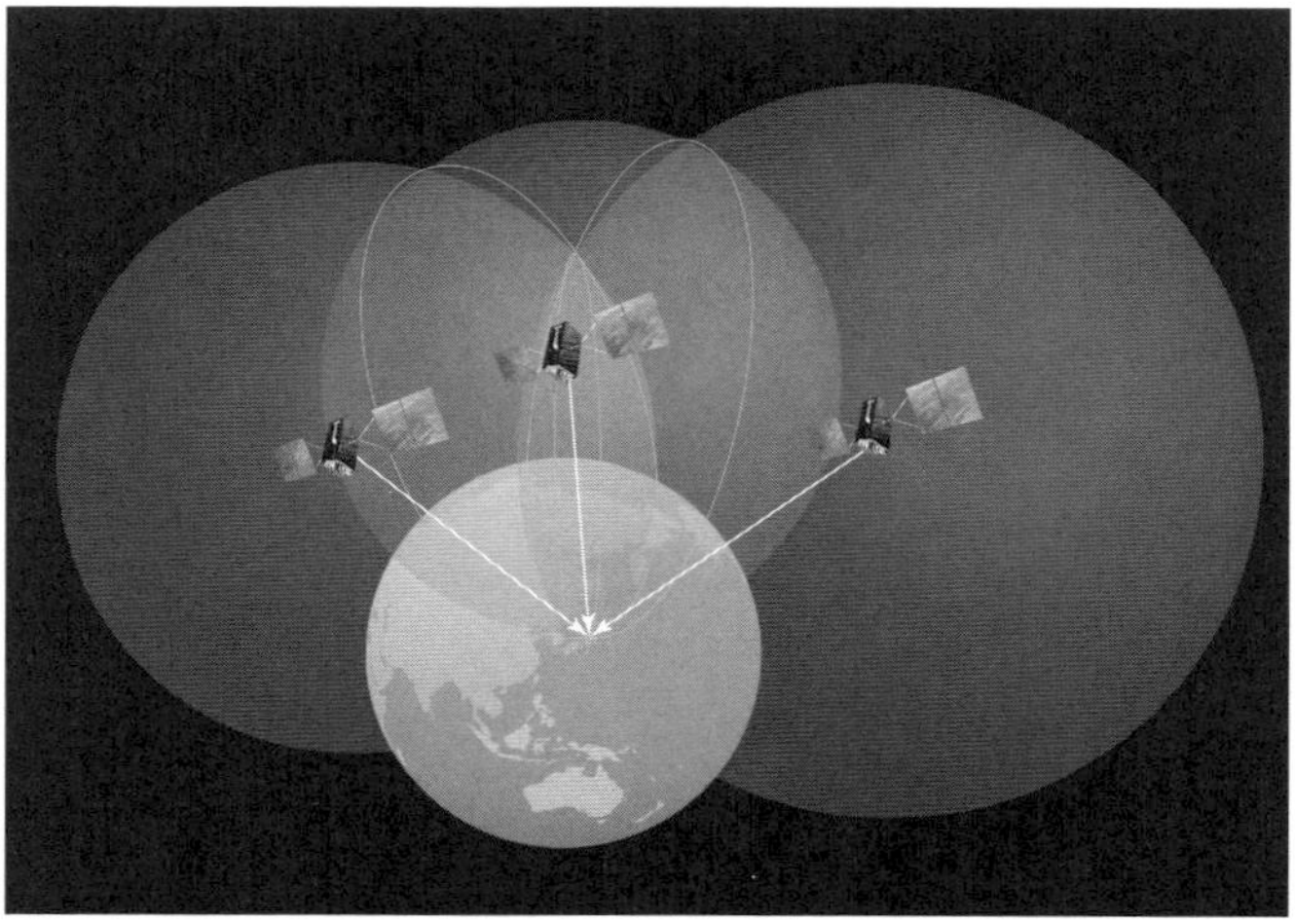

GPSによる測位の原理。衛星の位置と衛星からの距離（矢印）がわかると、自分の位置は衛星を中心とする球（図では円で表している）の表面のどこかのはずだとわかる。3つの球が交差する場所は点になるので、そこが自分の位置だ。実際には座標を計算して瞬時に位置を求める（イラスト／筆者）

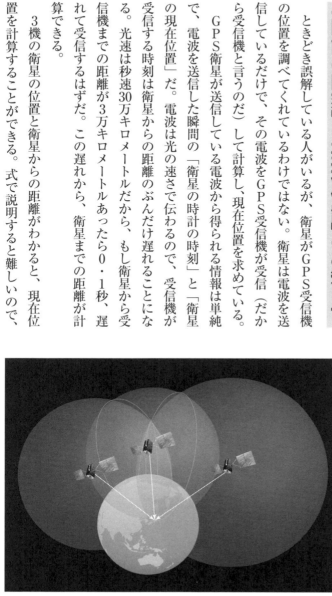

右下図を参照して欲しい。

原理は単純だが、GPSの高い精度を実現したのは原子時計という超高精度な時計だ。GPS衛星に搭載されている原子時計の精度はなんと1億分の1秒。これは電波が3メートル進む時間だから、距離を誤差3メートルで知ることができる。

ちょっと待った。自分のスマホに、原子時計なんて入ってたっけ？ もちろん入っていない。そこで必要なのが、4機目のGPS衛星だ。4機の衛星からの情報を合わせると、現在位置の座標と現在時刻を同時に計算できてしまう。GPS受信機には原子時計が入っていないのに原子時計並みに正確な時刻がわかるから、スマホには時刻合わせの必要はないのだ。

地球を囲むGPS衛星は6本の軌道に各4つ以上

このように、地球上のどこにいても4機のGPS衛星の電波を受信できれば測位ができるのだが、そのためには数多くの衛星が必要だ。地球上のどこからでも4機以上の衛星が見える（地上から見て水平線より上に位置している）状態にしなければならない。また4機の衛星があまり近い位置にあったり、一直線に並んでいたりすると誤差が大きくなるので、できるだけ「ばらけた」位置にあった方が良い。

GPSブロックⅡF衛星1号機を載せた、デルタ4ロケットの打ち上げ。多数のGPS衛星を1機ずつロケットで打ち上げるだけでも大事業だ（写真／ULA）

そこでＧＰＳ衛星は６つの傾斜軌道に最低４機ずつ、合わせて24機以上の衛星を配置している。軌道傾斜角は約60度、高度は約２万キロメートルで、それぞれの衛星は１日に地球を２周して地球をすっぽりと囲んでいる。これによって地球上のどこからでも常に６〜９機程度の衛星が見え、測位が可能になるのだ。

見える衛星が多いほど正確に測位できる

理論上は誤差数メートルの測位が可能なＧＰＳだが、実際には様々な理由で誤差が大きくなる。そこで、より多くの衛星の電波を受信していろいろな組み合わせで位置を計算すると、だんだん精度が上がる。スマホの地図アプリで、最初は現在位置が広い円で示されるのにだんだん狭くなっていくのは、次々に衛星の電波を受信して計算しているからだ。

ＧＰＳ衛星は24機以上配置していると書いたが、２０１７年３月時点で31機が運用されているため、これらの衛星を組み合わせて測位計算することで数メートル程度の誤差を実現している。もちろん故障や妨害への備えにもなっているわけだ。

2017年から打ち上げ開始される、ロッキードマーチン製のGPSブロックⅢ衛星。日本の測位衛星「みちびき」と共通の新しい民間用信号の追加など、さらに機能が向上する。10機が契約済みで、2022年までに打ち上げ予定
（左写真／Lockheed Martin、右イラスト／US AirForce）

Column

衛星コンステレーション

コンステレーションは、英語で星座のこと。地球規模のサービスを提供するため、多数の衛星を宇宙に配置することを言う。GPS衛星は実用的な衛星コンステレーションのさきがけと言えるだろう。

衛星の軌道を変えると機能も変わる。たとえば高度を高くすれば必要な衛星の数が減るが、届く電波が弱まるので衛星か地上の送受信機をパワーアップしなければならない。目的に合わせて最適な衛星コンステレーションを選択することが重要で、測位衛星でもアメリカ以外の衛星はGPSとは異なる軌道を選んでいる。

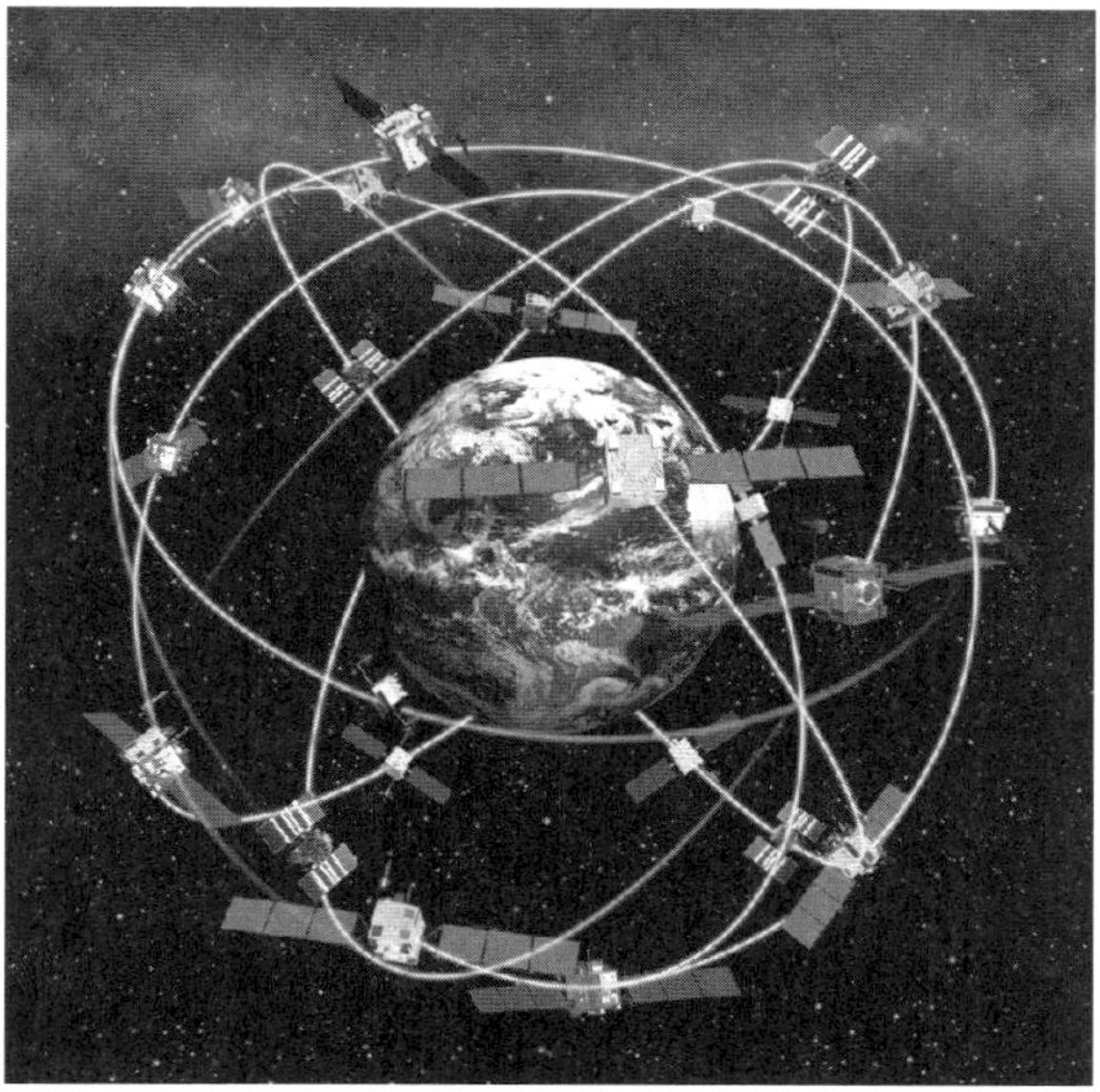

GPS衛星のコンステレーション。少しずつずらした6つの傾斜軌道に各4機以上の衛星を配備することで、地球のどこにいても4機以上の衛星からの電波を受信できる（イラスト／NOAA）

第**15**講

ＧＰＳだけじゃない 世界各国の測位衛星

世界各国の測位衛星 日本は「みちびき」

ＧＰＳによって一般にも広く使われるようになった衛星測位システム（ＧＮＳＳ）だが、近年はアメリカ以外の国も測位衛星を運用している。

「みちびき」は２０１０年に初号機が打ち上げられ、２０１７年にさらに３機打ち上げられる、日本独自の測位衛星だ。「みちびき」はＧＰＳと互換性のある信号を送信することで、ＧＰＳ衛星と併用して日本周辺での測位をしやすくすることを当面の目的としている。

４機の「みちびき」のうち３機は準天頂軌道という特殊な軌道で、３機の衛星が入れ替わりに日本の天頂に来ることでビルの陰など空が開けていない場所でも電波を受信しやすくする。残り１

2017年に打ち上げられた「みちびき2号」のCG。「みちびき4号」も同型機。「みちびき3号」は静止衛星で機能も異なるため、アンテナに違いがある

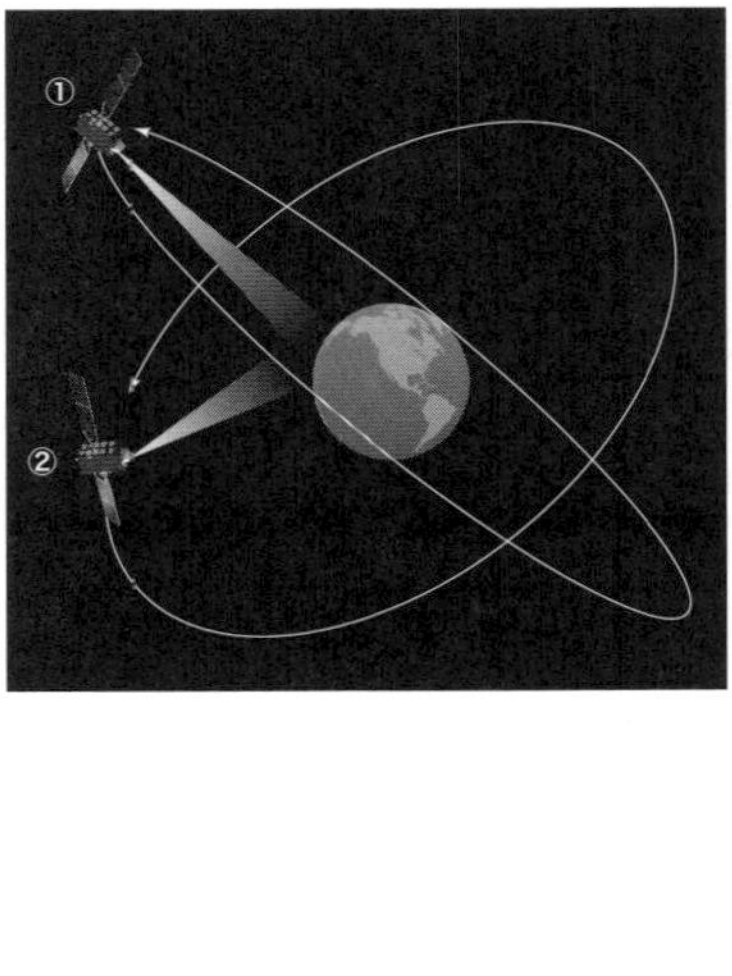

測位衛星「みちびき」が飛行する準天頂軌道

準天頂衛星の動きは、ハンマー投げを思い浮かべるとわかりやすい。選手（＝地球）と、ハンマー（＝衛星）は一緒に回っているが、ハンマーは斜めに回っているので、選手から見ると正面で上下に行ったり来たりしているように見えるはずだ。「みちびき」の軌道は赤道に対して40度傾いているので、一番上（北）に来たときは日本のほぼ真上から電波を送ってくる（衛星①）。衛星は地球と一緒に回っているので、日本から見るとほぼ真南へ移動していく（衛星②）。タイミングをずらして3機以上の衛星を配備すると、どれか1機が日本のほぼ真上あたりの位置にあり、残りの衛星も日本の南の空に見える状態になる
（衛星画像／みちびきウェブサイト、軌道画像／筆者）

欧州連合の測位システム ガリレオの最新衛星FOC（フル運用能力）型衛星（画像／OHB）

ロシアの最新測位衛星、グロナスM（画像／ISS Reshetnev）

機は静止衛星で、日本の南の赤道上空に位置する。この衛星は測位電波のほか、測位の誤差を打ち消すための情報も送信し、飛行機やカーナビなど移動中の測位誤差を1m以下にする。「みちびき」の整備により、平時には都市部や山間部でもスマホやカーナビが正確に測位できるようになる。ミリタリー視点では、日本周辺の有事で自衛隊やアメリカ軍が、より正確・確実に測位可能になるだろう。

ロシアの「グロナス」欧州連合の「ガリレオ」

ロシアの「グロナス」計画が始まったのは旧ソ連時代だが、ロシアの軍事作戦をアメリカのGPS衛星に依存するわけにはいかないのは現在も同じだ。GPSと同様、1日に地球を約2周する24機の衛星からなる「グロナス」システムはソ連時代には完成せず、ロシアに引き継がれた。一時は衛星の補充が間に合わなくなったものの、2011年に24機の運用体制に戻っている。

「ガリレオ」は欧州連合（EU）が運用する衛星測位システムだが、GPSやグロナスと違い、軍事ではなく民間利用を主な目的としてスタートした。GPSは民間開放されたとはいえ、アメリカ軍の都合でサービス停止される可能性もあると考えたのだ。2016年末の時点で運用中の衛星は15機で、予定の30機が揃うのは2020年頃になる。それまではＧＰＳと組み合わせての利用が可能だ。

地域測位から世界規模へ 中国の「北斗」衛星システム

ロシアと同様、中国もＧＰＳに頼るわけにはいかないので、独自の測位衛星を運用している。「北斗」または「コンパス」とも呼ばれるシステムだ。「北斗」は3種類の軌道の衛星を配備している。まず日本の「みちびき」と同様、静止衛星と準天頂衛星による地域測位システムを整備し、２０１２年までにインド洋から太平洋にかけて測位が可能になった。さらに２０１５年からはＧＰＳと同様、地球全体をカバーする衛星が打ち上げられている。「みちびき」とＧＰＳを合わせたような配置で、中国周辺に手厚く、全世界でも利用可能な合計35機の衛星システムとなる予定だ。

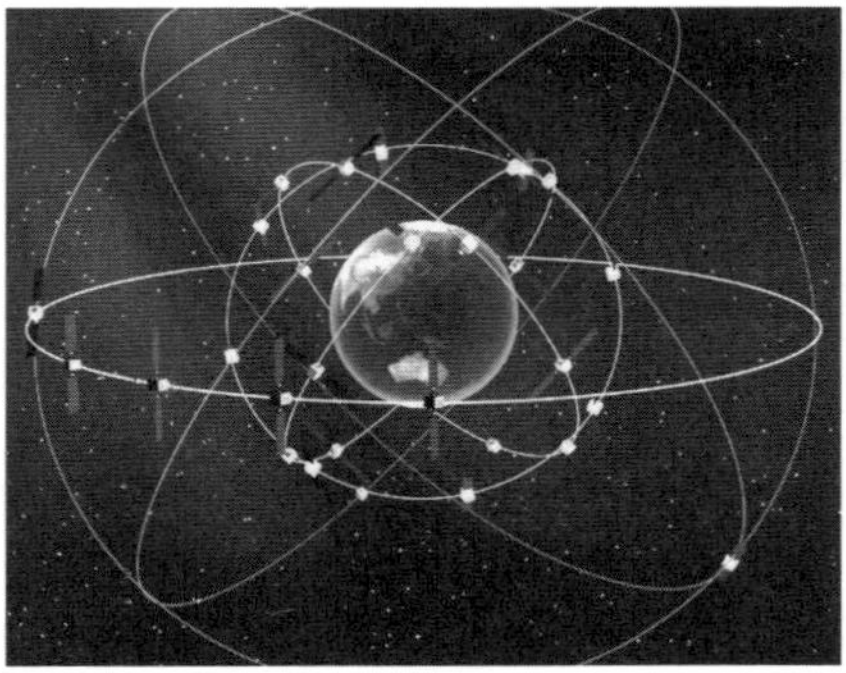

中国の「北斗」衛星システム。赤道上に並ぶ静止衛星、大きく傾いた軌道を回る準天頂衛星が中国周辺にサービスを提供する。さらに、低い軌道の多数の衛星が地球全体にサービスを拡大する。GPSと「みちびき」を合わせたようなシステムだ（画像:beidou.gov.cn）

Column

複数種の測位衛星を捉える マルチＧＮＳＳ受信機も登場（民間向け）

ＧＰＳ以外の衛星測位システムが増えるのは、民間ユーザーにとっては良いことばかりだ。測位衛星の信号は国によって少し違うが、変換計算によって一緒に扱うことができる。電波が届くすべての衛星の信号を使えば、ビルの陰など電波が受信しづらい場所でも正確な測位が可能になる。すでに「みちびき対応」「グロナス対応」といった「マルチＧＮＳＳ」タイプの受信機が登場しており、近い将来、スマホやカーナビは世界中の衛星を利用するようになるだろう。

第16講 確実に敵を狙う GPS誘導の攻撃

アメリカのＧＰＳを中心に衛星測位の原理について解説してきたが、ここではその応用、衛星測位を使った戦闘について紹介しよう。

ＧＰＳを利用すると、小型で安価な受信機で、地球上のどこでも現在位置を正確に知ることができる。カーナビやスマートフォンなど我々が利用する民生用機器に普及したのもそのためだが、ミリタリー目線で見ると「使い捨てにできるほど安いのに、正確」という大きなメリットがある。そこで航空機や艦艇だけでなく、ミサイルや爆弾などにもＧＰＳが使われるようになった。

ＧＰＳで飛ぶトマホーク巡航ミサイル

２０１７年4月6日、アメリカ軍はシリアの航空基地に向けて59発のトマホーク巡航ミサイルを発射した。トマホークは射程１０００km以上という長距離を、無人ジェット機のように飛行する対地攻撃用のミサイルだ。

初期のトマホークは、命中精度を高めるために、あらかじめメモリーした地形データと周囲の地形を比較して自分の位置誤差を修正する地形照合（ＴＥＲＣＯＭ）という方法を用いていた。ＴＥＲＣＯＭの欠

アメリカ軍の巡航ミサイル、トマホーク。航空機や水上艦、潜水艦などから発射し、GPSで誘導される（写真／Raytheon）

点は、あらかじめ地形データを用意してある地点でなければ誤差修正ができないことだ。トマホークはそういったポイントを通過するような飛行経路を組まなければならないので、急な目標指示に対応しにくく、発射位置も限られてしまう。

そこで1993年に導入されたブロックⅢのトマホークからは、GPS受信機が追加された。GPSならTERCOM用の地形データが不要で、飛行中にずっと衛星の電波を受信して精度良く飛行できる。飛行プログラムの設定がはるかに楽になった。

トマホーク攻撃の立役者はアメリカの各種軍事衛星

21世紀に入ってもトマホークの改良は続いている。最新のブロックⅣでは衛星通信機能が追加され、飛行中に通信衛星を経由して地上管制など双方向通信が可能

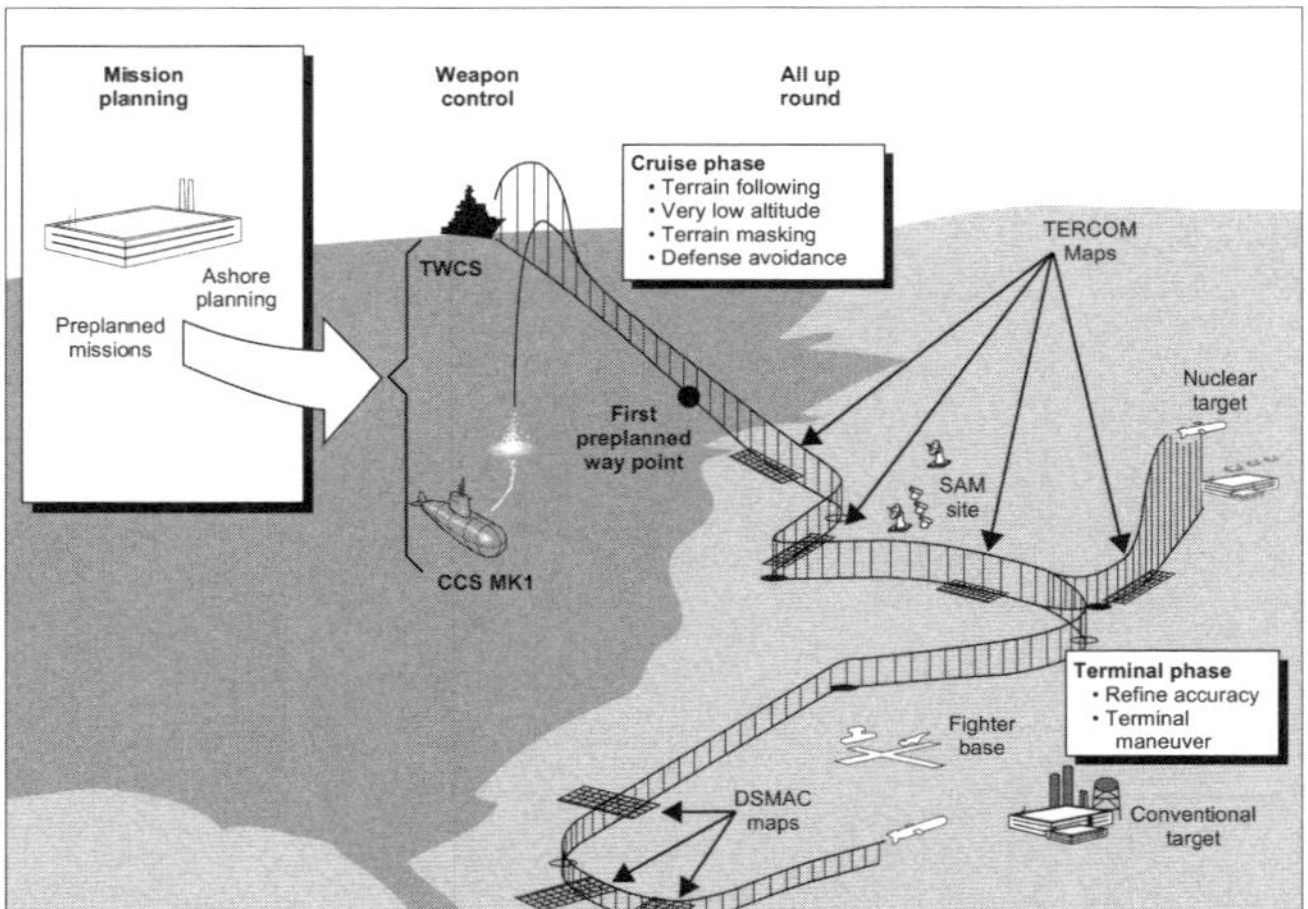

地形照合で飛行するトマホークミサイルのイメージ。あらかじめ作成された照合マップの地点を飛行して誤差修正する。DSMACも地形照合の一種（画像／GAO）

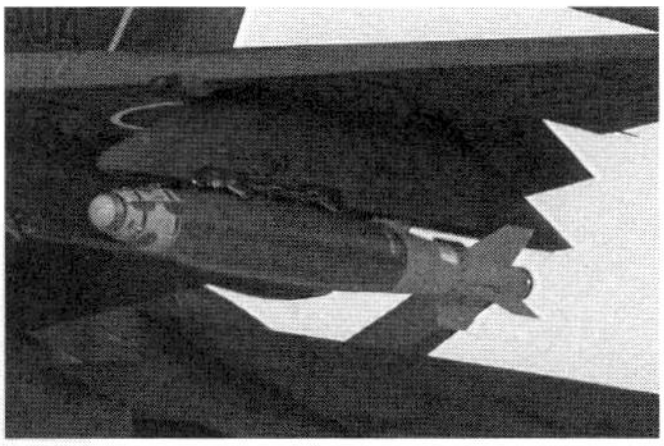

左主翼下にGPS誘導爆弾GBU-38 JDAM（訓練弾）を搭載したF-2A。JDAMはF-2から投下され、あらかじめ指定した場所へGPSで誘導される。爆弾後部の安定翼が爆弾の向きを変えて、落下方向を修正する仕組み。LJDAMでは爆弾の先端にレーザー誘導セットを追加し、GPS誘導とレーザー誘導の併用が可能になった（写真／山崎睦生）

になった。これによって

○管制から飛行中のミサイルへ、新しい目標や経由地点の変更を指示
○飛行中のミサイルから管制へ、現在位置や状態を報告
○ミサイルに偵察カメラを搭載し、撮影した画像を送信

といった機能が備えられた。

ＧＰＳと通信衛星、そして攻撃前の目標設定に使われたであろう偵察衛星も含めると、トマホーク（ブロックⅣ）による攻撃はアメリカの軍事衛星がオールスターで活躍した作戦だと言えるだろう。

GPSで誘導する爆弾　JDAM

自衛隊には射程１０００km以上のトマホークのようなミサイルはない。導入しているＧＰＳ兵器は戦闘機などから投下する誘導爆弾のＪＤＡＭ（ジェイダム）だけだ。

ＪＤＡＭは推進力を持たず、航空機から落下しながらそのコースを調整して目標に精密誘導される、誘導爆弾の一種だ。誘導方式はＩＮＳ（慣性航法）とＧＰＳの併用である。

ＩＮＳ／ＧＰＳ誘導には、

○地上が見えない雲の上からでも爆弾を投下できる
○建物など移動しない目標なら、座標の指示だけで誘導できる

といったメリットがある。航空自衛隊ではF－2戦闘機がJDAMの搭載能力を有しており、F－2にもGPS受信機を追加して爆弾投下位置の指示ができるようになっている。また、より正確な攻撃にはレーザー誘導が良い場合もあるため、必要に応じてGPSとレーザーのどちらでも誘導可能な「LJDAM（エルジェイダム）」も導入開始された。

第三章 ミリタリーと宇宙開発

軍事利用によって促進されてきた宇宙開発。
軍事面のみならず、
天気予報やGPSによるナビゲーションなど
我々の生活にも大きな豊かさをもたらしている。
ここではミリタリーと宇宙開発が
どのような関係にあるのかや、
目指してきたものなどを広く紹介していこう。

第17講 表裏一体の関係 弾道ミサイルと宇宙ロケット

弾道ミサイルは一度宇宙まで打ち上げられたのち、攻撃目標に向かって再突入、弾頭により敵地を攻撃する兵器だ。宇宙ロケットとの共通する点もおおい。弾道ミサイルとロケットの関係を、基本からふりかえってみよう。

ロケットは推進方式 ミサイルは武器の種類

弾道ミサイルの話になると、非常によく聞かれるのが「ロケットとミサイルはどう違うの?」という質問だ。先に結論を言うと「ロケットかどうか」と「ミサイルかどうか」は全く別の話なので、その比較自体がナンセンスと言える。

一般に「ロケット」と呼んだ場合、広い意味ではロケット推進で飛行する物体全般を指す。飛行機で言えば、ジェット推進で飛行するならそれが戦闘機でも旅客機でも「ジェット機」と呼ぶのと同じで、軍用でも宇宙用でもロケットはロケットだ。もちろん、ジェット機の中にも「ジェット戦闘機」「ジェット旅客機」といった分類があるように、ロケットにもいろいろな種類がある。

ロケットは1000年ほど前に中国で発明されて以来、武器として使われてきた。武器として敵へ向けて発射するロケットのことは、ロケット弾とも呼ぶ。さらに、ロケット弾に誘導装置（操縦装置）を備えたものをミサイルと呼ぶ。自衛隊装備の正式な呼称で、ミサイルが「誘導弾」と呼ばれるのはそのためだ。

つまり、ミサイルやロケット弾は「武器として使用するロケット」を指す言葉なので、「ミサイルかロケットか」という問いには意味がない。実際、ロシア語ではミサイルのことも単に「ラケータ（ロケット）」と呼ぶし、日本語や英語でも、ミサイルのことをロケットと呼んでも間違いではない。「ジェット戦闘機」を「飛行機」と呼んでも間違っていないのと同じことだ。

なお、ミサイルの一種でも巡航ミサイルはロケット推進ではなくジェット推進するので、ミサイルが全てロケッ

【ロケットだけどミサイルではない】

AH-1S対戦車ヘリによるJM261ロケット弾発射。誘導装置を持たないので、発射の方向でまっすぐ飛んで行く（写真／鈴崎利治）

【ロケットでもミサイルでもない】

誘導装置があっても推進装置を持たず、飛行機から落下させる爆弾は誘導爆弾と呼ぶ。写真はJDAM（写真／JWings）

【ミサイルだけどロケットではない】

93式空対艦誘導弾、ASM-2。ジェットエンジンで推進する。こういった誘導弾を巡航ミサイルと呼んで区別することもある（写真／JWings）

【ミサイルでロケット】

90式空対空誘導弾、AAM-3。ミサイルとは誘導弾のこと。多くのミサイルはロケット推進する（写真／JWings）

トというわけではない。従って、「ミサイルでロケット」のものもあれば「ミサイルだけどロケットではない」ものもあるし、「ロケットだけどミサイルではない」ものもあるというわけだ。

弾道ミサイルと宇宙ロケットは双子の兄弟

そんなミサイルの中でも、特に宇宙ロケットとよく似ているのが弾道ミサイルだ。弾道ミサイルは、砲弾を大砲で発射する代わりに、弾頭をロケットで加速して飛ばす。砲弾が描く放物線、つまり弾道を飛行するので弾道ミサイルと呼ばれる。ロケットは加速装置だから、加速を終えたら弾頭を切り離し、ロケット部分は用済みとなる。

一方、宇宙ロケットは弾頭ではなく、人工衛星を加速する装置だ。人工衛星も地球の引力に引かれて自由落下するので、その軌道は弾道の一種と言うことができる。衛星を加速して軌道に乗せ、分離したら用済みという意味で、弾道ミサイルと宇宙ロケットは同じことをしている。

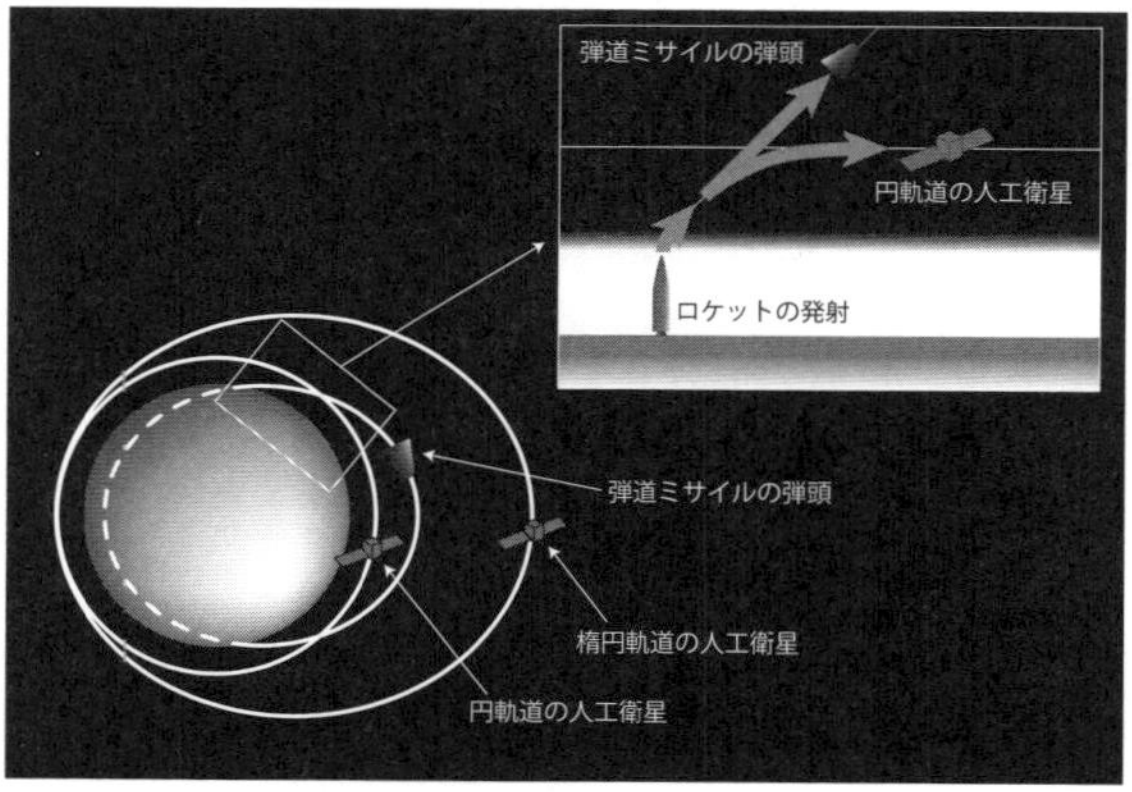

ロケットの発射と軌道（イラスト／筆者）

弾道ミサイルも宇宙ロケットも、地上から発射される時点では違いはない。宇宙ロケットは人工衛星を地面と平行な軌道に乗せるため、飛行経路を横に倒していく。高軌道の衛星も、一旦低軌道に入ってから再度上昇することが多い。

一方、弾道ミサイルは地球と交差する軌道を飛行するので、宇宙ロケットより高く上昇する方向で加速する。一般のイメージに反して、宇宙ロケットより弾道ミサイルの方が高く打ち上げられる。

人工衛星の軌道には円軌道と楕円軌道があるが、弾道ミサイルの弾頭は、地球とぶつかる楕円軌道を飛ぶ人工衛星と考えることができる。衛星軌道にもいろいろな高度があるが、地球観測衛星や宇宙ステーションなどが飛ぶ低軌道より、長距離弾道ミサイルの方が高高度を飛ぶ。

大陸間弾道ミサイルは「地球と衝突する人工衛星」

弾道ミサイルにも射程距離が数百kmから1万km以上まで、いろいろなものがある。射程数百km程度の短距離ミサイルでは、地面を平面と考えて、砲弾を撃つイメージと大差ない。しかし、数千kmから1万km以上も飛行する大陸間弾道ミサイル（ICBM）ともなると、丸い地球の向こう側へ飛んで行くイメージになってくる。

地球を回る人工衛星は、円軌道や楕円軌道を描く。楕円軌道を小さくしていくと、理論上は地球の地面より下を飛行する軌道を飛ぶことになるが、もちろん地球の中を飛ぶことはできない。だからこの楕円軌道は、地球上のある点を出発し、反対側の点で地球に衝突する軌道ということになってしまう。そう、弾道ミサイルの弾頭は、地球と衝突する軌道を飛ぶ人工衛星なのだ。

弾道ミサイルから生まれた宇宙ロケット

弾道ミサイルと宇宙ロケットは目的の軌道が違うだけで、機能的には大きな違いがない。世界初の人工衛星「スプートニク」を打ち上げたソ連（当時）の宇宙ロケット「スプートニク」（ロケットを衛星と同じ名前で呼んでいる）は世界初のICBM、R‐7「セミョールカ」とほぼ同じものだ。R‐7は2段式のミサイルだが、さらに第3段ロケットを追加するなど改良され、世界初の有人宇宙船「ボストーク」にも使われた。

R‐7シリーズは1957年から60年を経た現在も、ロシアの有人宇宙船「ソユーズ」の打ち上げ用として製造が続いている。宇宙船とロケットを同じ名前で呼ぶので、「ソユーズ宇宙船」を「ソユーズロケット」で打ち上げるという言い方になる。

ソ連に出遅れたアメリカも弾道ミサイルで挽回

アメリカはソ連よりＩＣＢＭの開発が遅れていたため、初の人工衛星「エクスプローラー1号」は、1段式の短距離弾道ミサイル「レッドストーン」に第2、第3、第4段のロケットを追加した「ジュノー1」ロケットで打ち上げられた。最初の有人宇宙船「マーキュリー」は、当初、衛星軌道に投入できるロケットがなかったため、「レッドストーン」に搭載されて弾道飛行している。「マーキュリー」は3機目の飛行でようやく「アトラス」ＩＣＢＭを使用して衛星軌道を飛行することができたが、この「アトラス」も「スプートニク」と同様、ＩＣＢＭをほぼそのまま使っており、ミサイルもロケットも同じ「アトラス」の名前で呼ばれた。

アメリカ空軍初のICBM、アトラスミサイル（右写真／US Air Force）とNASA初の有人宇宙船「マーキュリー」を搭載したアトラスロケット（左写真／NASA）。先端に搭載されているのが核弾頭か、マーキュリー宇宙船かという以外には大きな違いはない

宇宙ロケットが先か？ 弾道ミサイルが先か？

ここまで、まず弾道ミサイルが誕生し、それを使って人工衛星を打ち上げたという説明をしてきたのだが、実は全く逆の見方をすることもできる。

第二次世界大戦より前、欧米では多くの民間人が宇宙探検を目指して、ロケットの研究開発に没頭していた。そんな中、第一次世界大戦の敗戦で兵器の保有量を制限されたドイツ陸軍は、制限されていなかったロケットを兵器として利用することを思い付き、ロケット研究者のヴェルナー・フォン・ブラウンに世界最初の弾道ミサイル「V2」の開発を任せた。

V2が使われたとき、フォン・ブラウンは「ロケットは間違った惑星に着地した」と言ったという。彼がロケットで目指していた場所は、地球ではなかったのだ。アメリカに渡ったフォン・ブラウンはロケット・弾道ミサイル開発を指揮し、最後に開発した有人月ロケット「サターンV」の完成でついに、地球以外の天体への探検に成功する。軍の資金で弾道ミサイルを開発することで、宇宙ロケットが完成に至ったと考えることができるだろう。

Column

北朝鮮が批判される理由

北朝鮮は宇宙ロケット「銀河」を使って人工衛星の打ち上げに成功したが、日本政府は「事実上の弾道ミサイル」と呼んで非難している。宇宙ロケットと弾道ミサイルは同じものなのに、なぜ北朝鮮は非難されるのだろうか。

それは、北朝鮮が国連の説得を無視して核実験を行っているため、2006年の国連安保理決議第1695号で「弾道ミサイル計画に関連するすべての活動」の停止を求められているからだ。「関連するすべての活動」だから、北朝鮮が「人工衛星を打ち上げたのだから平和目的だ」と主張しても国連安保理決議に違反するのは明白だ。

もちろん日本はそんな決議を受けていないから宇宙ロケットを打ち上げることができるが、技術が流出して悪用されては困るので、日本でも宇宙ロケット技術は弾道ミサイル関連技術として管理されている。

第18講

事実上の弾道ミサイル？北朝鮮のロケット

月刊Jウイングに連載中、この回を執筆していた2017年5月、北朝鮮は盛んに弾道ミサイルの発射実験を行っていた。このため、連載の初めの方（本書では前項）で宇宙ロケットを解説した際に弾道ミサイルについても解説しているのだが、改めて北朝鮮の弾道ミサイルと宇宙ロケットについて解説したのがこの項だ。

その後、2018年4月には北朝鮮の指導者、金正恩委員長が韓国の文在寅大統領と会談するなど、一応の緊張緩和が図られた。しかし2019年に入ってからも短距離弾道ミサイルの発射実験が行われており、北朝鮮の真意は明らかではない。

そこで、北朝鮮の弾道ミサイルと宇宙ロケットについて、それがどんなものか、なぜ国際社会から認められないのかを解説しよう。

北朝鮮の宇宙ロケット「銀河3号」。弾道ミサイル「テポドン2」に第3段を追加したものと考えられる（写真／朝鮮中央通信）

北朝鮮の宇宙ロケットは国連決議違反

前項で開設したように、弾道ミサイルと宇宙ロケットは基本的に同じものだ。だから弾道ミサイルとして使用可能なロケットでも、それが人工衛星打ち上げ用に使われれば宇宙ロケットと呼ぶのが一般的。しかし、北朝鮮が「人工衛星を打ち上げた」と言っても、日本政府や日本のマスコミは「人工衛星打ち上げと称する事実上の弾道ミサイル」と呼ぶ。これはどういうことなのだろうか。

それは、国連決議が北朝鮮の弾道ミサイル関連活動を全て禁止していることに由来する。宇宙ロケットと弾道ミサイルは共通の技術が多いため、たとえ人工衛星を打ち上げる宇宙ロケットであっても、国連決議に違反するからだ。

従って、北朝鮮が発射したものを「ミサイル」ではなく「ロケット」と呼んでも、国連決議に反しない平和的な活動だと擁護することにはならない。本項で「ロケット」は、弾道ミサイルにも宇宙ロケットにもなる共通の技術を指す言葉だと理解して欲しい。

進化する北朝鮮の「宇宙ロケット」

北朝鮮は人工衛星打ち上げと称してロケットを90年代末から複数回にわたって発射している。そのうち最初の2回と後の3回では、全く異なる飛行をしている。

最初の発射は1998年で、ロケットから分離された第1段は日本海に落下したが、残りは日本の東北地方を飛び越えて（高度100キロメートル以上の宇宙空間のため領空侵犯ではない）太平洋へ飛行を続けた。北朝鮮は人工衛星「光明星1号の打ち上げに成功した」と発表したが、実際には失敗して太平洋に落下していた。2009年にも人工衛星「光明星2号」が打ち上げられたが失敗しており、このときロケットの名前は「銀河2号」と発表されている。

この2回の打ち上げは、いずれも北朝鮮の日本海側「ムスダンリ」の発射場から、ほぼ真東へ打ち上げている。地球は東へ向かって自転しているので、人工衛星を軌道速度まで加速するには真東への打ち上げが最も効率的だ。

2012年は情報公開 失敗も認める

2012年からの打ち上げは全く変わった。まず、発射場が北朝鮮の西海岸にある「トンチャンリ」に変わり、打ち上げ方向は真南になった。このことは事前に北朝鮮から公表されたため、自衛隊は飛行経路に近い沖縄県内に弾道弾迎撃ミサイル「PAC - 3」、海上には艦対空ミサイル「SM - 3」を搭載したイージス艦を配備して不測の事態に備えた。さらに、発射前に外国のメディアを発射場に招待し、「銀河3号」ロケットや人工衛星「光明星3号」を公開もした。

ロケットは4月13日に打ち上げられたが発射直後に爆発、北朝鮮は朝鮮中央通信で、打ち上げの失敗を発表した。これまでの1号、2号は失敗しても「成功」と発表したことを考えると、大きな変化だ。

ついに成功 意外に高度な宇宙飛行

12月12日、北朝鮮はついに初の人工衛星「光明星3号 2号機」の打ち上げに成功した。このときの飛行は驚くべきものだった。真南へ打ち上げられた「銀河3号」は、途中で向きを変えて西へ7・4度傾いた軌道に衛星を投入したのだ。この軌道は第10講で紹介したアメリカの偵察衛星「クリスタル」と同じで、地球全体を撮影するのに適した軌道を目指したと思われる。

しかし、トンチャンリから少し西向きに打ち上げると上海上空を通ってしまう。そこで一度真南へ飛行

「銀河2号」と「銀河3号」の飛行経路比較

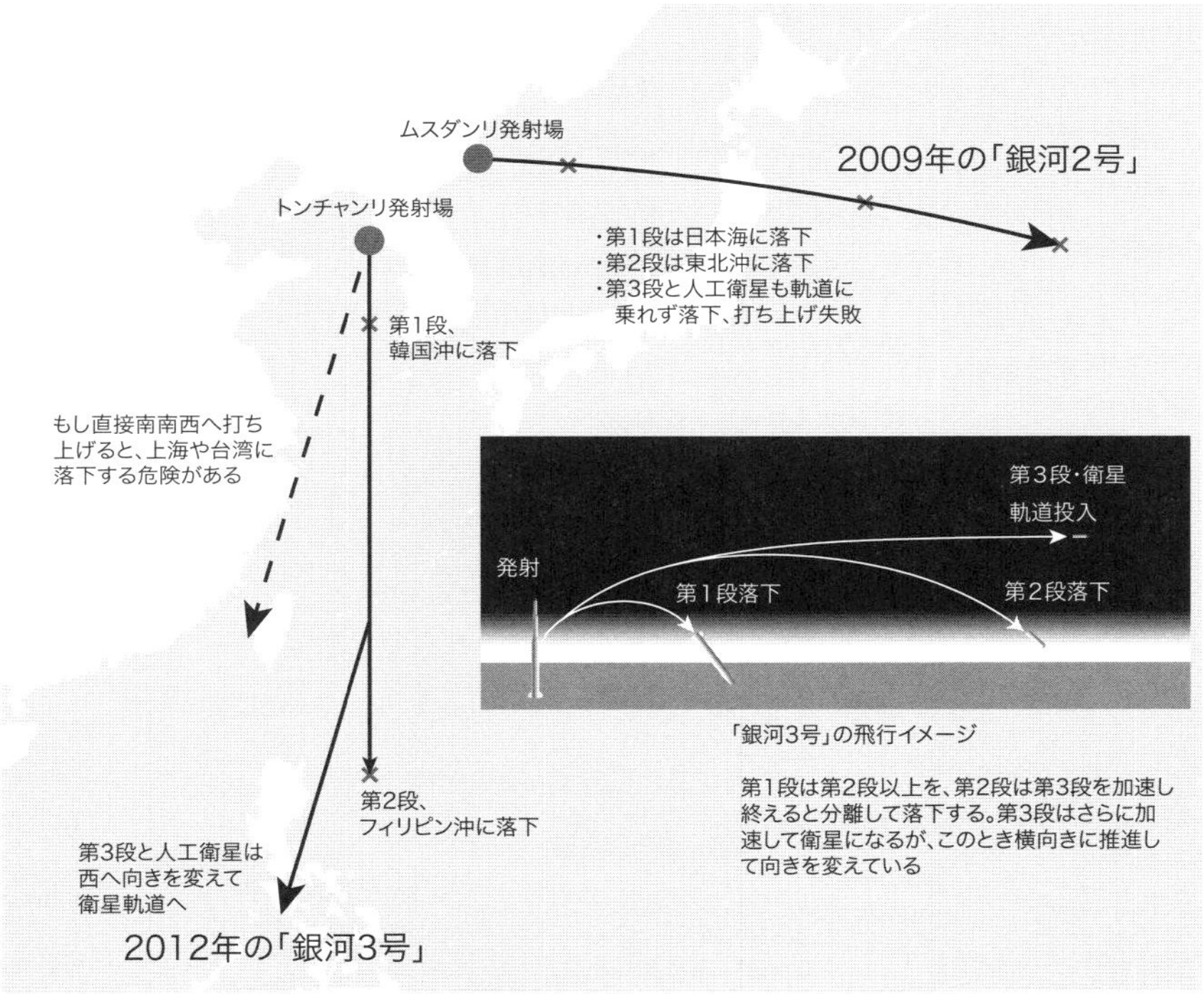

2009年に打ち上げ失敗した北朝鮮ロケット「銀河2号」と、2012年12月に成功した「銀河3号」の飛行経路の比較（イメージ。正確ではない）。銀河2号は、衛星打ち上げに有利な東向き飛行にもかかわらず失敗した。銀河3号は日本と中国の間を縫うような高度な制御で打ち上げに成功した。これは弾道ミサイルにも役立つ技術だ（イラスト／筆者）

し、宮古島と石垣島の間を通ってからぐいっと曲げたのだと思われる。このようなコースは「ドッグレッグターン」（犬の脚）と呼ばれ、日本でも種子島から南向きに打ち上げる場合には実施しているのだが、まっすぐ飛ぶよりずっと高度な技術だし、曲げるためのエネルギーのぶんだけロケットの能力が落ちる。

これらを考えると、2012年の北朝鮮の衛星打ち上げは技術的にもそれまでと全く違うことがわかるだろう。以前の打ち上げは、技術的に最もハードルが低い真東への打ち上げでさえ失敗していた。しかし2012年の打ち上げは、あえて難易度の高いドッグレッグターンを用い、中国はもちろん日本の上空飛行すら避けて実用的な衛星軌道を狙って、成功させた。また国際的ルールに従った情報公開で「平和的な宇宙開発」というイメージ戦略をとったのだろう。

どこへ行く？ 北朝鮮のロケット／ミサイル

北朝鮮のロケット技術は基本的に、旧ソ連のものをコピーし国産化して、独自にアレンジしたものと考えられる。1960年代から70年代の技術レベルという分析もあるが、アメリカが現在使用しているＩＣＢＭ（大陸間弾道ミサイル）「ミニットマンⅢ」も運用開始は1970年で、原設計の開発開始はなんと1950年代。日進月歩の航空機と違い、「遠い場所へ爆弾を撃ちこむ」という弾道ミサイルの機能は昔も今もあまり変わらないのだ。

ただし、兵器としての使い勝手や製造のしやすさといった点では、弾道ミサイルも進歩がある。2019年にはロシアの新型短距離弾道ミサイル「イスカンデル」のコピーとみられる弾道ミサイルの発射実験が、北朝鮮で行われた。北朝鮮の弾道ミサイル技術は、かなり充実してきたように見える。

かつてドイツで世界初の弾道ミサイルを開発し、アメリカへ渡ってアポロ計画を推進したフォン・ブラウン。ソ連で世界初の大陸間弾道ミサイルと世界初の宇宙ロケットを開発したセルゲイ・コロリョフ。彼らは心の中で宇宙を夢見ながら、軍事費で弾道ミサイルを開発し、宇宙ロケットを実現した。北朝鮮にも、ミサイル開発をしながら宇宙を夢見る技術者達がいるのだろうか。もしそうであれば、いつか北朝鮮が世界各国と協力して宇宙開発に参加できる日が来ることを、筆者は願うばかりだ。

Column

液体ロケットと固体ロケット

宇宙ロケット「銀河」はＩＣＢＭ（大陸間弾道弾）「テポドン2号」を改良したものと考えられており、液体推進剤を使用した液体ロケットだ。推進剤の充填に手間が掛かる液体ロケットと比べ、固体ロケットは発射可能な状態で保管することが容易な反面、燃焼を制御できないので大型化が難しい。しかし北朝鮮は２０１７年2月13日、固体弾道ミサイル「北極星２号」の発射に成功した。

北朝鮮はさらに新型液体ロケットエンジンを開発し、今年5月14日に新型中距離弾道ミサイル「火星12号」を発射した。大型ロケットは液体の方が作りやすいので、将来は「テポドン２号」よりコンパクトで扱いやすいＩＣＢＭを作るつもりかもしれない。

北朝鮮は液体ロケットと固体ロケットを並行して、驚くべきスピードで開発している。新型ミサイルが量産されれば日本にとって大きな脅威になるだろう。

新型固体推進ミサイル「北極星2」。火薬で空中に打ち出してからロケットに点火する「コールドローンチ」の採用で、発射装置の再使用をしやすくする狙いかもしれない（写真／労働新聞）

第19講

弾道ミサイル発射を監視
早期警戒衛星

宇宙開発と切っても切れない関係にある弾道ミサイル。その発射の直後に探知して、味方に警報を発するのが早期警戒衛星だ。冷戦時代には全面核戦争の引き金を引く衛星として、近年は弾道ミサイル防衛システムの最前線で、重要な役割を果たしている。

「宇宙版早期警戒機」で弾道ミサイルの発射を探知

早期警戒と聞いて読者の皆さんが最初に思い浮かべるのは早期警戒機（AEW）だろう。航空自衛隊でE‐2Cホークアイ、またさらに高度な機能を持ったE‐767早期警戒管制機（AWACS）を運用している。早期警戒機の目的は、レーダー基地や戦闘機のレーダーで探知できないほどの遠距離で不審な航空機を早期に発見し、迎撃準備を開始したり、戦闘機を誘導したりすることだ。

戦闘機のレーダーより長距離から航空機を探知する早期警戒機、E-2C「ホークアイ」。早期警戒衛星は早期警戒機の宇宙版だ
（写真／小久保陽一）

早期警戒衛星はその弾道ミサイル版と言える。弾道ミサイルは速度が非常に速い（音速の数倍から数十倍）ため、発射から着弾までの時間が短い。

北朝鮮から日本までなら数分、アメリカまででも30分程度で届いてしまう。迎撃するにしても避難するにしても文字通り「1分1秒を争う」から、発射後に上昇して地平線の上に現れたミサイルをレーダーで探知するのではなく、発射の瞬間を探知したい。そのための衛星が早期警戒衛星というわけだ。

早期警戒衛星が支える「狂気の手詰まり」

冷戦時代の早期警戒衛星の目的は「報復攻撃」だった。仮に、ソ連がアメリカを大陸間弾道ミサイル（ICBM）で核攻撃するとしよう。第一撃ではアメリカが保有しているICBMやレーダーサイト、航空基地などが目標になっているに違いない。アメリカは、ソ連のICBMが着弾する前に急いで自分のICBMを発射して、同じくソ連軍の基地を攻撃してしまわなければならない。「引き分け」に持ち込まないと圧倒的にソ連有利になってしまうからだ。もちろん、ソ連とアメリカを逆にしても同じ話になる。

このように早期警戒衛星に探知されて報復され、どちらも核で全滅するから先制攻撃できないという手詰まりの状態を「相互確証破壊」と呼ぶ。この言葉を考えた人はブラックジョークが好きなようだ。なにしろ英語ではMutual Assured Destruction、略してMAD（狂気）と言うのだから。

誤報は核戦争！　間違いが許されない早期警戒衛星

MADを確実にするには、わずか30分でミサイル探知と識別を行い、大統領に知らせて反撃を決定し、ICBMを発射しなければならない。急がなければアメリカ軍は全滅してしまうが、もし誤報だったらアメリカがソ連に偶発核戦争を仕掛けることになってしまう。冷戦の終結で緊張が緩和された現在も、早期警戒衛星はひとつ間違えれば第三次世界大戦を引き起こしかねない重要な技術だ。

宇宙から地球を見下ろす赤外線カメラ

早期警戒衛星の目的は、弾道ミサイルの発射の瞬間を探知することだ。ミサイルのロケット噴射は強烈な赤外線を放射するので、赤外線カメラで発射を捉える。また、弾道ミサイルが発射される地域を継続的に監視するためには、地球を常に同じ位置から見ることができる、静止衛星が適している。

10秒に1回、ミサイル発射を探知するDSP衛星

実は静止軌道から赤外線カメラで地球を撮影しているという意味で、気象衛星は早期警戒衛星と似ている。ただ気象衛星「ひまわり」は地球全体の撮影は10分ごと、日本付近でも2・5分ごとなので、早期警戒衛星としては利用できない。

国防支援計画（DSP）衛星は、アメリカ軍が1970年から2007年まで打ち上げた早期警戒衛星だ。円筒形の衛星に7・5度傾けて赤外線センサーを取り付け、1分間に6回転しながら地球全体をスキャンしているため、10秒ごとにミサイルの発射を探知できる。

E‐2C「ホークアイ」早期警戒機も、レーダーを内蔵したロートドームを1分間に6回転させて10秒ごとに航空機を探知しているので、よく似ている。

早期警戒衛星の仕事は弾道ミサイル防衛へ

冷戦が終わった1990年代になると、弾道ミサイルへの対応は大きく変わる。湾岸戦争でイラクが短

距離弾道ミサイル「スカッド」を多数使用し、対空ミサイル「パトリオット」で迎撃したのだ。超大国同士の核戦争ではなく地域紛争で弾道ミサイルが使用されるようになったため、弾道ミサイル防衛（ＢＭＤ）が本格的に研究され始めた。

地域紛争で使われる短距離の弾道ミサイルは、発射から着弾までの時間が数分程度と短い。迎撃システムに弾道ミサイルの正確な位置を素早く伝えるシステムが必要だ。

アメリカの最新衛星「SBIRS」とデータリンクシステム

最新の早期警戒衛星、宇宙配備赤外線システム（ＳＢＩＲＳ）は２００６年から２０１７年にかけて静止衛星３機と、北半球を重点的に監視する楕円軌道衛星３機が打ち上げられた。ＳＢＩＲＳが探知した弾道ミサイルの情報は、アメリカ空軍三沢基地に設置された統合戦術地上ステーション（ＪＴＡＧＳ）で受信され、周辺のアメリカ軍部隊だけでなく日本にも伝達される。

「DSP」よりも大幅に性能向上した、アメリカ軍の最新早期警戒衛星「SBIRS」。カリフォルニア州の工場からC-5ギャラクシー輸送機でフロリダ州ケープカナベラル空軍基地の発射場へ運ばれ、今年1月に「アトラスV」ロケットで打ち上げられた
（イラスト・写真／Lockheed Martin）

自衛隊は２０２０年に実験衛星打ち上げ

日本でも早期警戒衛星の開発が進められている。現状のままでは自衛隊の迎撃部隊への指示や国民への緊急警報「Ｊアラート」に必要な弾道ミサイルの発射の探知を、アメリカの早期警戒衛星に頼るしかない状態だからだ。

２００９年に「早期警戒機能のためのセンサの研究」が宇宙基本計画に明記され、２０２０年にＪＡＸＡが打ち上げ予定の地球観測衛星「だいち３号」に防衛省が開発した「衛星搭載型２波長赤外線センサ」を搭載して試験することになった。２波長とは赤外線を２種類、いわば２色の光で検出するという意味だ。二つの波長の赤外線の強さを比較することで、探知した光がミサ

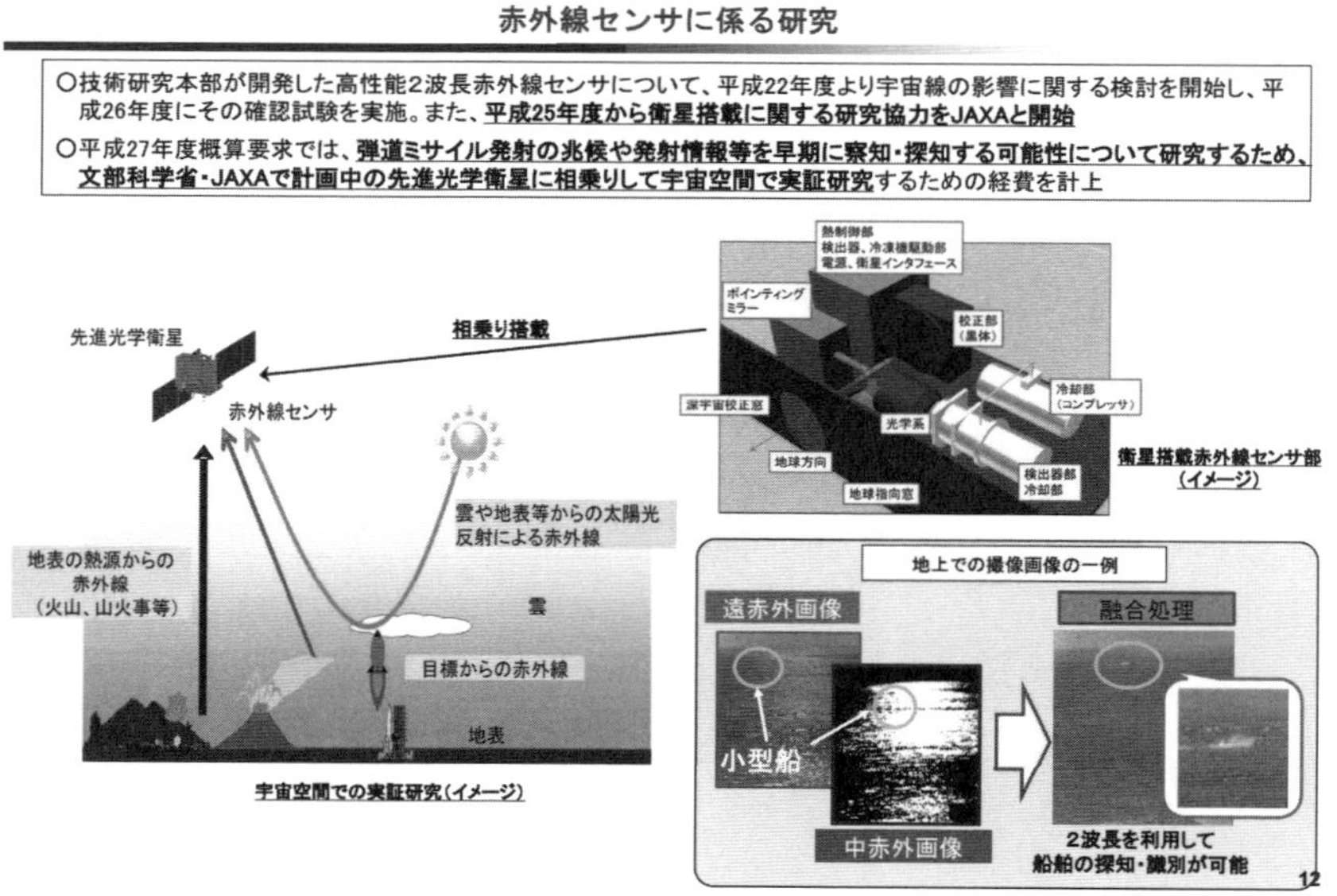

防衛省が開発中の「2波長赤外線センサ」のイメージ。2020年に打ち上げ予定で、宇宙から実際にロケット発射などの観測を行う（出典／防衛省）

イルの発射炎なのか、火災や爆発事故なのか、火山の噴火などの自然現象なのか、といった識別がしやすくなる。

このような研究開発を経て日本独自の早期警戒衛星が誕生するのは、早くても2020年代後半になるのではないだろうか。

Column

航空機ベースの早期警戒センサー「エアボス」

防衛省では早期警戒衛星より先に、弾道ミサイルを探知する航空機用センサー「エアボス」の開発も行っていた。エアボスは海上自衛隊のP-3C哨戒機を改造したUP-3C試験機に搭載され、2005年には模擬弾道ミサイルの探知や追跡に成功している。

エアボスは弾道ミサイルを下から見上げるため、背景が宇宙で判別が容易だ。また衛星と違って日本周辺で滞空することができるので少ない機数で足りる。エアボス自体は実用化されなかったが、その後に2波長赤外線センサーなどの研究が進んでいる。早期警戒衛星より一足早く、無人機やP-1哨戒機にエアボスを搭載した弾道ミサイル早期警戒機が誕生するかもしれない。

「エアボス」を搭載したUP-3C試験機。実用化されるときはP-1哨戒機や無人機がベースになるかもしれない（写真／大波秀隆）

第20講

衛星破壊兵器

デメリットも多数!?

現代戦に人工衛星の利用は不可欠だ。そこで敵の人工衛星を破壊してしまうのが今回紹介する、衛星破壊兵器、ASAT（Anti-SATtellite weapon）だ。当然、破壊された衛星は無数のデブリになってしまう。

人類初のASAT実験 1985年アメリカ

1985年、アメリカで世界初のASAT実験が行われた。使用されたのはASM-135空中発射型対衛星ミサイル、通称「空飛ぶトマト缶」だ。9月13日、ASM-135を搭載したF-15A戦闘機は、高度3万8100フィート（11・6㎞）をマッハ0・934でほぼ垂直に上昇しながら発射。高度555㎞で、ミサイルは運用終了していた太陽観測衛星「ソルウィンド」と衝突してこれを粉砕した。「空飛ぶトマト缶」は火薬で爆発するのではなく、衛星が飛んでくる軌道上で待ち構えて衝突するだけだが、秒速数㎞で飛行する衛星が衝突すればひとたまりもない。たとえ止まっている弾丸でも、相手が弾丸の10倍ものスピードで突っ込んでくるのだから。このように、正確に待ち構えて衝突するだけの弾頭を「キネティック弾頭」と言う。

人類初のＡＳＡＴ実験は、高度５５５㎞という多くの人工衛星が利用する軌道に無数のデブリをばら撒いてしまった。幸運にも、このあと太陽の活動が活発になり地球の大気圏が膨張したため、ほとんどのデブリは１９９０年頃には大気圏に突入して消滅した。もしそうなっていなかったら、後に高度４００㎞に打ち上げられた国際宇宙ステーション（ＩＳＳ）は、アメリカ製のデブリの危険にさらされていたことだろう。

衛星破壊兵器ASM-135、通称「空飛ぶトマト缶」を発射するアメリカ空軍のF-15A戦闘機。世界初のASAT実験は大量のデブリを生み出した
（写真／US Air Force）

世界で2回目のASAT実験 2007年中国

中国もＡＳＡＴ実験を行った。２００７年1月11日、中国は地上発射型の対衛星ミサイルを発射。運用終了していた気象衛星「風雲1号Ｃ」の破壊に成功した。中国としては、すでにアメリカも実施しているＡＳＡＴ実験を自分達がやっても問題ない、と考えたのだろう。しかし米中のＡＳＡＴ実験には大きな違いがあった。

問題は「風雲1号Ｃ」の軌道が８５０㎞程度と高かったことだ。この付近の高度は非常に空気が薄いため、デブリの軌道はなかなか下がらない。現在も「風雲1号Ｃ」から発生した大量のデブリは地球を回り続けており、中国のＡＳＡＴ実験は世界的な非難を浴びる結果になった。

このように、衛星の破壊は宇宙空間に大量のデブリを撒き、軍事目的でも平和目的でも人類の宇宙活動の邪魔になる。また、スペースデブリは敵だけでなく味方の衛星にも衝突するから、ひとつの衛星を破壊するメリットよりデメリットの方がはるかに大きいと言えるだろう。

弾道ミサイル防衛で宇宙ゴミは生まれるか？

弾道ミサイル防衛はＡＳＡＴと共通点が多い。飛行中の弾道ミサイルと人工衛星は、ロケットで宇宙に打ち上げられるという点で本質的に同じものだからだ。従って、弾道ミサイル迎撃用ミサイルと、ＡＳＡＴ用ミサイルもほとんど同じものだと言える。どちらも、宇宙を飛行中の物体を撃破するのだから。

イージス艦のSM-3　迎撃ポイントは宇宙空間

自衛隊が弾道ミサイルを迎撃する場合、方法は二つある。一つは航空自衛隊が地上から発射する地対空ミサイルＰＡＣ－３「ペトリオット」、もう一つは海上自衛隊のイージス艦が発射する艦対空ミサイルＳＭ－３「スタンダード」だ。このうちＰＡＣ－３は大気圏内まで落下した弾道ミサイルを迎撃するものだが、ＳＭ－３は高度５００㎞程度まで迎撃可能と言われており、これは完全に宇宙空間だ。

北朝鮮から日本へ飛行する弾道ミサイルは、高度１００㎞以上の宇宙空間を飛行する。宇宙空間を飛行する弾道ミサイルは、人工衛星とほとんど違いはない。異なるのは、弾道ミサイルは山のような軌道（弾道）を描いて地球へ落下するので、地球を周回し続けるのに必要な速度より少し遅いことだ。

イージス艦から発射されたＳＭ－３は3段式のロケットブースターを分離。「空飛ぶトマト缶」と同様、

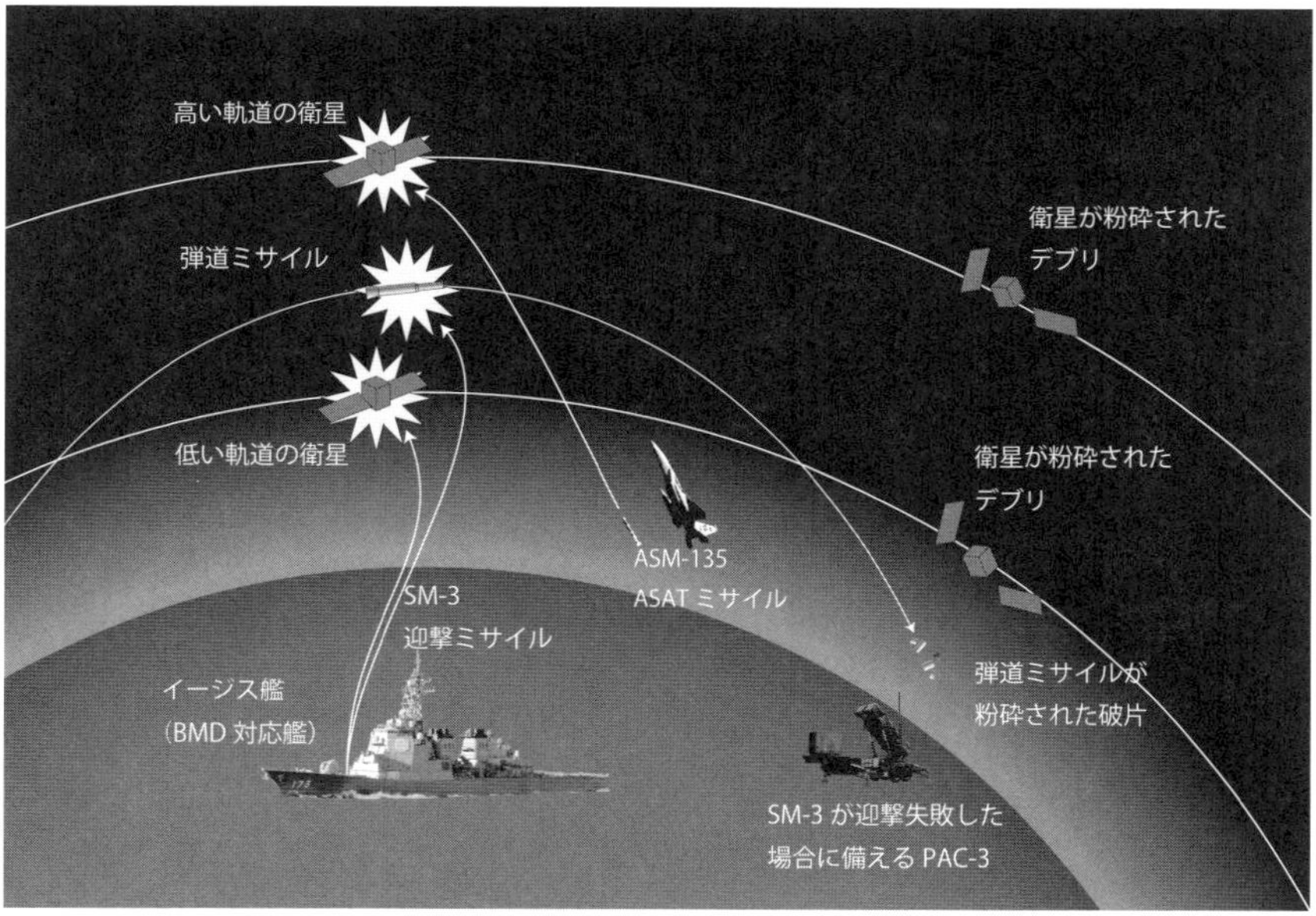

弾道ミサイルの迎撃と衛星の破壊

（作図／筆者、写真／US Air Force、海上自衛隊、航空自衛隊）

イージス艦の弾道ミサイル迎撃と、ASATの違いを図に示した。弾道ミサイルも衛星も推進力なしで自然に飛ぶコース、軌道を飛行している。このためどちらも、SM-3と衝突して粉砕されても、破片は元の軌道を飛び続ける。
ただし....

弾道ミサイルの場合:バラバラの破片は元の軌道、つまり目標地点のあたりに降ってくる。ただ、弾頭は破壊されているので核弾頭なら核爆発を起こせないし、化学兵器や生物兵器なら大気圏突入の熱で燃えてしまうかもしれない。一部の破片は燃え尽きずに落ちてくるかもしれないので、迎撃成功でも避難は必要だ。またSM-3の迎撃が失敗した場合に備えて、大都市など重要目標ではPAC-3が待ち構えている。

低い軌道の衛星の場合:大気圏スレスレを飛ぶ低い衛星は攻撃しなくても、短期間で大気圏突入してしまう。SM-3で破壊してデブリにすれば、大きな衛星のまま落下するよりは安全だ。

高い軌道の衛星の場合:衛星の破片は元の衛星と同じ軌道を飛び続けるスペースデブリになってしまううえ、大気が非常に薄いので地球に落下するには数十年以上かかるかもしれない。SM-3が届かないほど高い衛星は破壊しない方が賢明だ。

キネティック弾頭が弾道ミサイルの軌道で待ち構えて衝突・撃破する。目標の軌道が違うだけで、弾道ミサイル迎撃もＡＳＡＴも同じなのだ。

巡洋艦レイク・エリーの対衛星実戦

それなら、ＳＭ－３で衛星を破壊することも可能ではないか？ 実際に２００８年にそれが実施されている。

アメリカの偵察衛星「ＮＲＯＬ－21」は、打ち上げ直後に故障し、燃料に使われている猛毒のヒドラジンを満載したまま降下しつつあった。このままだと大気圏で燃え尽きずに地上に落下し、被害を与えるかもしれない。そこでアメリカ海軍は２００８年2月20日、ミサイル巡洋艦レイク・エリーからＳＭ－３を発射してＮＲＯＬ－21を撃墜、ヒドラジンタンクも破壊された。

この衛星破壊は大気圏突入寸前の衛星に対して行われたため、発生したデブリはすぐに大気圏突入して消滅した。地上を守るために行われた初の「実戦」となったが、同時にＳＭ－３は必要があればＡＳＡＴとしても使えることを示したと言えるだろう。

VLS（垂直発射装置）から迎撃ミサイルSM-3を発射する、こんごう型イージス艦「みょうこう」
（写真／海上自衛隊）

Column

衛星同士の衝突　ケスラーシンドローム

ＡＳＡＴ以外にも、偶発的な衛星同士の衝突がデブリを増やしてしまうことがある。最近では２００９年２月、機能停止していたロシアの「コスモス２２５１号」と、運用中のアメリカの「イリジウム33号」が衝突するという事故が起きている。「コスモス２２５１号」は機能停止していたので、デブリと言ってよい。この衝突で数千個のデブリが新たに発生した。

このようにスペースデブリと衛星、あるいはデブリ同士の衝突で大量のデブリが発生すると、ＡＳＡＴをしなくてもデブリは増えてしまう。デブリが増えるとこういった衝突によりさらにデブリが自然増加してしまうかもしれない。これをケスラーシンドロームと言う。

ケスラーシンドロームを防ぐにはＡＳＡＴのような愚行をしないことと、デブリのもとになる物体を減らしたり、より低い軌道へ移動させることが必要だ。

高度 400km のデブリの密度

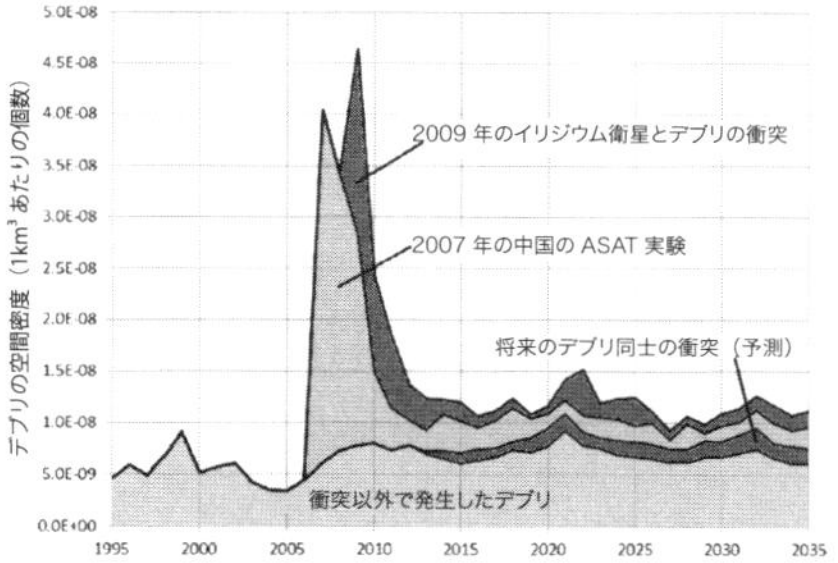

高度 705km のデブリの密度

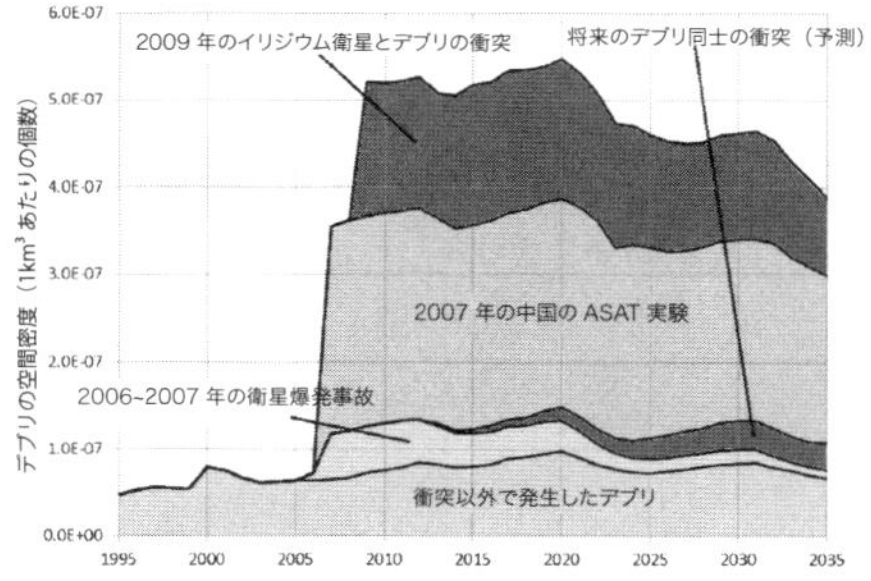

宇宙ゴミの密度

宇宙空間のデブリの密度の時間変化と、その予測。左は過去、右は未来だ。1985年のアメリカのASAT実験のデブリはほとんど落下してしまったので、図には出ていない。高度400㎞のデブリは、ASATや衛星衝突で急増してもすぐに減っている。これは大気の抵抗で自然に落下するからだ。また、2つのグラフは縦軸が10倍ほど違っているので、実際は高度705㎞の方が1桁多くのデブリがある。高い高度のデブリはほとんど減らず、衛星衝突などがあれば増える一方だということがわかるだろう。
（作図／筆者）

第21講

軍事宇宙船スペースシャトル①

低コスト宇宙輸送システムを目指して

1981年に登場し、2011年に最後の飛行を終えたスペースシャトル。円筒形のロケットとは一線を画した飛行機スタイルの外見を持つ巨体と、その多機能性を活かした様々な活躍が印象に残っている方も多いだろう。またハッブル宇宙望遠鏡や国際宇宙ステーションなど、人類の平和的宇宙活動に貢献した印象も強い。

しかし、実はスペースシャトルは「軍事宇宙船」でもあった。スペースシャトルを軍事の面から振り返ってみたい。

使い捨てから再使用へ！　本格的宇宙時代の幕開け

初期の宇宙ロケットは弾道ミサイルを小改良して作られたので、弾頭の代わりに搭載された人工衛星や宇宙船を軌道に投入したら、海に落ちたロケットは廃棄されてしまう。

しかし、ロケットを1回の飛行で捨ててしまうのはあまりにももったいない。当然、ミサイルではない「宇宙への乗り物」は当初、再使用が考えられていた。

アメリカで最初に地球を周回した1人乗り有人宇宙船「フレンドシップ7」の実現より10年も前の

フォン・ブラウンが構想し、1952年の雑誌に掲載した巨大スペースシャトル。世界初の人工衛星「スプートニク」より5年も前だ

１９５２年、後にアポロ計画の月ロケットを開発するフォン・ブラウン博士は２段式のロケットを提案している。翼を備えたその姿はスペースシャトルの原型とも言える。なのにアポロ計画まで使い捨てロケットが使われていたのは、使い捨ての方が短期間で少ない費用で開発できたから。つまり間に合わせだ。しかし本格的な宇宙時代を迎えるなら、次は再使用型の輸送システムが必要だ。

予算のかかりすぎで断念 有人偵察衛星

ソ連に対抗するため、アメリカの宇宙開発はＮＡＳＡに集約され月着陸を目指していたが、アメリカ空軍も並行して宇宙の軍事利用を推進していた。軍事衛星の代表格は偵察衛星だ。しかし当時は地上を撮影したフィルムを地球に落とすという方式だし、コンピューターやデジタル技術も発達していないから、無人の衛星にできることは限られていた。当然、本格的な宇宙利用は有人で考えられていた。

空軍は当初、翼のついた有人宇宙船Ｘ－20ダイナソアを開発していたが、続いてＭＯＬ（有人軌道実験室）またはＫＨ－10ドリアンと呼ばれる有人偵察衛星の開発が進められたが、これも費用が掛かりすぎて中止された（第２講のコラム参照）。

有人偵察衛星「MOL」の実物大模型の打ち上げ実験（写真下／US Air Force）。巨大な衛星を使い捨てロケットで打ち上げるのは費用が掛かり過ぎた。上の写真は「MOL」の模型（写真上／筆者）

なお、X-20ダイナソアについては浜田一穂さんの『未完の計画機 命をかけて歴史をつくった影の航空機たち』（イカロス出版）で詳しく解説されている。

月探査の次の目標は「宇宙輸送システム」

一方のNASAもアポロ計画と並行して、同計画が終了したらどうするかを考えていた。ソ連との月着陸競争はNASAに無制限とも言える予算をもたらしたが、それも月着陸までだ。そのあと地球周辺の宇宙を利用したり、さらに月探査や太陽系探査を進めるにはコストの安いロケットが必要。となれば、再使用ロケットを開発するのは当然だった。

英語で、行ったり来たりするものを「シャトル」と言う。地球と宇宙を行ったり来たりする初の乗り物は「スペースシャトル」と呼ばれることになった。そしてスペースシャトルはNASAだけでなく空軍も利用する、低コストの宇宙輸送システムとして開発されることが決まった。

2016年から運用開始された航空自衛隊のC-2輸送機。全長43.9m、翼幅44.4mで、貨物室は大型車両も積み込める15.7×4×4mの大容積だが、スペースシャトルと比較するとひとまわり小さい（写真／航空自衛隊）

空軍が運びたい貨物の最たるものは、偵察衛星。第9講で解説した偵察衛星KH-9ヘキサゴンは全長16・2メートル、打ち上げ時の重量は13・3トンと、宇宙ステーションにも匹敵する巨大衛星。またカメラの性能を高めるにはより大きな望遠鏡を運びたい。スペースシャトルには長さ18メートル、直径4・6メートルという巨大な貨物室が設けられることになった。これはなんと、航空自衛隊のC-2輸送機より一回り大きい。人類初の再使用宇宙船としてはかなり欲張った要求だ。

貨物輸送に加えて偵察と衛星捕獲を要求

さらに空軍はスペースシャトルに無茶な任務を二つ、要求していた。一つはスペースシャトルが地球を半周し、ソ連上空を通過する際に地上を偵察して、すぐに着陸するというもの。わずか1回の撮影のためにスペースシャトルを打ち上げるというのは無駄に思えるが、「ヘキサゴン」はフィルムを4本しか搭載できず、それを使い切ったら新しい衛星を打ち上げなければならないことを思い出す必要がある。低コストのスペースシャトルなら、偵察機のように必要なときに飛ばすという運用も可能と考えたわけだ。

もう一つは、なんと「宇宙でソ連の衛星を捕獲する」というものだ。地球1周わずか1時間半の間にそんなことをするのは、現代の常識では全く無理なことだが、当時は本気で考えていたらしい。

任務能力のカギは「クロスレンジ」と大きな翼

これらの任務に対応するには偵察衛星と同じ、北極と南極を通る極軌道で飛行させせなければならない。アメリカ本土で南北いずれかが開けている場所はカリフォルニアだ。偵察衛星の打ち上げ基地でもあるヴァンデンバーグ空軍基地が、スペースシャトルの空軍ミッションに選ばれたが、一つ問題がある。地球は東へ自転しているので、地球を1周して戻ってきたスペースシャトルは太平洋上へ出てしまうのだ。偵察や特殊任務のあと1周でカリフォルニアへ着陸するには、軌道から1100海里（2000km）も横へ飛行する「クロスレンジ能力」

着陸態勢のスペースシャトル。胴体全体と主翼が一体になって、戦闘機顔負けの巨大な翼を構成している。「軍事宇宙船」に要求されたクロスレンジ能力の証だ（写真／NASA）

が必要とされた。

低コストで巨大な輸送能力と、「クロスレンジ能力」を実現する大きな翼。目的を詰め込み過ぎた開発計画は、失敗のリスクが高まっていく……。

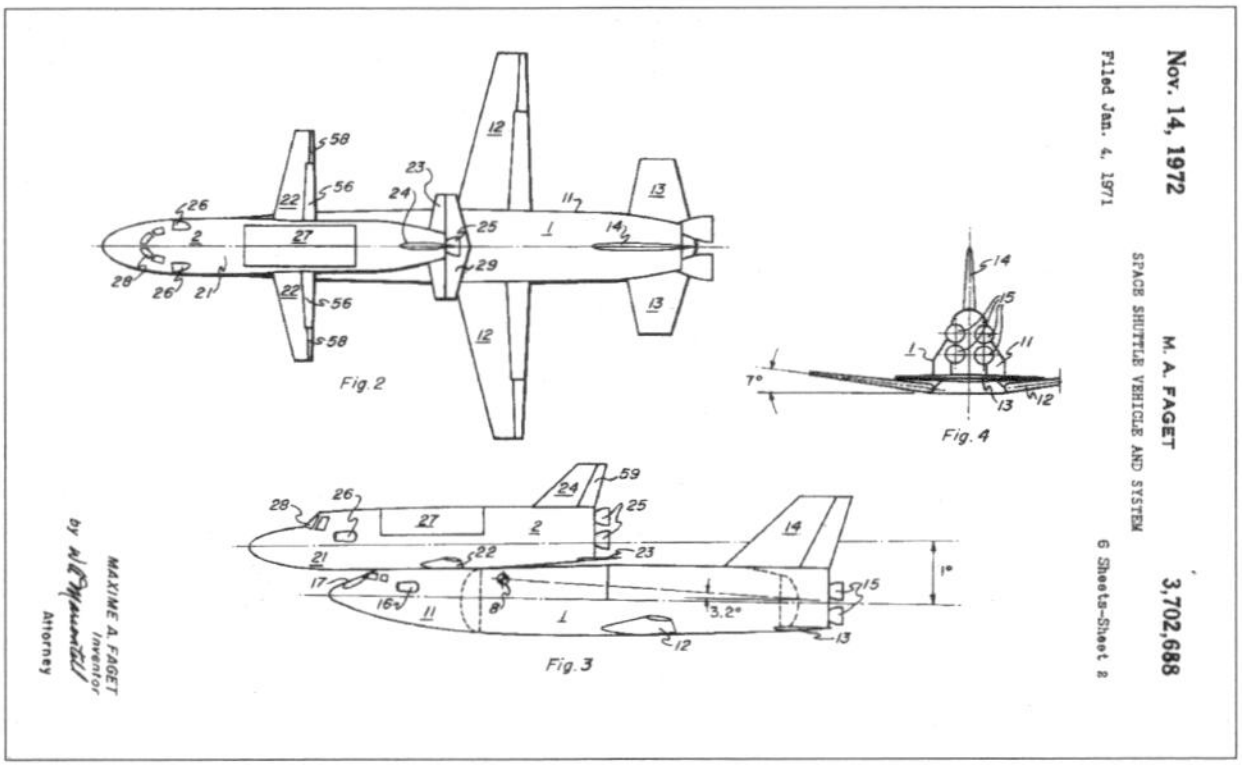

1971年にNASAが出願したスペースシャトルの特許。トマホーク巡航ミサイルにも似た小さなテーパー翼を持っている。クロスレンジを重視しなければ、こんな翼で良い

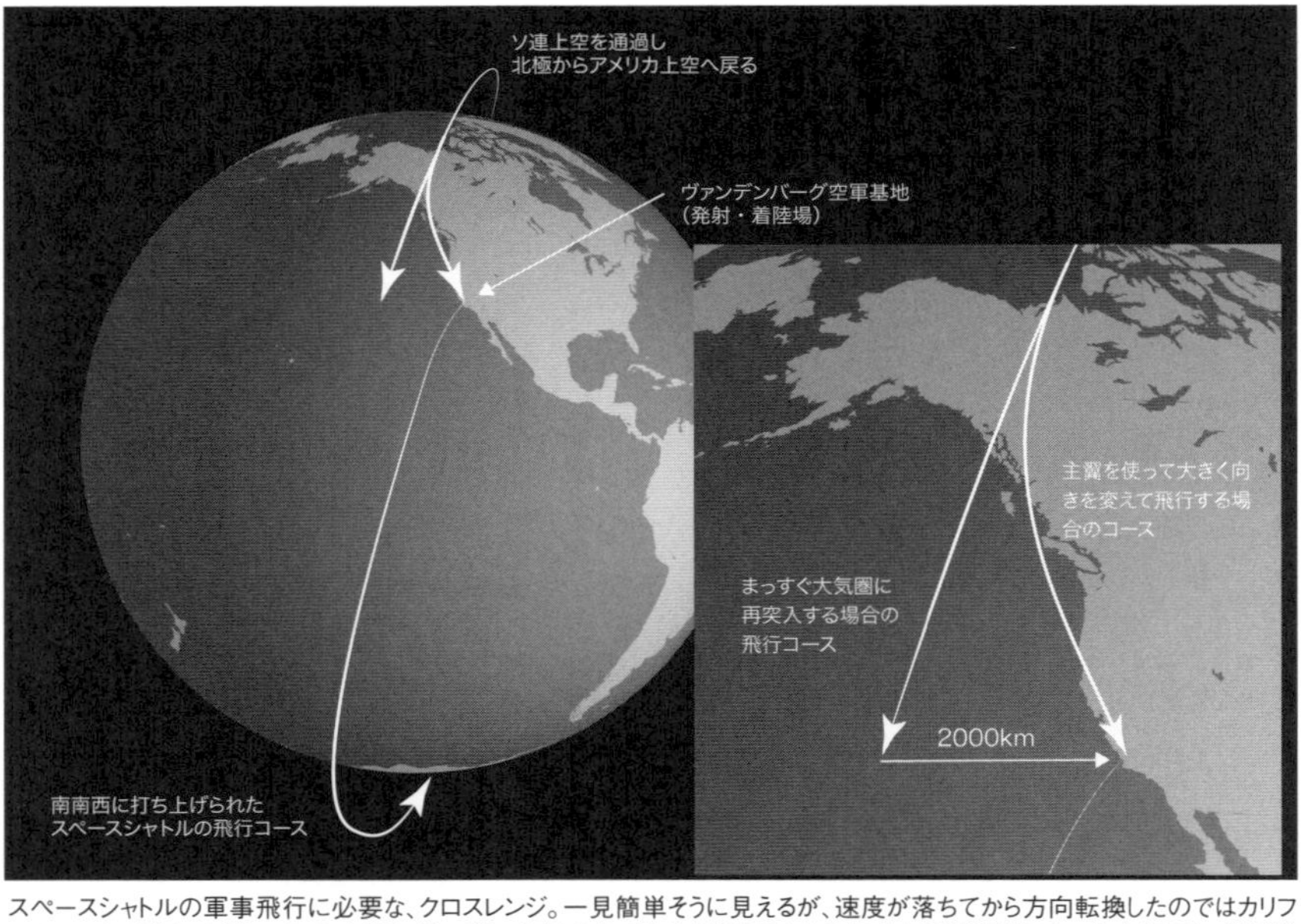

スペースシャトルの軍事飛行に必要な、クロスレンジ。一見簡単そうに見えるが、速度が落ちてから方向転換したのではカリフォルニアまで滑空できないので、宇宙に近い薄い大気の中で方向を変えるための巨大な翼が必要になった（イラスト／筆者）

Column

宇宙のＤＣ－３？ それともジャンボジェット？

スペースシャトルには「宇宙版ＤＣ－３」というキャッチフレーズもあった。ダグラスＤＣ－３は１９３５年に登場したレシプロ機で、世界で初めて旅客機として商業的に成功した飛行機だ。また軍用輸送機としても大量に製造され、第二次大戦後に払い下げられて航空輸送時代を築いた。

一方、アポロ11号が月着陸に成功した１９６９年は、ボーイング７４７「ジャンボジェット」が初飛行した年でもある。航空大量輸送時代の幕開けだ。アポロ後を担うべく計画されたスペースシャトルは、いつの間にか「宇宙版ＤＣ－３」から「宇宙版ジャンボジェット」を期待されてしたのかもしれない。

かつての日本海軍でも零式輸送機として採用していたダグラスDC-3（写真／US Navy）

日本でも政府専用機として航空自衛隊が運航していたボーイング747-400ジャンボジェット（写真／航空自衛隊）

第22講

軍事宇宙船スペースシャトル②
妥協を重ねて完成したものの……

アメリカの再使用宇宙船「スペースシャトル」は無理な要求を詰め込まれて計画は肥大化した……。この計画のもと、実際に開発されたスペースシャトルはどうなったか、ふり返ってみよう。

当初描かれた絵は〝超巨大飛行機〟

飛行機のように滑走路に着陸し、燃料と貨物を積むだけで繰り返し飛べる宇宙船を目指したスペースシャトル。しかし開発が始まるとアメリカ政府は、そのあまりにも欲張った要求が、膨大な開発費を要することに気付き始めた。様々な案が比較検討されたが、その多くは、大気圏外まで弾道飛行する〝飛行機型〟ブースターと、衛星軌道を周回する〝飛行機型〟オービターの2機を組み合わせた2段式（左イラスト参照）で、総重量はC－5ギャラクシー輸送機の5倍以上の2000トン前後。こんなに巨大な「飛行機」が宇宙を経由して超音速で飛行し滑走路に着陸するというのは、コストはもちろん技術的にも無理があり、何とかして小さくしなければならなかった。

戦闘機の場合、飛行機のサイズを抑えつつ航続距離を伸ばすには、増加燃料タンクを胴体や翼に吊るせば良い。スペースシャトルは宇宙への往路には膨大な燃料を要するが、帰路にはほとんど使わないので、

最大離陸重量は381tを誇る、1968年に初飛行したアメリカ空軍の超大型輸送機C-5ギャラクシー。全幅約68m、全長は約75mに達する
(写真/US Air Force)

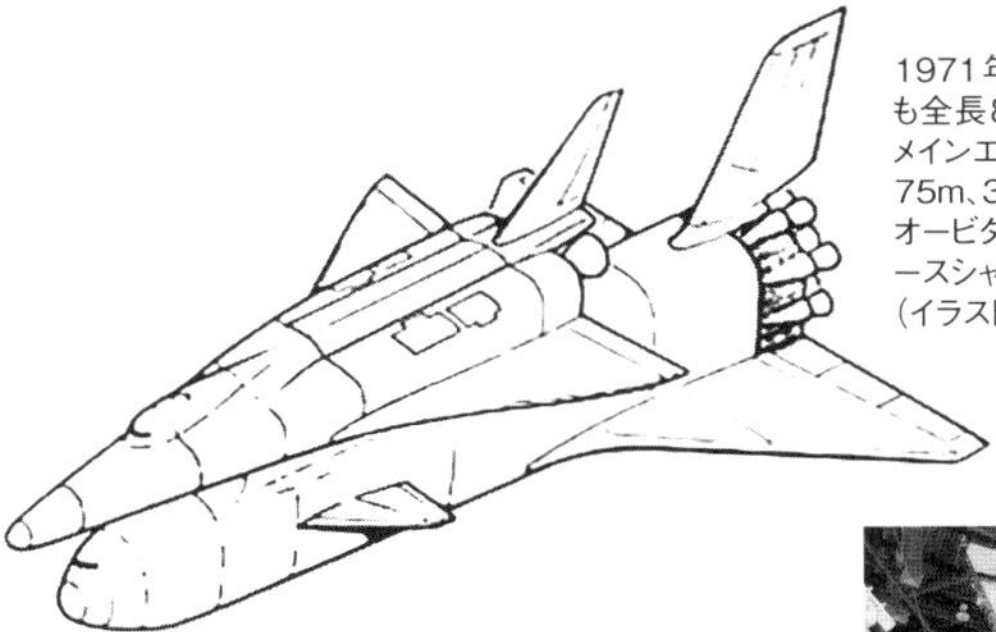

1971年に検討された完全再使用案。ブースターだけでも全長82m、離陸重量1886トン、空虚重量290トン、メインエンジン12基搭載。C-5ギャラクシーがそれぞれ75m、380トン、170トンだから、それよりはるかに大きい。オービターも離陸重量383トンで、実際に完成したスペースシャトルが100トンだから4倍近い巨大なものだ
(イラスト/North American Rockwell)

垂直に打ち上げられるスペースシャトルも、横にしてみると別の見え方ができる。スペースシャトルは機体本体より大きな「ドロップタンク」をぶら下げて飛んでいるのだ。そして巨大すぎるタンクを持ち上げるために、離陸時にはミサイルのような固体ロケットブースターを装着するが、このブースター2本だけで1200トンもあり、離陸重量の6割を占める(写真/NASA)
※この写真はわざと横にしてあります

スペースシャトルは1回飛行するごとに、機体を覆う耐熱タイルは1枚ずつ点検して補修され、エンジンは全て取り外して分解整備された。次の飛行までに数ヶ月の整備期間と莫大な費用を要した
(写真/NASA)

オービターの燃料は筒状の使い捨て外部燃料タンク（ET）に入れることになった。いわばドロップタンクだ。これでオービターは小さく抑えられ、ETを大きくすることで燃料搭載量はむしろ増加できた。

ブースターは飛行機型にすること自体をあきらめ、液体燃料のロケットよりコンパクトな固体燃料のロケットブースター（SRB）を2本、ETに取り付けた。コンパクトとは言っても、世界最大の固体ロケットだ。SRBはパラシュートで海に落下し、船で回収して再使用されるが、固体燃料なので内部の洗浄や点検、燃料の詰め直しに手間がかかる。

オービター本体より巨大で使い捨てのETと、やはり巨大なSRB。誰もが知っているスペースシャトルの独特なデザインは、サイズと開発費を抑えるための妥協の産物だった。そして「飛行機のように滑走路に着陸し、燃料と貨物を積むだけで繰り返し飛べる宇宙船」という、当初のイメージともかけ離れてしまった。また、使い捨てロケットよりはるかに安いとされていた運航費用も、実際には同等以上になってしまった。

基地と機体を減らして軍事ミッションも減らす

さらにコストを抑えるため、スペースシャトルの運用計画も変更された。当初はフロリダのケネディ宇宙センターに3機、カリフォルニアのヴァンデンバーグ空軍基地に2機のスペースシャトルを配備する計画だったが、全機がケネディ宇宙センターに配備されることになった。また機数が5機では多すぎると判断されて4機になり、先に製造されて大気圏内で飛行試験をしていた1号機「エンタープライズ」は、宇宙用への改造を見送られて博物館に展示された。さらに、5号機の製造がキャンセルされ、代わりに地上試験用の構造体が転用されて「チャレンジャー」として就役している。

スペースシャトルは1981年に飛行を開始し、ケネディ宇宙センターからの東向き打ち上げで運搬可能な偵察衛星や静止衛星を、宇宙へと運んだ。軍用では1985年、電子情報収集（SIGINT）衛星「マグナム」がスペースシャトル「ディスカバリー」で打ち上げられた。

ただし、地球を縦にまわる極軌道の偵察衛星だけはヴァンデンバーグから南向きに打ち上げる必要があるため、空軍は大型使い捨てロケット「タイタン」を並行して使用した。

スペースシャトル「アトランティス」のペイロードベイ（胴体上面が観音開きに開く貨物室）上で、分離に向けて立ち上げられるアメリカ軍の早期警戒衛星「DSP」。バネの力で打ち出され、スペースシャトルから充分に離れたあとロケットに点火して静止軌道へ向かう（写真/NASA）

チャレンジャー号爆発 軍事利用は打ち切り

しかし1986年、スペースシャトル「チャレンジャー」爆発事故が、スペースシャトルの軍事利用にとどめを刺した。宇宙飛行はまだ、飛行機ほど安全ではないことが明らかになったのだ。無人の人工衛星は無人ロケットで打ち上げ可能なのに、どうして宇宙飛行士が乗る必要があるのだろうか？

さらに事故後の対策で、スペースシャトルに搭載する衛星の安全基準が厳しくなった。機内で衛星が爆発すれば、宇宙飛行士を殺してしまうからだ。スペースシャトル自体も安全性が強化され、フライト費用が高くなり、機体重量が増えて搭載貨物の重量は減った。結局、スペースシャトルの運行費用は使い捨てロケットよりはるかに高くなってしまった。

空軍はついにスペースシャトルの軍事利用を完全にあきらめ、ヴァンデンバーグのスペースシャトル発射設備は他のロケットに転用されることになった。スペースシャトルの残りの軍事ミッションも1992年、わずか10回目で終了した。

2回の事故で14名を失ったスペースシャトル

スペースシャトルは有人飛行の必要があるミッションに限って運用を続けるが、さらに2003年、コロンビア号が空中分解事故を起こす。2011年の退役までに合計135回飛行したが、2回の全損事故で合計14名の宇宙飛行士が死亡したスペースシャトルは、実用機ではなく実験機だったと言っても過言ではないだろう。

スペースシャトルの配備状況（作図/筆者）

スペースシャトルは5機が製造される予定だったが4機に減った。コスト削減のため構造試験体から1機が製造され「チャレンジャー」になった。後に追加製造された「エンデヴァー」は、ストックされていた予備部品を組み立てたものだ。宇宙へ行ったオービタの製造順と機体ナンバーは一致しないので、これを整理すると次の通り

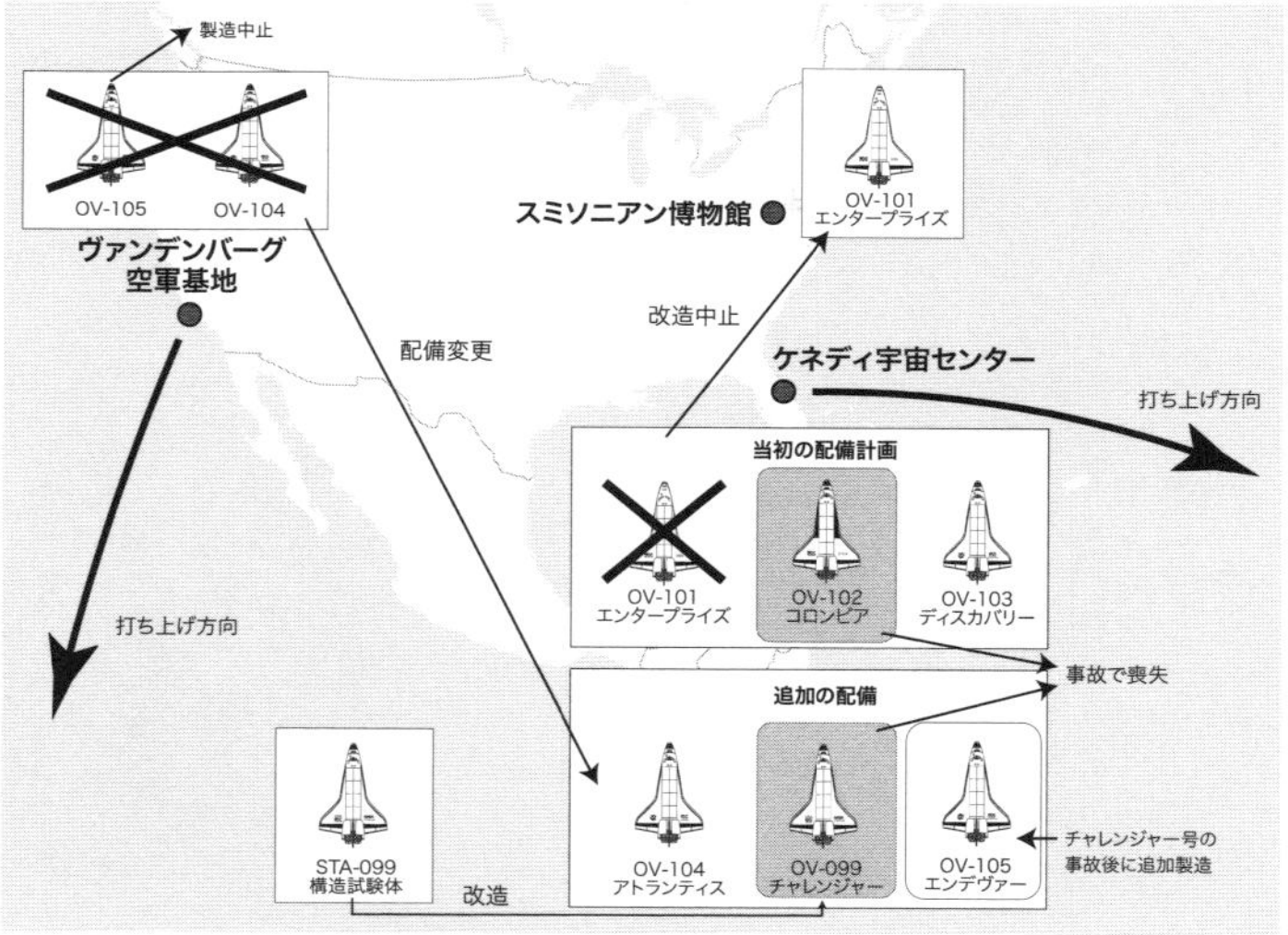

スペースシャトルの配備（作図/筆者）

●OV-101エンタープライズ（宇宙飛行せず退役）●OV-103ディスカバリー（同3号機）
●OV-102コロンビア（一般には1号機）●OV-104アトランティス（同4号機）
●OV-099チャレンジャー（同2号機）●OV-105エンデヴァー（同5号機、チャレンジャーの代替機）

それでは「飛行機のように安く、手軽に運用できる再使用宇宙船」というスペースシャトルのコンセプトは失敗だったのだろうか。いや、必ずしもそうではない。現代によみがえる「新・軍事宇宙船スペースシャトル」について、次講で解説する。

Column

再使用から使い捨てへ 先祖返りしたEELV

スペースシャトルの軍事利用をあきらめた空軍は、旧式の使い捨てロケットで衛星打ち上げを継続しつつ、新型の「発展型使い捨て打ち上げ機」（EELV）計画に着手した。これにはロッキードマーチンの「アトラスV」とボーイングの「デルタⅣ」の2機種のロケットが選ばれ、両機とも2002年から飛行が開始された。

「アトラスV」は第1段にロシアで開発されたRD-180エンジンを使用している。冷戦中であればソ連製ロケットエンジンをアメリカが購入するなど考えられなかったことだ。現在、「アトラスV」はアメリカの主力大型ロケットとして軍事衛星はもちろん、NASAの宇宙探査などにも広く使われている。「デルタⅣ」は「アトラスV」より割高のためバックアップ的存在だが、第1段を3本束ねた「デルタⅣヘビー」は現在アメリカ最大のロケットで、大型偵察衛星の打ち上げなどに使われている。21世紀に入ってから、使い捨ての「アトラスV」「デルタⅣ」がスペースシャトルにとって代わるとは、歴史の皮肉と言うしかないだろう。

当初はスペースシャトルのために建設された発射施設「SLC-6」から打ち上げられる、使い捨ての「デルタⅣ」ロケット（写真/US Air Force）

第23講

低コスト宇宙輸送機への夢

軍事宇宙船スペースシャトル③

スペースシャトルは本来目指していた「飛行機のように手軽で低コストな再使用宇宙輸送機」にはなれず、宇宙ロケットは使い捨てに戻ってしまった。しかし、再使用宇宙輸送機の夢は途絶えたわけではない。

スペースシャトル失敗の原因は〝欲張り〟

前回解説した、スペースシャトルが失敗した理由を整理すると、こういうことになる。

○大型偵察衛星を運ぶ前提のため、巨大過ぎた
○非現実的な軍事ミッションにこだわって、地球を1周してカリフォルニアに着陸するための巨大な翼を備えた
○再使用部分を減らしたうえ、技術が未熟で整備に手間がかかりすぎたため、使い捨てロケットよりかえって費用が高くついた
○無人衛星の輸送ミッションにも宇宙飛行士を乗せるため、安全性確保にも費用が掛かったうえ、死亡事故も起きた

着陸後に作業員が防護服を着ているのは燃料に有毒のヒドラジンを使用しているためで、スペースシャトルでも見られた光景だ
（写真／US Air Force）

全てをまとめると「世界初の再使用宇宙船なのに、欲張り過ぎた」と言うことができる。大きくて多目的で低コスト、というのは航空機開発でも難しく、いわば「失敗フラグ」のようなものだ。大きさはそのままでコストを大幅に下げる後継機の開発も難航し、2001年には中止された。

ではスペースシャトルが目指していたような「飛行機のように燃料と貨物を積むだけで手軽に飛ばせる宇宙船」は、そもそも間違いだったのだろうか。実はそうとも言えないのだ。

次世代へ技術をつないだアメリカ空軍X-37B

次世代スペースシャトル開発のめどが立たなくなったNASAは2002年、小型無人実験機「X-37」の開発に着手した。X-37はスペースシャトル計画初期の、翼が小さくクロスレンジ能力（大気圏内での操縦能力）が低い計画案と似ており、大気圏突入と着陸を実験する計画だった。このため自力で宇宙へ行く能力はなく、NASAはスペースシャトルを使ってX-37を宇宙へ運ぶ計画だった。

アメリカ空軍のX-37B。前半分はスペースシャトルをそのまま小さくしたような形状だが、後部にやや太い胴体を継ぎ足してV字尾翼を追加したイメージ。打ち上げ時は使い捨てロケットのフェアリング内に格納される（写真／US Air Force）

2006年に計画はアメリカ空軍に移管されX-37Bとなる。打ち上げロケットも空軍の「発展型使い捨て打ち上げ機」（EELV）アトラスVロケットに変更された。空軍はX-37Bを、新しい宇宙技術の耐久テストに使っているようだ。2010年の初飛行から5回飛行したが、打ち上げから着陸まで最長で連続717日、2年弱も飛行している。スペースシャトルの飛行時間は長くても2週間程度だったから、驚異的な飛行時間だ。

人工衛星は宇宙で寿命を迎えるまで使われるが、回収できないので故障原因は推測するしかない。X-37Bは宇宙から部品を持ち帰ることができるので、劣化の具合を地上で精密に調べることができる。「低コストな宇宙輸送機」という目標を捨てて小型実験機に徹することで、X-37Bはスペースシャトル引退後に飛行機型宇宙船の技術を次世代へ受け継ぐことができた。

軍事シャトルの本命！ 任務に即応するXS-1

「低コストな宇宙輸送機」というスペースシャトル本来の目的の後継者は、アメリカ国防高等研究計画局（DARPA）が開発中の「XS-1」。人工衛星の輸送能力はスペースシャトルの約10分の1、2トン程度の小型シャトルだ。

またスペースシャトルとは逆で、第1段（ブースター）が飛行機型をしており、人工衛星を載せた第2の軌道ロケットは使い捨てになっている。ロケットは第1段の方が大きく高価だからそちらを再使用した方が経済的だが、スペースシャトルはブースターが巨大になりすぎるため飛行機型をあきらめ、第2段（軌道船）を飛行機型にした。XS-1は全体を小さくすることで、本来再使用するべきブースターを飛行機型にできたのだ。

XS-1は背中に小型宇宙ロケットを搭載して打ち上げられ、大気圏外でミサイルのようにロケットを発射する。ちなみにX-37BとXS-1はどちらも、ボーイング社でステルス実験機などを手掛ける「ファントムワークス」が開発しており、XS-1は「ファントム・エクスプレス」とも呼ばれている（イラスト／Boeing）

XS-1は1日の整備で再発進でき、10日間で10回飛行できることが要求されている。有事には偵察衛星による写真撮影が大量に必要なので、多数の小型偵察衛星を宇宙へ「増派」する必要があるからだ。打ち上げコストは使い捨てロケットの数分の1、1回500万ドル（6億円弱）を目指しており、まさに手軽で低コストという「軍事宇宙船・スペースシャトル」の目的を実現するコンセプトと言えるだろう。

軍よりスゴイ民間企業 スペースXの「BFR」

一方、スペースシャトル以上の巨大宇宙輸送機の開発も進められている。宇宙開発の新興企業、スペースX社が開発中の2段式の完全再使用宇宙船「ビッグファルコンロケット（BFR）」だ。BFRの総重量は4400トンでスペースシャトルの2倍以上。地球から宇宙へ輸送できる貨物はスペースシャトルの5倍以上で、C-5ギャラクシー輸送機の貨物搭載量をも上回る150トン。貨物室の容

第2段機体は大気圏再突入用に小さな主翼を備えているが、ロケットエンジンを使って垂直に着陸するので、地球上はもちろん月や火星にも着陸できる。月や火星を目指す場合は、地球周回軌道上で他のBFRから「空中給油」を受け、航続距離を伸ばす（イラスト／SpaceX）

スペースX社の超大型ロケット「BFR」はシンプルな2段式形状だが、2段とも垂直着陸可能な再使用ロケット。第1段のブースターは発射場に戻って着陸し、第2段の輸送船は宇宙へ向かう（イラスト／SpaceX）

積はエアバスA380旅客機並みというから、宇宙船はもちろん航空機と比べても史上空前の巨人機だ。

21世紀のロケットはVTOLする！

スペースシャトル失敗の理由は、その巨大さにもあったはず。なのにBFRが実現できる理由は、このロケットが翼を持った飛行機ではなく、垂直離着陸（VTOL）機だということだ。ロケットはもともと垂直上昇できるほど大推力のロケットエンジンを備えているから垂直着陸も可能だし、アポロ宇宙船は月面でのVTOLに成功している。

スペースX社の現用ロケット、ファルコン9の垂直着陸。4本の足を広げて降りてくるのはSFのような光景だが、すでに20回もの着陸に成功している（イラスト／SpaceX）

アメリカ宇宙往還機の大きさ比較

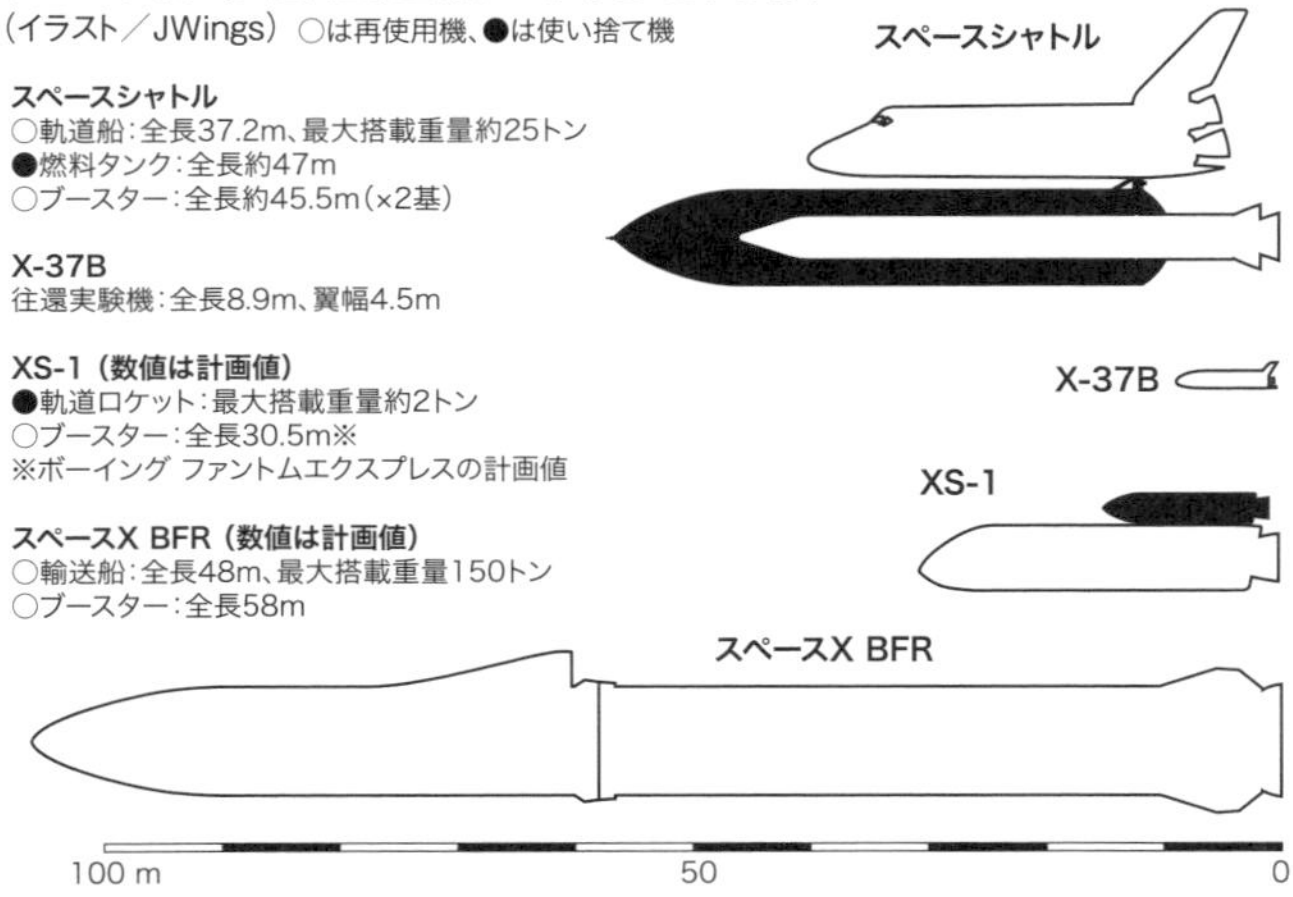

　しかし超音速で大気圏内を落下する巨大ロケットを、ロケッ

トエンジンの精密制御で垂直着陸させるのは、1970年代の技術では不可能だった。現代のコンピューター技術でロケットを制御して垂直着陸可能なら、スペースシャトルのように大きく重い翼を装備して滑走路に着陸する必要はないというわけだ。

BFRは軍の計画ではないが、スペースX社は既に軍事衛星の打ち上げも行っている。このような巨大宇宙輸送機が実現すれば当然、宇宙の軍事利用も変わるだろう。

Column

スペースXが目指す「火星移民船」

BFRの本来の目的は、火星移民だ。地球を周回する1機のBFRに4機の「空中給油型BFR」が燃料を補給すると、BFRは火星まで40人の乗客を輸送する「惑星間輸送機」になる。BFRはスペースX社の創業者、イーロン・マスク氏の個人的な夢を実現するためのロケットと言っても過言ではない。

またマスク氏はBFRを、地球上の乗り物として使う提案もしている。第17講で解説したように弾道ミサイルと宇宙ロケットはほとんど同じ物なので、BFRは宇宙へ飛び出してすぐに地球に戻る弾道ミサイルのような飛び方をすると、なんとアメリカから日本までわずか40分弱。超音速旅客機コンコルドよりはるかに速い乗り物になる。しかもA380並みの空間と、ギャラクシー並みの貨物搭載量を持つ、VTOL輸送機。スペースX社は2022年に無人飛行を開始すると発表しているが、本当に予定通り完成するのか、それとも「大ぼら」に終わるのだろうか。

第**24**講

知られざる宇宙基地
ロケット発射場

人工衛星は直接見ることが難しいので、趣味としてはちょっと縁遠く感じることもある。そんな宇宙開発を大迫力で見ることができる場所、ロケット発射場を解説していこう。

ロケット発射場は「宇宙基地」

宇宙ロケットの発射場は、ロケット発射台だけではなく様々な施設の集合体。それはちょうど、空港や航空基地などの飛行場が滑走路だけではなく、整備施設や燃料施設、民間空港なら旅客ターミナル、軍事基地なら弾薬に関する施設などが集まっているのと似ている。こういった様々な施設を含むという意味で、ロケット発射場は「宇宙基地」や「宇宙センター」、最近は「スペースポート」と呼ばれることも多い。

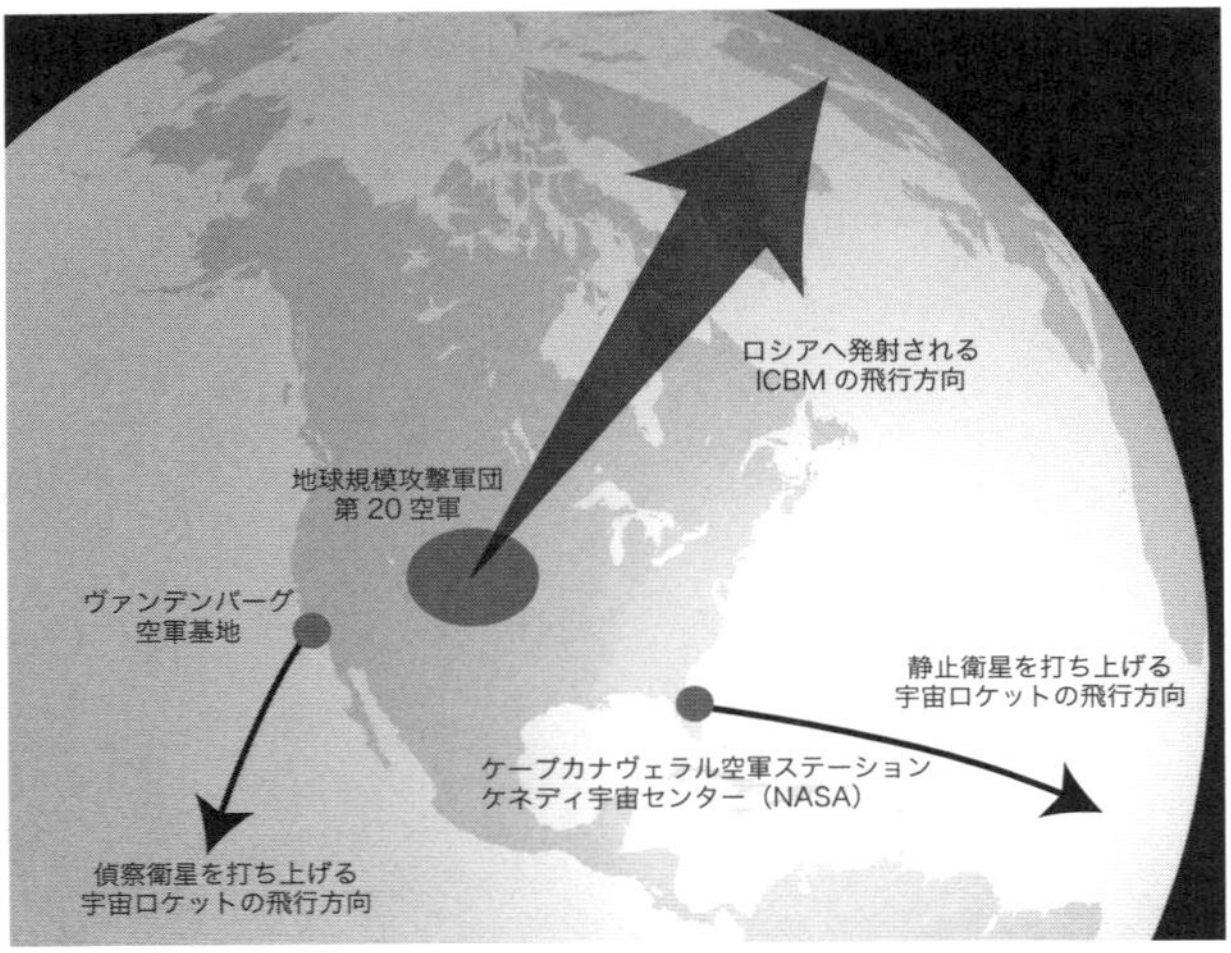

アメリカのミサイル発射場と宇宙基地を見てみよう。地球規模攻撃軍団第20空軍は3つのミサイル航空団基地にICBMを配備しているが、いずれも内陸なのでブースターは地上に落下する。このためICBMの飛行テストは大西洋に面したケープカナベラル空軍ステーションや、太平洋側のヴァンデンバーグ空軍基地で行われた。そして現在は、ケープカナベラルと隣接するケネディ宇宙センターとともに、宇宙基地としての役割が中心になっている
（イラスト／筆者）

赤道が良いとは限らない？ 重要なのは落下地点

よく、地球の自転を利用するためロケット発射場は赤道に近いほど良いと言われるが、必ずしもそうではない。地球の自転速度は赤道上で秒速0・46㎞だが、種子島やケネディ宇宙センターのある北緯30度でも秒速0・33㎞で、その差は秒速0・13㎞。人工衛星を打ち上げるには最低でも秒速7・9㎞の速度が必要なので、あまり大きな差ではないのだ。

もっとも重要なのは、ロケットを打ち上げる方角に人が住んでいないこと。静止衛星などを打ち上げる真東方向と、地球観測衛星などを打ち上げる真南または真北方向が広い海や無人地帯でないと、落下する第1段ロケットで地上に被害が及んでしまう。全面核戦争のような状況ではミサイルの落下も仕方がないかもしれないが、宇宙ロケットや平時のミサイル発射試験ではそうはいかない。

ミサイル発射場とロケット発射場の関係

大陸間弾道ミサイル（ＩＣＢＭ）を保有する米露中の場合、ＩＣＢＭの開発拠点やテスト発射場として整備された施設が宇宙基地としても使われるようになった。このため、これらの基地は冷戦時代から偵察衛星の最重要目標でもあったし、現在も軍の管理下にあることが多い。ミサイルと関係が深い宇宙技術は秘密保持が重要だし、軍事衛星を打ち上げる宇宙基地自体が重要な戦略拠点でもあるからだ。

アメリカの場合、短距離の弾道ミサイルは内陸で試験していたが、ＩＣＢＭの試験は海に面したテスト発射場で行われた。しかし、実際に運用されるＩＣＢＭの基地は宇宙基地とは別の場所。海からの攻撃を受けない内陸の乾燥地帯に、敵の核攻撃で全滅しにくいよう、広範囲に分散して配備する必要があるからだ。海に面した発射場は、現在は主に宇宙基地として使われるようになった。

ロシアや中国は、ICBMも宇宙ロケットも内陸から発射している。広大な無人地帯があるロシアは良いが、中国は宇宙ロケットが国内の陸上に落下するため都合が悪い。そこで、南シナ海に面する海南島に新しいロケット発射場を整備中だ。

初期の「ジュピター」準中距離弾道ミサイル（MRBM）。発射台に立てた状態で整備できるよう、基部に花びら型のカバーが設置されており、発射時は写真のように開く（写真／US Air Force）

ヴァンデンバーグ空軍基地の試験用サイロから発射される「ピースキーパー」ICBM。整備が楽な固体ロケットで、全長も22メートルと小型化した。冷戦終結で実戦配備はされていない（写真／US Air Force）

横に組む？ 立てて組む？ アメリカとロシアの違い

こうしてミサイル基地から発展した宇宙ロケットの発射施設だが、アメリカとロシア（旧ソ連）では大きな違いが生まれた。立てて組み立てるか、組み立ててから立てるかだ。

ICBMと宇宙ロケットで進化 アメリカの「垂直式」

小型のミサイルなら単に発射台に垂直に立てればよいのだが、多段化するなどして大型になると、丸ごと運ぶのは難しくなってきた。そこで発射台の上で積み上げるように組み立てるようになったが、そのためには発射台の周囲に巨大なクレーンや足場が必要になる。さらに月へ向かう「アポロ計画」の時代になるとロケットの高さは100m以上にもなり、発射台で組み立てて整備するには設備が大掛かりすぎるようになった。

そこで巨大な組立ビルと移動式発射台を用意し、ビルの中で発射台の上に垂直にロケットを組み立てた後、発射台ごと発射位置まで移動する方式がとられるようになった。この「垂直式」の組立方法はスペースシャトルにも受け継がれたほか、日本やヨーロッパ、中国でも採用されている。

ミサイルをそのまま大型化ロシアの「水平式」

旧ソ連は別の方法を選んだ。世界初のICBM、R-7「セミョールカ」は大型の2段式ミサイルだったが、小型ミサイルと同様に水平の状態で組み立ててから発射台に立てる方式がとられた。世界初の人工衛星「スプートニク」は、「セミョールカ」の弾頭の代わりに載

全長110メートルの月ロケット「サターンV」を組み立てるために、高さ160メートルの垂直組立棟（VAB）と移動式発射台（ML）が建設された。これらはスペースシャトルにも使われ、今後は月・火星探査用ロケットにも使われる予定（写真／NASA）

「アトラス」ICBMは「ジュピター」より大型になり、立てた状態で整備するには巨大な足場が必要になった（写真／US Air Force）

水平状態で組み立てられ、発射位置で垂直に立てられるスペースX社の「ファルコン9」ロケット。アメリカでもコスト削減のために水平式が採用された（写真／NASA）

現在のロシアの有人ロケット「ソユーズ」の組立風景。鉄道貨車を台車として組み立てられ、完成状態で発射台へ運ばれて垂直に立てられる（写真／RSC Energia press-center）

せただけでロケット自体はほとんど同じものだ。さらに「セミョールカ」に上段を追加して大型化した「ボストーク」「ソユーズ」といった宇宙ロケットも、全体を完成させてから運搬する方式がそのまま使われた。そしてR・7シリーズより大型の「プロトン」「エネルギア」といったロケットにも全て同じ「水平式」の組立方法が、引き続き採用された。

この方法は航空機の整備と大きな違いがなく、アメリカの垂直方式に比べると背の低い建物の中で楽に作業できる。このため近年はアメリカでも「水平式」を採用する宇宙ロケットが登場している。

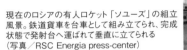

ICBMは「サイロ式」と「移動式」

さてICBMの方はどうなったかというと、アメリカも旧ソ連も核攻撃にも耐えられる地下発射施設「サイロ」を建設してそこから発射するようになった。護衛艦などに使われている垂直発射装置「VLS」の超大型版といったところだ。また核弾頭の小型化が進んだためミサイル自体も小型化することができ、宇宙ロケットのような巨大ミサイ

地下のサイロに格納された、全長30メートルもの大型ICBM「タイタンⅡ」。周囲に折り畳み式の作業足場が見える（写真／US Air Force）

ルは退役した。

小型化が進んだことで、移動発射車両（ＴＥＬ）からも発射できるようになった。アメリカでは実用化されなかったが、旧ソ連では現在も一部がＴＥＬで運用されているようだ。この方法は敵の先制攻撃で破壊されにくく、サイロ以上に抑止効果が高いというメリットがある。また潜水艦に搭載して発射する弾道ミサイル、ＳＬＢＭは究極の移動式弾道ミサイルと言えるだろう。

Column

F-15がスペースシャトルに？ ロケット空中発射

小型の宇宙ロケットの場合、航空機からの空中発射も行われている。技術的には戦闘機からのミサイル発射と同じだ。地上のロケット発射場と比べて、天候に左右されない、打ち上げ場所を自由に選べるといったメリットがある反面、発射母機となる航空機の経費が高くつくというデメリットがある。

軍が通常使用している機体をそのまま母機にして宇宙ロケットを打ち上げることができれば、専用の航空機を用意する必要がない。戦闘機のパイロンに搭載可能な超小型宇宙ロケットも検討中だ。

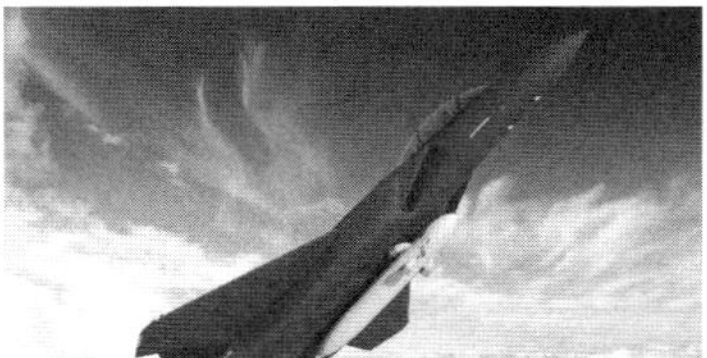

F-15戦闘機のセンターラインにロケットを搭載する方式。重量数kgの超小型衛星なら、こんなに小さなロケットでも宇宙へ運ぶことができる（写真／DARPA）

第25講

大型輸送機

宇宙開発を支えた名機たち

大型輸送機の多くは、地上部隊の車両やヘリコプターなどをそのまま輸送する軍の需要にこたえるための軍用輸送機だ。そしてもうひとつ、軍以上に大きな貨物を航空輸送する必要に迫られていたのが宇宙開発。宇宙開発で活躍する大型輸送機を紹介していこう。

アポロ計画を支えた巨大な「グッピー」

まずアメリカから見ていこう。人類初の有人月着陸を果たした「アポロ計画」が急ピッチで推進された1960年代、NASAは全米各地の航空宇宙メーカーからフロリダのケネディ宇宙センターへ、アポロ宇宙船やサターンロケットなどの超大型貨物を高速輸送する必要に迫られた。そこで1962年に開発されたのが大型輸送機「プレグナントグッピー」。丸々とした独特のユーモラスな外見から、「妊娠したグッピー」という意味の命名だ。

この機体は新造機ではなく、当時すでに旧式化していたレシプロ旅客機ボーイング377ストラトクルーザーを改造したもの。このストラトクルーザーは軍用輸送機C‐97ストラトフレイターの民間機型で、そのまた原型は戦略爆撃機B‐29スーパーフォートレス。つまりプレグナントグッピーは、B‐29を基本

現在も1機がNASAで活躍するスーパーグッピー。機首を横に開いて取り出しているのは、開発中の次世代有人宇宙船「オライオン」の耐熱シールドを納めたコンテナ（写真上／USAF、下／NASA）

にして改造を重ねた機体というわけだ。

さらに大きな「スーパーグッピー」

プレグナントグッピーは1機しか製造されなかったが、1965年には胴体を5m延長した「スーパーグッピー」が5機製造された。1966年には最初のアポロ宇宙船が飛行、1969年にはアポロ11号が月に着陸したが、このような短期間での宇宙開発にはグッピーシリーズによる迅速な輸送が不可欠だった。

5機のスーパーグッピーのうち1機は事故で失われたが、4機はアポロ計画終了後の1972年にエアバスに譲渡され、ヨーロッパ各地の工場からフランスのトゥールーズ工場へ部品を輸送するのに活躍した。1994年に後継機のエアバスA300-600ST「ベルーガ」が完成して以後は順次退役したが、1機は1997年にNASAへ里帰りし、国際宇宙ステーションや現在開発中のオライオン宇宙船などの部品輸送に活躍している。

大陸を西へ東へ大活躍スペースシャトル輸送機

アポロ計画の次のアメリカの宇宙計画はスペースシャトルだが、さすがにスペースシャトルを胴体に納める輸送機を作るのは無理だ。そこでボーイング747「ジャンボジェット」を改造して、背中に載せて運ぶことにした。1974年にアメリカン航空の中古ジャンボがシャトル輸送機（SCA）1号機に改造され、スペースシャトル開発に従事した。

スペースシャトルはアメリカ東海岸のケネディ宇宙センターから打ち上げられるが、帰還時にケネディ宇宙センターの天候が悪い時は西部のエドワーズ空軍基地に着陸する。そのたびにSCAはシャトルを背負って大陸を横断するため、1988年には日本航空の747SRから改造された2号機が就役した。2011年のシャトル引退後、シャトルを各地の展示施設へ運搬したのを最後にSCAも引退し、現在は地上展示状態になっている。

尾部に整流カバーを取り付けたスペースシャトル「エンデヴァー」を輸送する、NASAシャトル輸送機（SCA）。レジ番号N911NAは日本航空のボーイング747SRから改造した2号機（写真／USAF）

ソ連宇宙開発の忘れ形見 世界最大の輸送機「ムリヤ」

ソ連ではロケット部品の鉄道輸送が一般的だったが、スペースシャトルによく似た有翼宇宙船「ブラン」

1989年のパリ航空ショーで初公開された際のブランとAn-225ムリヤ。ともに前年初飛行したばかりで、世界を驚かせた（写真／DoD）

と、それを打ち上げる超大型ロケット「エネルギア」の開発が始まり、超大型輸送機が必要になった。ブランを輸送する機体としてよく知られているのは、1989年にブランを搭載してパリエアショーに出展されたAn-225「ムリヤ」輸送機だ。ムリヤは当時世界最大の大型輸送機、An-124ルスランをさらに拡大した超大型輸送機で、ソ連崩壊後は一時引退状態にあったが、現在は民間輸送機として大活躍している。

「ブラン」の打ち上げ準備に使われた「アトラント」

ブラン輸送機として知られるムリヤだが、実はブランの打ち上げ準備にムリヤは使われていない。ムリヤの初飛行はブランの最初で最後の打ち上げの後で、結果として「引退後のブラン」を運んだのがムリヤの西側デビューだったため、その印象が強いだけなのだ。

実際にブランやエネルギアの打ち上げ準備に使われたのは、VMT「アトラント」輸送機だ。アトラントはM-4「バイソン」戦略爆撃機を改造したものだが、胴体などの拡大はしていないので短期間で完成した。ただ、さすがにバランスが悪く、ムリヤ就役後は比較的小さな貨物の輸送に使われているようだ。

米ソの2大輸送機 C-5とAn-124

ムリヤを最後に、宇宙開発のために超大型輸送機が開発されることはなくなった。それでも宇宙開発が、大型輸送機の活躍の場であることは変わりがない。

アメリカの場合、グッピーシリーズより以前から弾道ミサイルや宇宙機器の輸送には空軍の大型輸送機が使用されており、現在も空軍のC-5「ギャラクシー」大型輸送機がこの任務で活躍している。1997年には、種子島宇宙センターから打ち上げる衛星をアメリカから搬入するために、鹿児島空港へ飛来したこともある。

軍用大型輸送機を持たない国や民間の大型衛星の輸送を引き受けているのは、An-124だ。もともとソ連の大型軍用輸送機として開発されたAn-124だが、1990年代からはロシアのボルガ・ドニエプル航空やウクライナのアントーノウ航空で民間輸送機としても活躍しており、自衛隊の海外展開などにもチャーターされていることでおなじみだろう。世界各地の人工衛星メーカーからロケット発射場へ大型人工衛星を輸送するのはAn-124の独壇場だ。

中部国際空港でAn-124に搭載される、三菱電機製通信衛星「ST-2」のコンテナ。仏領ギアナ（南米）へ運ばれてヨーロッパのアリアン5ロケットで打ち上げられた。（写真／三菱電機）

アメリカ海洋大気庁のNOAA-Nプライム赤外線観測衛星をヴァンデンバーグ空軍基地まで輸送した、アメリカ空軍のC-5輸送機（写真／NASA）

Column

宇宙飛行士はみなジェット機パイロット NASAのガルフストリームとタロン

輸送機ではないが少し変わった飛行機、ＮＡＳＡの「シャトル着陸訓練機」を紹介しよう。外見はごく普通の「ガルフストリーム２」ビジネスジェット機だが、実機での操縦訓練が不可能なスペースシャトルと飛行特性を合わせることで、大気圏内での飛行訓練を可能にしている。

特徴的なのは左の機長側だけをスペースシャトルそっくりに改造したコクピットで、操縦桿は戦闘機のようなスティック型。初期の宇宙飛行士のほとんどが戦闘機パイロット出身だったため、スペースシャトルの操縦桿も使い慣れたスティック型を採用しているのだ。

また日常の操縦訓練には空軍と同じＴ‐38タロン超音速練習機を使用しており、宇宙飛行士の本拠地であるヒューストンからケネディ宇宙センターへの移動も宇宙飛行士自ら操縦するタロンで行われるのが通例だ。タロンの操縦訓練は宇宙船の操縦を担当しない宇宙飛行士も必修で、日本人宇宙飛行士も全員がタロンの操縦訓練を受けている。身体に負担がかかる状況で操縦と状況監視、無線通信を同時にこなすタロンの操縦は、宇宙での作業と共通点があるようだ。

訓練のため、スペースシャトルの大気圏内飛行を模して急降下するT-38（写真／NASA）

T-38タロンでケネディ宇宙センターに到着した野口聡一宇宙飛行士。タロンは宇宙飛行士の訓練機兼、移動用の足としても利用されている（写真／NASA）

NASAのシャトル訓練機（右）とそのコクピット（左）。左の機長席だけスペースシャトルと同様の、戦闘機タイプの操縦桿にグラスコクピットに改造された（写真／NASA）

第四章
日米中露の宇宙開発

戦後航空機開発を禁止されながらも
宇宙開発で成果をあげた日本、
冷戦期に競うようにして人工衛星を開発した
アメリカとソ連、
驚くほどの急成長を遂げた中国……。
宇宙開発の最先端を行く４ヶ国の過去と現況をみてみよう。

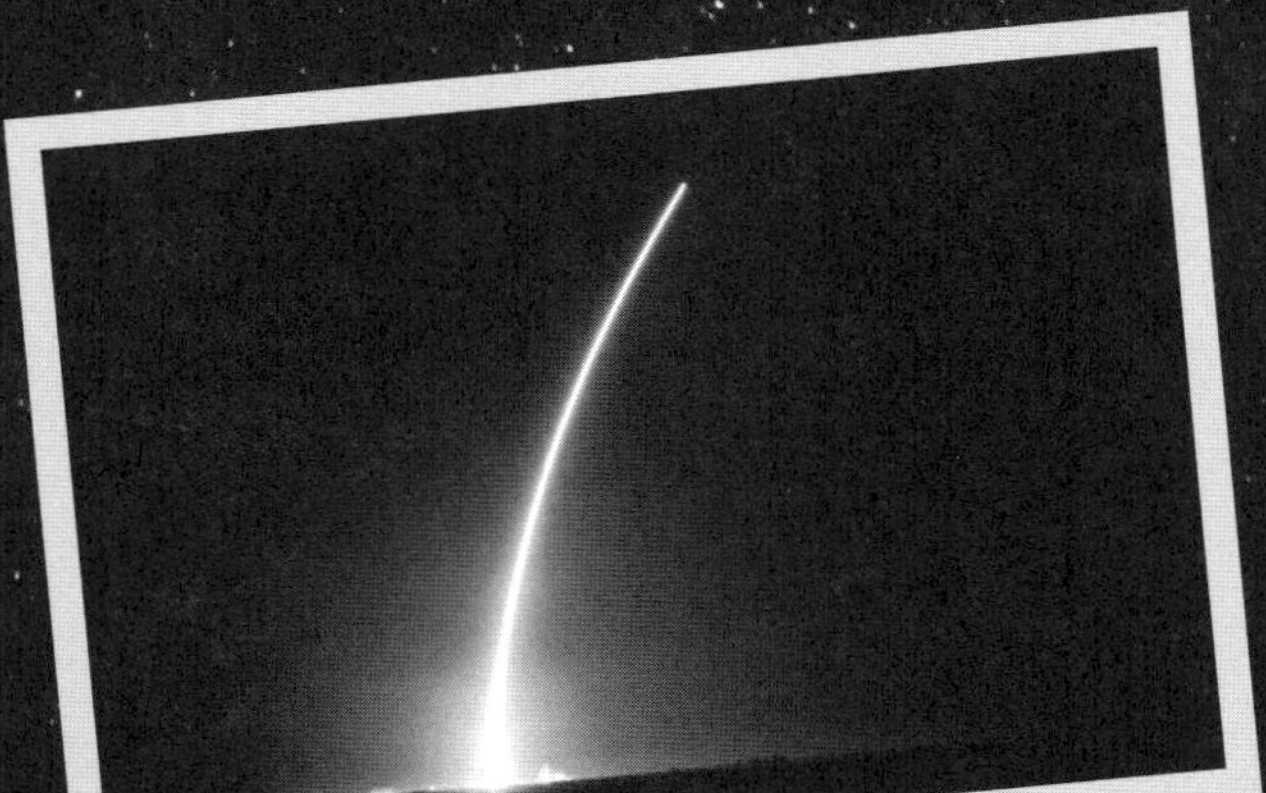

第26講

陸海軍のロケット研究が母体

日本の軍事宇宙開発①

日本は弾道ミサイルを保有していない。遠く離れた外国を攻撃する弾道ミサイルは専守防衛の方針に反するからだ。

一方で、宇宙ロケットは弾道ミサイルをもとに開発された歴史があるが、宇宙ロケットを打ち上げている国の中で弾道ミサイルを保有していないのは日本だけだ。日本が弾道ミサイルを作らず、宇宙ロケットだけを開発してきたのは極めて特殊な例だ。

しかし今回は、日本の宇宙ロケットの歴史を、あえてミリタリーの視点から見てみよう。

陸軍戦闘機「隼」と小惑星探査機「はやぶさ」

日本の宇宙ロケットには大きく分けて二つの系譜がある。一つは東京大学の糸川英夫教授に始まる固体ロケット。もう一つはアメリカからの技術導入に始まる液体ロケットだ。

糸川は東京帝国大学を卒業後、中島飛行機に入社。戦前には陸軍一式戦闘機「隼」の設計などに従事したが、真珠湾攻撃の前には退社して東京帝国大学の助教授となっている。後に小惑星探査機「はやぶさ」が探査した小惑星が「イトカワ」と命名された際、糸川と一式戦「隼」のエピソードを想起した人も多か

日本陸軍の戦闘機、一式戦闘機「隼」。中島飛行機によって開発され、1941年から生産された。

った。

中島飛行機ではジェットエンジンやロケットの研究も行われていたが、敗戦後は連合国の指示により航空機の研究は一切禁止され、中島飛行機も解体されてしまう。

「逆転の発想」でロケット開発へ

そんな中、糸川は「航空機の研究が禁止されたなら、ロケットを研究すれば良い」と考えた。ロケットなら太平洋を20分で横断できる、という逆転の発想だ。ここから日本のロケット開発がスタートしたのである。

ロケット開発にはロケットを製造するメーカーも当然、必要だ。機体製造を担当した富士精密は、中島飛行機が解体されて誕生した企業の一つ。つまり戦前に糸川がいた企業であり、取締役の中川良一は糸川の元同僚だった。

また、固体推進剤の製造は日本油脂が担当した。日本油脂には海軍で火薬やロケットの研究をした村田勉がいたほ

日本ロケット開発の父、糸川英夫。日本の宇宙開発は、片手で持てるほど小さなペンシルロケットから始まり、いまや地球観測から小惑星探査まで自力でできるようになった（写真／JAXA）

ペンシルロケットとモデルロケット

糸川英夫が手に持つペンシルロケット。今なら小学生が作って飛ばす、モデルロケットのような大きさだ。しかし、糸川は真剣だった。宇宙ロケットと同じように安全確認の手順を踏み、カウントダウンして、超高速撮影で記録を取った。ロケットはオモチャのように小さくても、それを安全に飛ばして記録する手順そのもののトレーニングだった。

その精神は今も引き継がれている。モデルロケットの打ち上げでは小学生も「周辺に人や飛行物体がないか」「不発のときはどうやって安全確認するか」といった指導を受ける。技術の基礎を大切にすることから、宇宙への道は始まるのだ。

か、朝鮮戦争ではアメリカ軍のバズーカ砲に使用する固体推進剤を製造しており、そのための生産設備がロケット用に役立った。当然、作られたロケットは固体ロケットだ。

現在もミサイルとロケットを製造

富士精密は企業再編を経て、現在のＩＨＩエアロスペース（ＩＡ）のルーツのひとつとなった。ＩＡは日本で唯一の固体ロケット製造メーカーで、宇宙ロケットだけでなく自衛隊用ミサイルのロケットモーターもＩＡで製造している。これらのロケットの固体推進剤を製造しているのは日本油脂だ。

このように、大学を舞台に「非軍事」で開発された日本の固体ロケットシリーズだが、そのルーツは陸海軍のロケット研究だったと言える。そして宇宙開発はＪＡＸＡ、ミサイル開発は防衛省が推進しているが、同じ企業が製造を担い技術を高めてきたのだ。

アメリカのミサイル技術を導入した液体ロケット

もうひとつの系譜、液体ロケットもまた、ミリタリーにルーツを持っている。

１９６０年代、アメリカでは気象衛星や通信衛星といった実用衛星が作られ始めており、日本政府も宇宙の実利用を考え始めていた。しかし日本初の人工衛星「おおすみ」の打ち上げに成功したのは、アメリカがアポロ11号で月面有人探査に成功した翌年の１９７０年。気が遠くなるほどの実力差があった。

一方で、日本が独自に宇宙ロケットの大型化を研究するのは、アメリカにとって手放しで喜べることではなかった。宇宙ロケットは弾道ミサイルとしても使えるからだ。そういった思惑が一致し、アメリカは日本に「デルタロケット」の技術を供与する。

ライセンス生産と国産技術開発を並行

デルタロケットはもともと、中距離弾道ミサイル「ソー」に、宇宙用上段ロケット「デルタ」を追加したもの。三菱重工など日本でライセンス生産したロケットは「Nロケット」と呼ばれ、実用衛星打ち上げに活躍した。

それと並行して、国産技術の開発も行われた。大型の第1段ロケットはデルタロケットをそのまま使い、第2段に国産の液体水素エンジン「LE－5」を導入した「H－Iロケット」が開発され、1986年から運用を開始した。

アメリカ空軍の準中距離弾道弾、ソーミサイル。イギリスからソ連を攻撃するために配備されたが、アメリカ本土から攻撃できるアトラスミサイルが完成した後は宇宙ロケットとして製造され、デルタロケットの第1段の原型になる（写真／US Air Force）

ロケットと戦闘機を襲った試練

さて1980年代後半と言えば、日本は工業技術でアメリカを追い上げ、バブル景気で意気上がっていた時代だ。ここで宇宙開発と戦闘機開発は、同じ困難に直面する。アメリカは、日本が航空宇宙分野でもライバルになることを恐れたのだ。

国産開発を目指していた次期支援戦闘機（現在のF－2）は、大推力の戦闘機用ジェットエンジンを国産化できないことがネックとなり、日米共同開発せざるを得なくなった。アメリカに頼らずに大型ロケッ

最新の国産固体ロケット、イプシロンロケット。低軌道への打ち上げ能力は1.2トン、総重量は約90トンで、アメリカの現用固体ICBM（大陸間弾道ミサイル）ミニットマンⅢの総重量35トンをはるかに上回る（写真／JAXA）

日本初、世界で4ヶ国目の人工衛星を打ち上げたラムダロケット。ルーツは旧軍の技術にさかのぼることができるが、アメリカ・ソ連・フランスと異なり、日本は弾道ミサイルを開発していないため、独自に開発されたものだ（写真／JAXA）

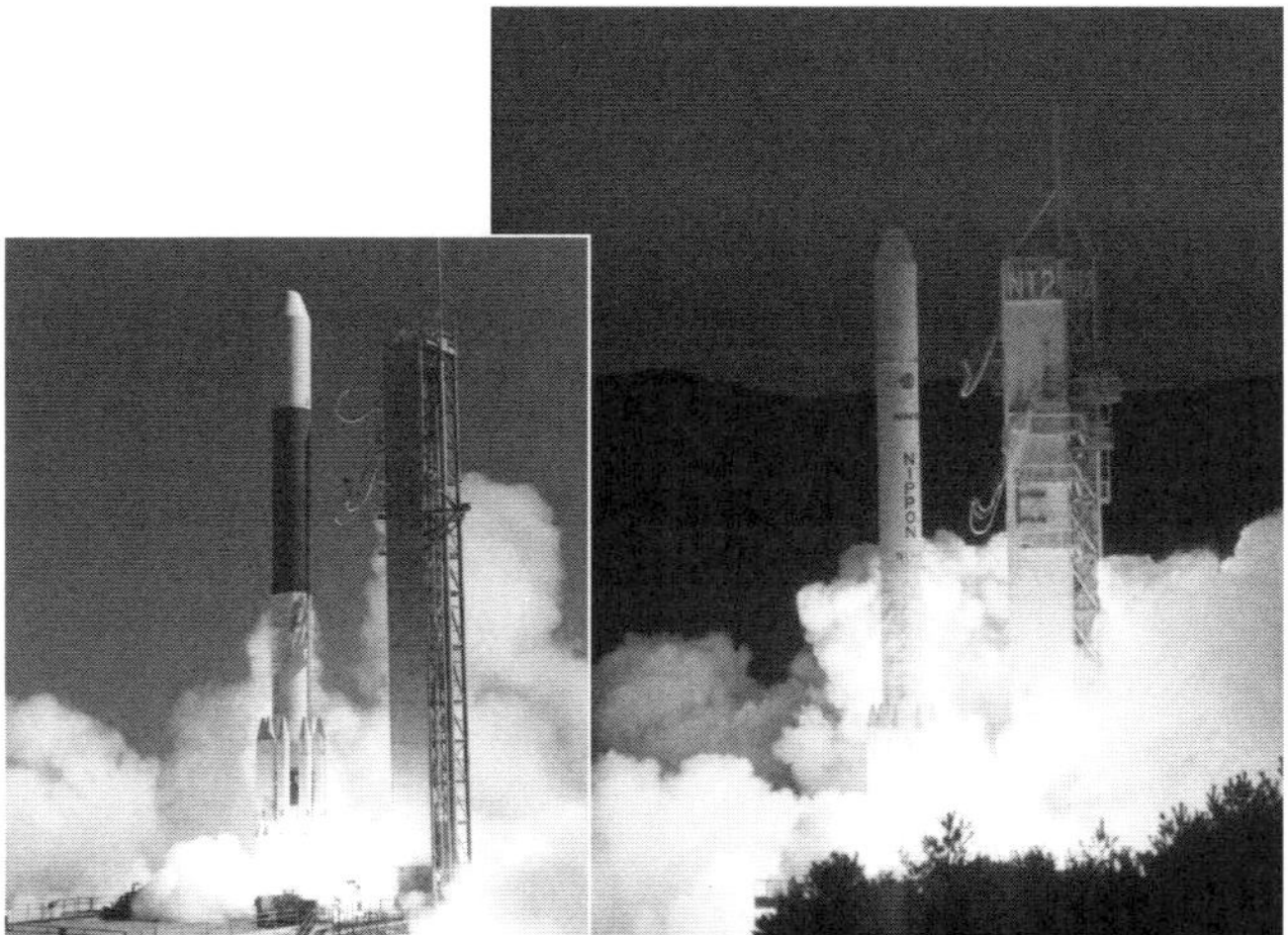

アメリカのデルタロケット（写真左／NASA）と日本のN-Ⅱロケット（写真右／JAXA）。ほぼ同一のライセンス生産品で、ロケットだけでなく発射台とロケットを結ぶアンビリカル（ホースやケーブル）までそっくりだ。自衛隊風に言えば「デルタJロケット」といったところ

トを作るためには、デルタロケット以上の第1段エンジンを自力で開発しなければならない。

大難産の純国産エンジン「LE-7」

H-Ⅱロケットの第1段エンジン「LE-7」の開発は困難を極めた。地上試験中のエンジンは2回、大爆発を起こした。また部品の強度試験中には三菱重工の社員1名が死亡する事故も起きており、日本の宇宙開発史上唯一の死亡事故となっている。

これほどの難産となりながらも「純国産ロケット」を開発した意義は大きかった。日本が独自にロケットを開発してしまったので、アメリカが部品を売らない意味が失われてしまったのだ。

国産初の大型液体ロケットエンジン、LE-7。世界トップクラスに並ぶエンジンの実用化で、日本の宇宙ロケットは完全な自立路線を確立した。現在は性能はそのままにコスト半減したLE-7Aが使われている（写真／JAXA）

安くて高性能「準国産」のH-ⅡAロケット

日本はメインエンジンだけでなく、H-Ⅱロケットの部品を全て国産で作り上げてしまった。ロケット部品を日本に売らないことで開発を阻止することに失敗したアメリカは、むしろ売って儲ける戦略に転換する。こうして2001年に誕生したのが、H-ⅡAロケットだ。H-Ⅱロケットと違い、H-ⅡAロケットは純国産ではない。これはアメリカから低価格の部品を輸入することで、少量生産で高くつく国産部品を減らしたからだ。

飛行機はまず試作機を開発し、その経験からより扱いやすい量産機を開発するが、Ｈ‐ⅡロケットとＨ‐ⅡＡロケットの関係は試作機と量産機の関係とも言えるかもしれない。全体の見た目は似ているが、国産部品も全面的に見直して扱いやすくなっており、打ち上げ費用はＨ‐Ⅱロケットの１９０億円から、Ｈ‐ⅡＡロケットでは１００億円程度にまで下がった。

このように日本の宇宙ロケット開発は非軍事・平和目的で進められてきたが、スタートでは旧軍の人材や機材が使われ、アメリカからの軍事技術導入があり、航空機開発と同様にアメリカとの関係の中で試行錯誤を重ねてきたことがわかる。

純国産大型液体ロケット、H-Ⅱロケット。初期型7機に続いて、コストダウンした量産機とも言えるH-ⅡAロケットが2018年末までに40機、増強型のH-ⅡBロケットが7機打ち上げられた。最も多く運ばれた衛星は、日本の安全保障を担う情報収集衛星だ（写真／JAXA）

第27講

日本の軍事宇宙開発②
秘密の衛星“情報収集衛星”

2種類が存在する日本の情報収集衛星

日本にも偵察衛星がある。その名も情報収集衛星、Information Gathering Satelliteの略で「IGS」と呼ばれることも多い。公開されている情報が少ない「秘密の衛星」だ。

アメリカのKH‐11「クリスタル」偵察衛星は、「クリスタル」を元に開発されたNASAの「ハッブル宇宙望遠鏡」から正体を想像することができた。同じようにIGSも、宇宙航空研究開発機構（JAXA）の地球観測衛星と共通点が多いと思われる。様々な情報から、IGSの正体を推測していこう。

誕生のきっかけは「北朝鮮ミサイルショック」

IGSが誕生したのは、1998年の北朝鮮の弾道ミサイル発射がきっかけだ。ミサイルは東北地方を横断して太平洋に落下。北朝鮮での打ち上げ準備状況を自ら偵察できなかった日本政府は、偵察衛星の保有に踏み切った。最初のIGS衛星が打ち上げられたのは、わずか5年後の2003年だ。

スピード開発のため、最初のIGSは当時開発中だったJAXAの地球観測衛星「だいち」をもとに開発された。「だいち」は光学カメラと合成開口レーダー（SAR）を搭載する衛星だが、IGSは光学衛

情報収集衛星（IGS）レーダ衛星

レーダ1号機と2号機の想像図。JAXAの陸域観測技術衛星「だいち2号」とほぼ同型と思われる。Lバンド合成開口レーダーにより、夜間や雲の下でも最小1mの物体を見分けることができる。

3号機以降は様々な改良が加えられていると思われ、「だいち2号」とは外形も異なっているかもしれない。

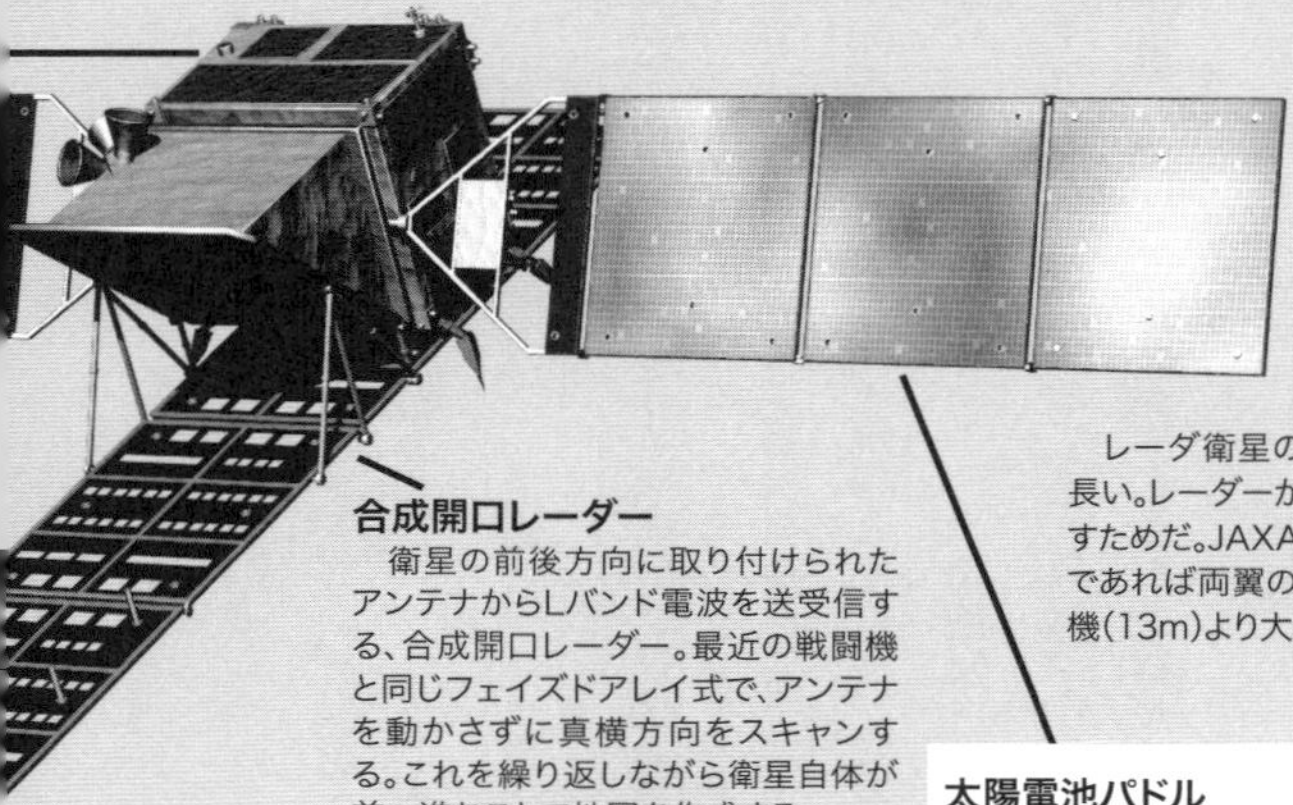

レーダ衛星の太陽電池パドルは大きく長い。レーダーが消費する大電力を生み出すためだ。JAXAの「だいち2号」と同サイズであれば両翼の幅は16.5mで、F-15戦闘機（13m）より大きい。

合成開口レーダー

衛星の前後方向に取り付けられたアンテナからLバンド電波を送受信する、合成開口レーダー。最近の戦闘機と同じフェイズドアレイ式で、アンテナを動かさずに真横方向をスキャンする。これを繰り返しながら衛星自体が前へ進むことで地図を作成する。

太陽電池パドル

衛星の電力源。衛星は北極から南極へ向けて「でんぐり返し」しながら飛行するので、太陽は北極上空では前に、赤道上空では上に、南極上空では後ろになる。このため太陽電池は、付け根の軸で回転させて常に太陽に向くようになっている。

光学衛星の太陽電池パドルは「手ブレ」防止のため、短く作られている。少しでも短くできるよう、「午前」軌道の衛星は太陽に向けて少し東向きに、「午後」軌道の衛星は少し西向きに傾けてある。

光学センサ

黒い箱型の部分に2台のセンサが収まっている。主センサは口径1m以上の反射望遠鏡にパンクロ（白黒）のデジタルカメラが取り付けられており、分解能0.41m以下の精細な写真を撮影できる。

もうひとつのセンサは赤外線・赤・緑・青の4色で撮影できるマルチスペクトルセンサで、分解能は数m程度と思われる。精細だが白黒のパンクロ画像と、荒いがカラーのマルチ画像を合成する「パンシャープン処理」によって、精細なカラー画像を作成できる。

想像図　©P-island.com & S.Matsuura
解　説　大貫 剛

星とレーダー衛星を別に製作することになった。打ち上げ順に「光学1号」「レーダ1号」（公式文書では「レーダー」ではなく、「レーダ」と表記）などと呼ばれるが、ニックネームは与えられていない。

衛星バス
軌道保持用のエンジン、姿勢制御装置、バッテリー、通信装置など衛星共通の機能が後ろ半分の箱の部分に収められている。航空機に例えれば衛星バスはボーイング767で、レーダ衛星はそれにレーダーを載せてE-767早期警戒管制機にしたようなものだと考えると良いだろう。
IGSは三菱電機製のため、JAXAの三菱電機製地球観測衛星も共通の衛星バスを使用している可能性が高い。初期のIGSではトラブルが多かったが、3号機以降のIGSやJAXA衛星はトラブルがなく、共通化のメリットが出ていると思われる。

情報収集衛星（IGS）光学衛星
最新の5号機の想像図。1号機はJAXAの陸域観測技術衛星「だいち」の光学センサ（カメラ）を改良して搭載した。当初は機体の振動などに悩まされたが、最新型ではアメリカの偵察衛星を除けば世界トップクラスの性能を備えていると思われる。

知られざる日本最大の宇宙計画

各衛星の設計寿命は5年で、概ね5年間隔で交替の衛星が打ち上げられている。光学衛星とレーダー衛星を2機ずつの計4機が稼働するよう、平均で1年に1機の衛星が打ち上げられており、まさに日本最大の宇宙計画だ。

2号機までは打ち上げ費用節約のため、1機のH-ⅡAロケットに光学衛星とレーダー衛星を一緒に搭載して打ち上げられたが、2号機はロケットの打ち上げに失敗して衛星が2機とも失われてしまった。このため再製作された新2号機以降は、光学衛星とレーダー衛星が同時に失われないよう1機の衛星を1機のH-ⅡAロケットで打ち上げている。

進化を続ける光学衛星

2003年に打ち上げられた光学1号は地上分解能1mを目指したが、開発を急いだせいもあってか目標の分解能を達成できなかったようだ。

以後、光学衛星は大小さまざまな改良が続けられている。2009年の光学3号機からは分解能が0・6mに向上、2015年に打ち上げられた最新の光学5号機では、分解能0・4m以下まで性能向上した。2019年5月

光学衛星の1号機から5号機までの改良の想像図。太陽電池パドルが小型化され、光学センサ部分は大型化している（イラスト／P-island.com & S.Matsuura）

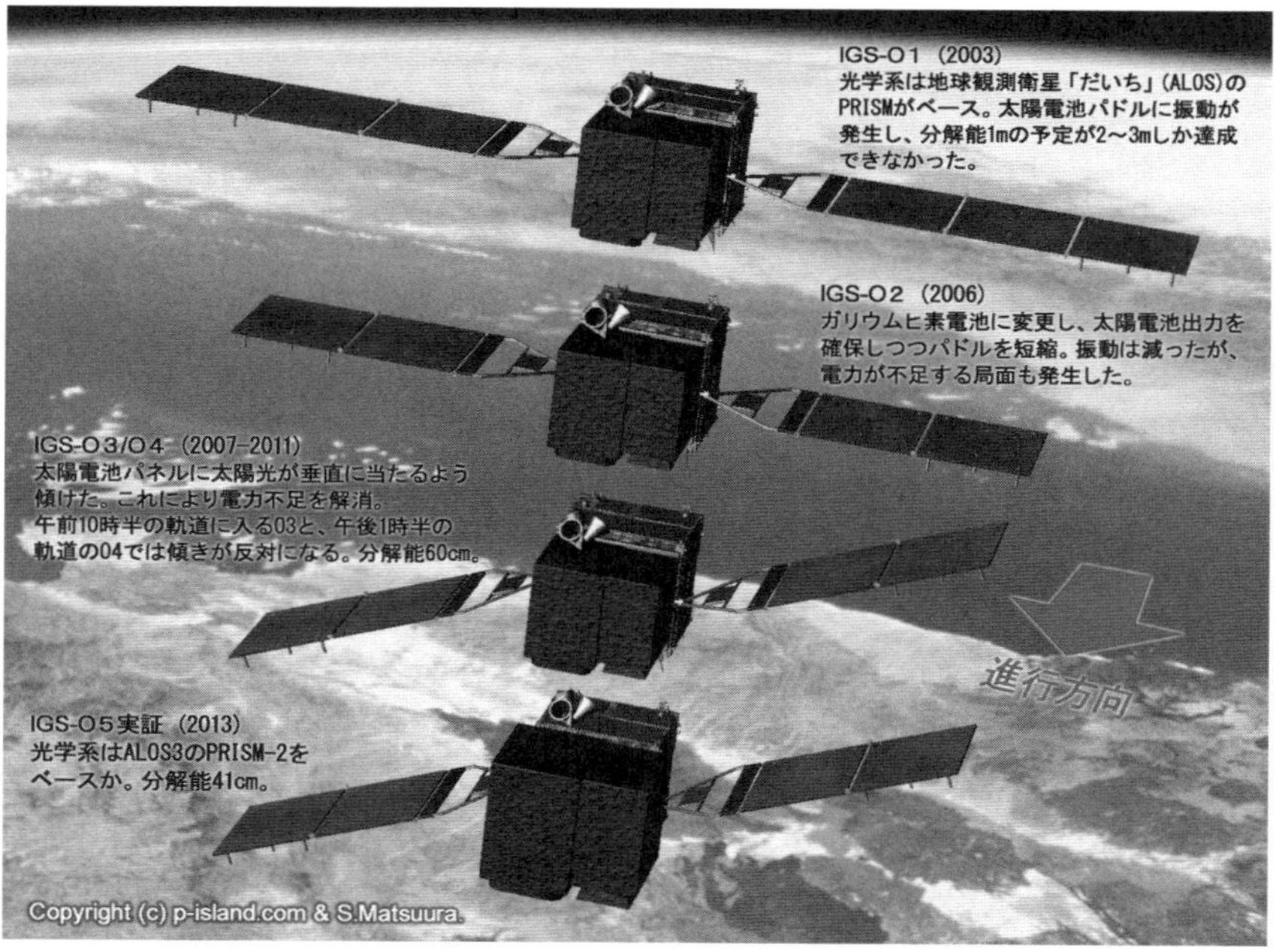

日本の情報収集衛星一覧（2019年5月現在）

	打ち上げ		軌道
光学1号機	2003年3月28日	午前	分解能1m。設計寿命の5年を過ぎて運用終了。
レーダ1号機			分解能1～3m。2007年3月に電源系が故障。
光学2号機	2003年11月29日	午後	いずれも1号機と同型機。 搭載したH-Ⅱロケットが打ち上げに失敗して喪失。
レーダ2号機			
光学2号機（新）	2006年9月11日	午後	光学1号機の改良型。寿命を過ぎた2013年11月に運用終了。
レーダ2号機（新）	2007年2月24日	午後	レーダ1号機の改良型。2010年8月に電源系が故障して運用終了。
光学3号機	2009年11月28日	午前	分解能60cm。寿命を過ぎた2017年に運用終了。
光学4号機	2011年9月23日	午後	光学3号機の改良型。寿命を過ぎた2018年に運用終了。
レーダ3号機	2011年12月12日	午前	分解能1m。全体に改良を施した新型と思われる。現在も運用中。
レーダ4号機	2013年1月27日	午後	レーダ3号機の同型機。現在も運用中。
レーダ予備機	2015年2月1日	午後	レーダ3号機の同型機。現在も運用中。
光学5号機	2015年3月26日	午前	分解能0.4m未満の最新型。現在も運用中。
レーダ5号機	2017年3月16日	午前	分解能0.5mの最新型。現在も運用中。
光学6号機	2018年2月27日	午後	光学5号機の同型機。現在も運用中。
レーダ6号機	2018年6月12日	午後	レーダ5号機の同型機。現在も運用中。

現在、5号機と6号機が稼働中だ。

ちなみにアメリカの偵察衛星「クリスタル」の分解能は0・15m、民間衛星「ワールドビュー4」は0・3mだから、IGS光学衛星の性能はアメリカの最新民間衛星と同等と言える。こう言うと性能が低いようにも思えるが、アメリカ以外の偵察衛星の性能としては決して悪くはない。アメリカが特別なのだ。

IGSも2020年代には分解能0・25m以下を目指して開発が続いている。

雲の下も撮影できるレーダー衛星

分解能1～3mのSAR衛星として開発された第一世代のレーダー衛星も、光学衛星以上の難産だった。1号機は打ち上げ4年後に故障、同型の2号機は打ち上げに失敗。新2号機も打ち上げ3年半後の2010年8月に故障し、全てのレーダー衛星が失われてしまったのだ。原因はレーダーに大電力を供給する太陽電池パネルの機能障害と考えられる。

２０１１年に打ち上げられた第二世代の3号機は、分解能が１ｍ程度に向上した。第一世代機の相次ぐ故障で心配になったのか、第二世代機はペアの4号機に加え予備機1機の計3機が打ち上げられたが、改良が功を奏し3機全機が２０１９年5月現在も稼働している。

２０１７年には第三世代の5号機、２０１８年には同型の6号機が打ち上げられた。分解能は０・５ｍに向上している。２０１９年5月現在、レーダー衛星は3号機から6号機と予備機の計5機が稼働している。

秘密の兄弟？ＪＡＸＡの地球観測衛星

２０１４年にはＪＡＸＡの地球観測衛星「だいち2号」が打ち上げられているが、「だいち2号」搭載のＳＡＲは分解能1～３ｍで、第一世代のＩＧＳレーダー衛星と全く同じカタログスペックだ。また２０２０年打ち上げ予定の「だいち3号」は分解能０・８ｍの光学衛星で、スペック上は第二世代ＩＧＳ光学衛星よりやや落ちるが、軌道がＩＧＳより高い（遠くから撮る）ことを考えるとほぼ同性能と言える。これらの衛星はＩＧＳの技術を用いて作られているのだろう。

だいちシリーズ以外でも、ＪＡＸＡの地球観測衛星はいずれもＩＧＳに似た太陽電池2組の構成で、故障もなく高い信頼性を誇っている。ＩＧＳの詳細は秘密のベールに包まれているが、10機以上打ち上げられたＩＧＳの経験が、日本の宇宙技術を高めたと言える。

新しい衛星を追加してもっと多くの写真を！

現在は常時4機以上の衛星を運用しているＩＧＳだが、今後は各衛星の性能アップだけでなく新衛星の追加も予定されている。

ＩＧＳの活躍の場を広げるデータ中継衛星

そもそもＩＧＳは北朝鮮の監視が目的だったので、北朝鮮を通過したらすぐに九州の受信管制局の上空を通り、データを受け取る軌道になっている。逆に言うと、北朝鮮以外の場所を撮影しても、日本上空へ到達してデータを送るまでに時間がかかるし、あまり多くの撮影をしても通信時間が短くて送り切れない。北朝鮮以外の偵察には使いにくいのだ。

そこで2019年度に打ち上げられるのが「人工衛星のための通信衛星」、データ中継衛星だ。高度3万6000㎞の静止軌道で通信を中継することで日本上空以外でもデータを送信でき、北朝鮮以外の偵察能力が飛躍的に高まるのだ。

撮影回数を増やす！　時間軸多様化衛星

現在のＩＧＳは、奇数号機は10時半頃に地上を観測する軌道に、偶数号機は13時半頃の軌道に配備されている。レーダー衛星は5機も稼働しているが軌道はこの2種類しかないので、地上を撮影できるチャンスは1日2回（レーダー衛星は夜も撮影できるため、4回）だ。

そこでＩＧＳは今後、衛星の数を8機に倍増することが決まった。増加分の4機は「時間軸多様化衛星」

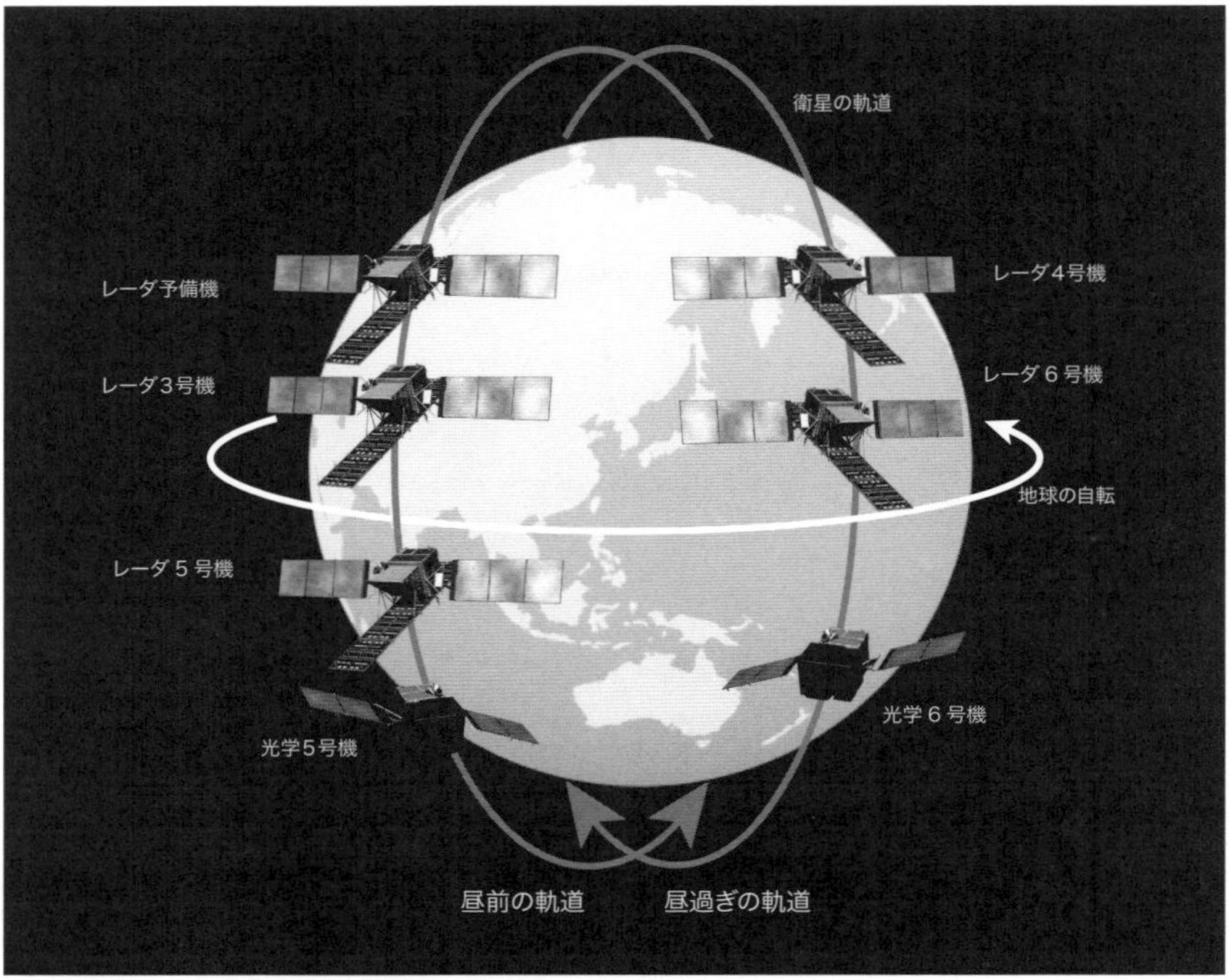

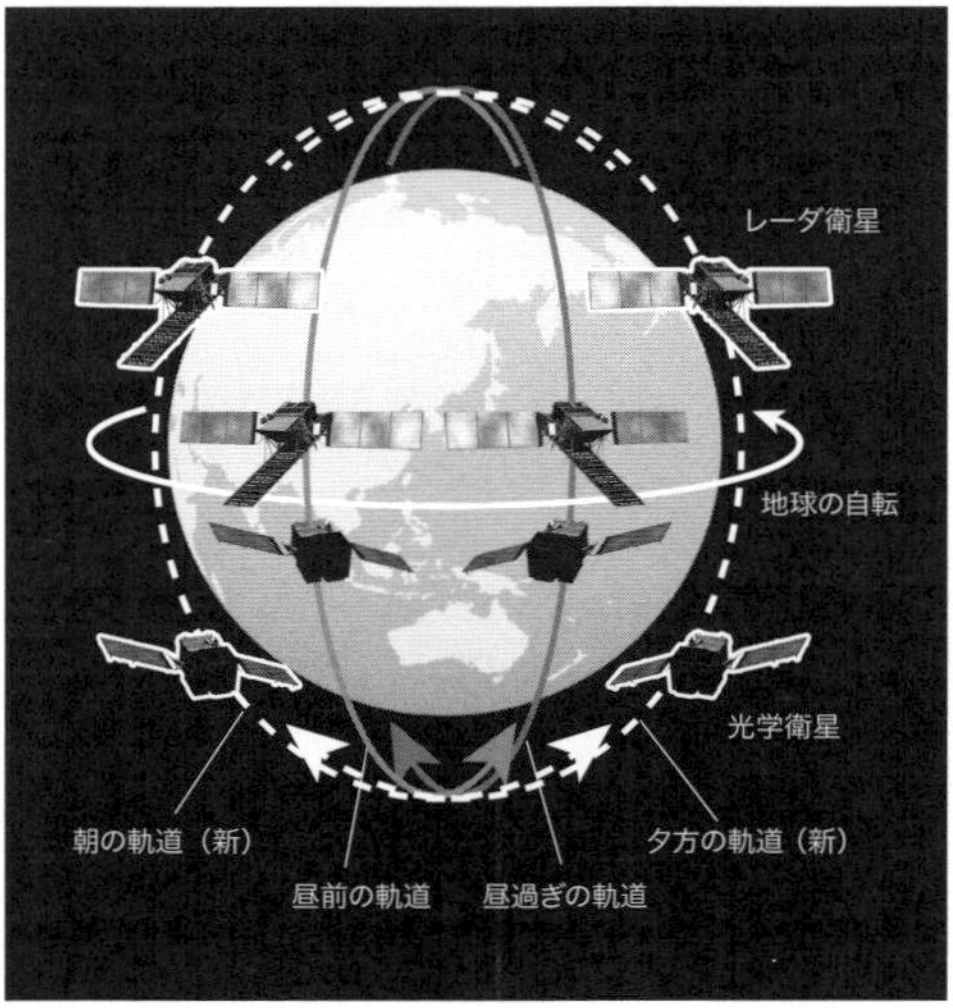

情報収集衛星の軌道

上／2019年5月現在のIGS。地上を昼前の10時半頃撮影する軌道と、昼過ぎの13時半頃撮影する軌道に、光学衛星とレーダー衛星を1機ずつ配備するのが基本。ただ、故障する前に後継衛星を打ち上げる必要があるため、現時点ではレーダー衛星が5機も稼働している状態になっている。なお衛星は第2世代の想像図で、第3世代は外形が変わっている可能性もある。

下／時間軸多様化衛星配備後のIGSのイメージ。昼前後に加えて朝夕にも撮影する衛星を配備する。なお、この図では光学衛星とレーダー衛星を同じ軌道に描いているが、時間軸多様化衛星でもそうなるかは未公表で、軌道をずらして配備すればさらに多くのタイミングで撮影できることになる。

と呼ばれ、従来の4機とは異なる時刻（詳細は非公表）の軌道を周回することで、1日に4回以上（レーダー衛星は8回以上）の撮影チャンスを確保する。

追加の衛星も基本的には従来の軌道の衛星の同型機になるようだ。しかし同型機で機数を倍増するのは費用が掛かるため、運用寿命を5年より延長して長期間使用したり、複数機を一括発注して価格を抑えるなどの対応が予定されている。

Column

偵察衛星とシビリアンコントロール

偵察衛星は軍事衛星と言われるが、厳密に言うと軍の組織ではないこともある。日本の情報収集衛星は、内閣情報調査室の内閣衛星情報センター（CSICE、シーサイス）が運用している。内閣情報調査室はアメリカ中央情報局（CIA）のような情報機関で、自衛隊よりは警察に近い組織だ。

アメリカの偵察衛星を運用しているのは国防総省の国家偵察局（NRO）だが、運営にはCIAも参加している。これは、軍隊は文民政府の指揮を受けるという「シビリアンコントロール」と関係がある。軍が外国の情報を独占し、軍に都合の悪い情報を政府に隠したりしては困るからだ。だから偵察衛星は厳密には軍事衛星ではないとも言えるのだが、国の安全保障を担う情報機関なので、広い意味でのミリタリーとしてとらえられているようだ。

内閣衛星情報センターのパッチ。日本をはさんで午前軌道と午後軌道が描かれている、凝ったデザインだ（画像／CSI CE）

第28講

日本の軍事宇宙開発③
ロケット発射の最適地　内之浦と種子島

日本の宇宙開発のメッカとも言える、鹿児島県にある内之浦（うちのうら）宇宙空間観測所と種子島（たねがしま）宇宙センターを紹介しよう。

内之浦と種子島　合わせて「鹿児島宇宙センター」

日本の宇宙ロケット発射場は2箇所あるが、どちらも宇宙航空研究開発機構（ＪＡＸＡ）の施設だ。一つは文部省宇宙科学研究所にルーツを持つ内之浦宇宙空間観測所、もう一つは宇宙開発事業団にルーツを持つ種子島宇宙センター。ＪＡＸＡの組織上は2施設合わせて鹿児島宇宙センターとして統合運用されており、移動式レーダーなど一部の機材を共用している。

日本海側では飛翔距離を伸ばせない

日本のロケット開発には二つのルーツがある。一つは東京大学の糸川英夫教授の研究で、現在の固体ロケット「イプシロン」に連なるものだ。初期の発射実験は秋田県の道川海岸で行われたが、これには限界があった。秋田県から日本海を挟んだ対岸は、ソ連や北朝鮮。昨今の北朝鮮のミサイル実験と同じで、飛翔距離が伸びれば対岸に「着弾」してしまうし、ましてや人工衛星の打ち上げなど不可能だ。

さらに、糸川英夫教授に続いて科学技術庁（後に文部省と合併して文部科学省になる）も実用ロケット開発をスタートした。こちらは伊豆諸島の新島にある防衛庁の試験場で打ち上げ試験が行われたが、南北11キロメートルほどの島では宇宙ロケット発射場には小さすぎた。

東にも南にも打てる！ 宇宙基地に世界一適した場所？

こうして東京大学と科学技術庁はそれぞれ宇宙ロケット発射場の適地を探し求めた結果、東京大学は大隅半島の内之浦、科学技術庁は種子島と、いずれも鹿児島県内を選択した。

ロケットは衛星を投入する軌道によって打ち上げる方向が異なるが、静止衛星は真東方向、地球観測衛星（偵察衛星）は南北方向に打ち上げる。この方角に落下物が落ちても良い場所、海などの無人地帯が広がっていることが望ましい。太平洋の北西にあり、東から南にかけて大きく開けているという日本の地理的条件は、実は宇宙基地を作るのに非常に適しているのだ。その中でも鹿児島は、真東へ打ち上げると本州

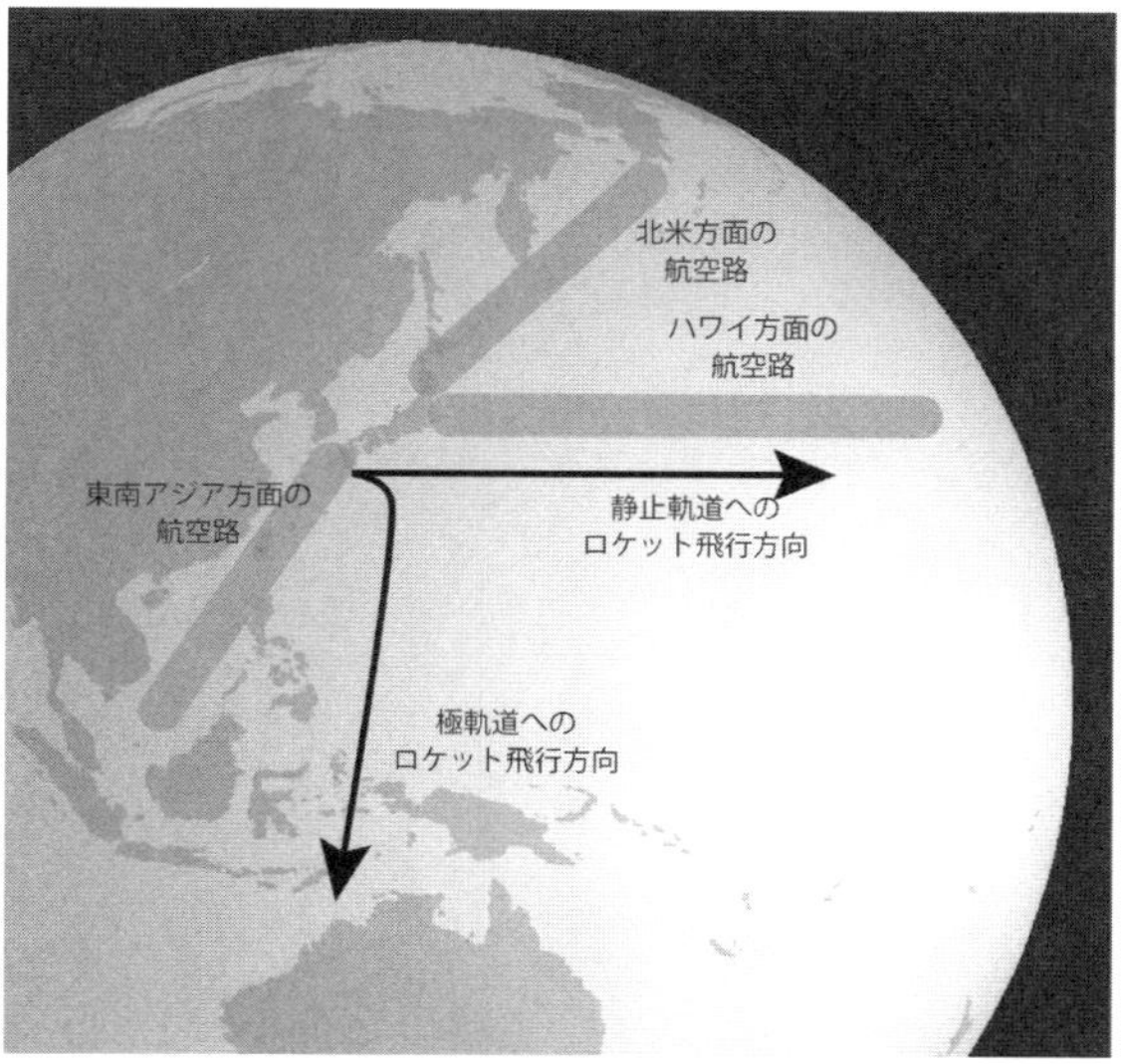

日本は東から南にかけて太平洋に面しているという、宇宙ロケットの打ち上げに適した場所だ。中でも鹿児島は主要な航空路を避けやすい位置になっている。ロケット打ち上げ時にはNOTAM（航空情報）により、ロケットが落下する場所の飛行が制限される（イラスト／筆者）

から遠ざかっていき、太平洋の航空路を避けやすい非常に良い場所だ。

会いに行ける宇宙基地！　鹿児島宇宙センター

内之浦宇宙空間観測所と種子島宇宙センターは、どちらも通常時は中へ自由に入ることができ、様々な施設を近くで見たり、展示施設を見学したりできる。ロケット打ち上げを見たり撮影したりする場合は、公式の打ち上げ見学場などを利用しよう。打ち上げ日前後には立ち入り制限もあるため、ＪＡＸＡのウェブサイトなどで情報収集するのが良いだろう。

見学にも訪れやすい内之浦宇宙空間観測所

日本初の人工衛星「おおすみ」が打ち上げられた内之浦宇宙空間観測所は、いわゆる宇宙基地としてはちょっと変わった立地だ。宇宙基地と言えば広大な土地にぽつんと発射台があるイメージだが、内之浦はその正反対。海に向かって切り立った山の上に点々と施設が設置されている。糸川教授は自ら全国を調査し、管制用レーダーなどが建てやすい内之浦の地形はロケット発射場に最適と考えたのだった。

１９７０年に日本初の人工衛星「おおすみ」を打ち上げた由緒ある施設で、現在は小型ロケット「イプシロン」が年間

上空から見た内之浦宇宙空間観測所。コンパクトな固体ロケットにふさわしく、狭い範囲に全ての施設が収まっている
（地理院地図をベースに筆者作成）

内之浦の発射台に据え付けられたイプシロンロケット。右側の建物内で組み立てられて回転式の発射機ごと左側へ出てくる、種子島とは対照的なコンパクトな構造だ
（写真／2017 nvs-live.com）

一番の高台、10mパラボラアンテナから見た内之浦宇宙空間観測所。まるでサンダーバードの秘密基地のような独特の宇宙基地だ
（写真／筆者）

1機程度打ち上げられるほか、観測ロケットにも使われている。また「宇宙空間観測所」の名の通り、人工衛星と通信するためのパラボラアンテナも設置されている。

内之浦のロケット打ち上げ見学施設は、地元の肝付町が管理している。機会があれば打ち上げを見に行ってみては？（写真／筆者）

かつては道路事情が悪く陸の孤島とも言われていた内之浦だが、現在は道路が整備され、ロケット発射台が見える観覧席も整備されている（打ち上げ日は要予約）など非常に見学しやすくなった。鹿児島空港から内之浦へは車で約2時間。途中には、P‐3C哨戒機が活動する海上自衛隊鹿屋航空基地があり、史料館（愛称：鹿屋スカイミュージアム）も整備されている。大隅半島を訪れた際には足を延ばしてみてはいかがだろうか。

世界一美しい宇宙基地 種子島宇宙センター

H‐ⅡAなど、日本の大型液体ロケットを打ち上げる宇宙の表玄関が種子島宇宙センターだ。

1960年代に小型ロケットを打ち上げた竹崎射場、1970

年代以降にアメリカからの技術導入で開発された中型ロケットを打ち上げた大崎射場大崎射点は現在休止中で、１９９０年代に国産大型ロケットＨ‐Ⅱのために建設された大崎射場吉信射点が現在も稼働している。吉信射点は東へ突き出した岬にあり、海に囲まれているため「世界一美しい宇宙基地」とも言われている。

種子島は情報収集衛星などの実用衛星、宇宙ステーション補給機など大型衛星の打ち上げが多く、年間の打ち上げ回数も3~6回程度と比較的多い。ただ離島なので、フェリーや航空便、宿泊やレンタカーなどの予約が埋まりやすく、難易度が高い。旅行会社の打ち上げ見学ツアーなどを利用するのも良いだろう。

打ち上げの3分の2は防衛関係?

前回解説したアメリカと異なり、日本の宇宙開発は平和利用の目的で進められてきたため、ロケット発射場に自衛隊は関与していない。しかし、これまでの連載で解説してきたように、ミリタリーの分野でも宇宙利用は不可欠。日本のロケットも防衛省がからんだ衛星の打ち上げが多くなっている。

２０１5年1月から２０１8年2月の約3年間に打ち上げられた宇宙ロケット（実験的なものを除く）は16機。これらのロケットを打ち上げ目的別に数えると情報収集衛星（偵察衛星）など防衛省関係の合計は5機。さらに、このほか測位衛星「みちびき」など、一般利用にもミリタリーにも役立つ「デュアルユース」の衛星が5機で、なんとロケット16機中10機はミリタリーと関係のある目的で打ち上げられているのだ。ちなみに残り6機のうち、5機はＪＡＸＡの衛星打ち上げ、1機が商業打ち上げだ。

サンゴ礁の海に囲まれた種子島宇宙センター。2本1組で2組立っている塔は避雷針で、塔の間にロケットが据え付けられる（写真／三菱重工業）

種子島宇宙センターの中核施設、大崎射場。大型ロケットH-ⅡA、H-ⅡBの発射設備が整っており、現在開発中の新型ロケットH3のメインエンジンLE-9の試験も、ここの液体エンジン試験場で行われている。このほか半径3㎞ほどの範囲内に人工衛星組立設備や通信施設などが散在している（地理院地図をベースに筆者作成）

種子島宇宙センターの敷地内を、巨大なVAB（大型ロケット組立棟）から第1射点へ、発射台ごと移動するH-ⅡAロケット。スペースシャトルの打ち上げ設備を参考にして作られた
（写真／2017 nvs-live.com）

Column

意外な「共通の悩み」？ ヨーロッパのギアナ宇宙センター

商業打ち上げのパイオニア、ヨーロッパ宇宙機関（ＥＳＡ）のアリアンロケットを打ち上げるのは、南米の仏領ギアナにあるギアナ宇宙センター。その商業打ち上げを担当するアリアンスペース社に、日本の宇宙センターとの違いを聞いてみたところ、意外な答えが返ってきた。

「同じような悩みを抱えていますよ。フランス語ばかりで英語の案内表示が少ないので、外国のお客様が困るのです」

ＥＳＡは22ヶ国が加盟する国際機関だが、ロケット開発の中心はフランスで、ギアナ自体もフランス領なのでフランス人が多いのだろう。

第29講

日本の軍事宇宙開発④
ついに宇宙自衛隊誕生？　日本の宇宙防衛

本書のもとになった月刊Jウィングの連載は２０１６年、宇宙自衛隊誕生？というテーマで開始し、以来２０１８年まで2年半にわたってミリタリー視点での宇宙開発について、様々なテーマで記事を書いてきた。

その2年半の間だけでも、日本の防衛や安全保障における宇宙利用の動きは活発に変化してきた。ややあおり気味に掲げた「宇宙自衛隊」という言葉も、今や現実に近いものになったと言える。最後に改めて宇宙自衛隊、日本の宇宙防衛のこれからを見てみよう。

平成31年度の予算要求　最初の項目は宇宙

２０１８年夏に防衛省が発表した「我が国の防衛と予算」は、翌年の平成31年度予算を国会に要求するために作成された資料だ。この文書の冒頭は、防衛費の総額と推移。次に始まる具体的な装備の項目の最初に書かれているのは、なんと「宇宙領域における対処能力の強化」だ。話題のF‐35A戦闘機よりイージスアショアより、宇宙の方が先に挙げられているのは筆者も驚きだった（ちなみに平成30年度の同文書では、先頭はP‐3Cの能力向上や護衛艦新造など、海空域の安全確保だった）。防衛省が宇宙分野を極めて重視していることがわかる。

宇宙戦争に備えて!? 人工衛星を監視せよ

最初に挙げられたのは「宇宙状況監視（ＳＳＡ）用レーダーと運用システムの導入」だ。衛星同士の戦闘はまだ行われていないが、衛星同士が接近して相手を撮影するなどの実験は行われているとみられる。将来の可能性を考えると、不審な動きをする衛星の監視が必要だ。もちろんスペースデブリの軌道を計算し、衝突事故を予防することにも役立つ。従来はアメリカ軍が情報を提供してくれていたほか、日本の宇宙航空研究開発機構（ＪＡＸＡ）も観測を行っていたが、監視するべき衛星やデブリの数が膨大になり安全保障上の脅威にもなりつつあるため、自衛隊も参加することになった。

また将来、人工衛星が何らかの攻撃を受ける可能性と対策の研究や、自衛隊自身が他国の衛星を撮影する専用衛星の研究も新規に盛り込まれた。スペースデブリを増やして攻撃側の国の宇宙利用も困難にしてしまう宇宙戦争が今後、現実になるかはまだわからないが、その可能性があるのなら備えるのも自衛隊の仕事ということだろう。

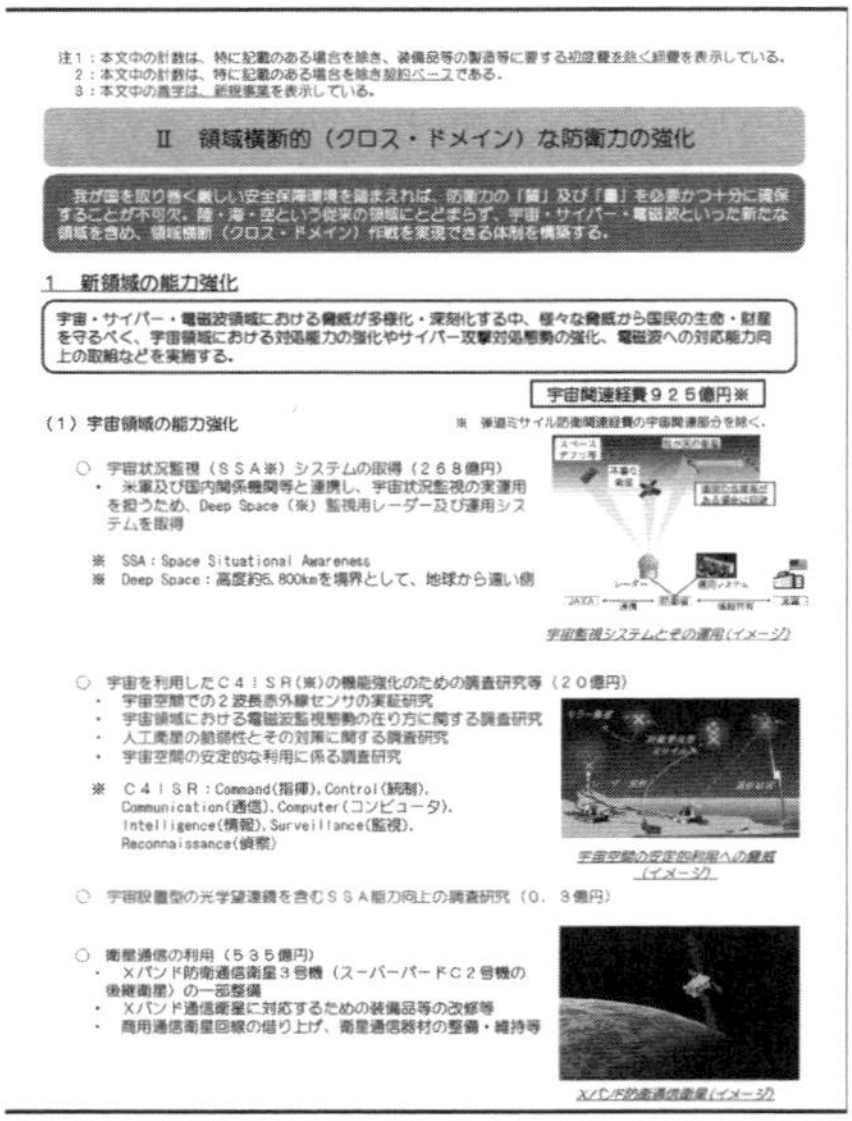
注１：本文中の計数は、特に記載のある場合を除き、装備品等の製造等に要する初度費を除く経費を表示している。
２：本文中の計数は、特に記載のある場合を除き契約ベースである。
３：本文中の青字は、新規事業を表示している。

Ⅱ　領域横断的（クロス・ドメイン）な防衛力の強化

我が国を取り巻く厳しい安全保障環境を踏まえれば、防衛力の「質」及び「量」を必要かつ十分に確保することが不可欠。陸・海・空という従来の領域にとどまらず、宇宙・サイバー・電磁波といった新たな領域を含め、領域横断（クロス・ドメイン）作戦を実現できる体制を構築する。

1　新領域の能力強化

宇宙・サイバー・電磁波領域における脅威が多様化・深刻化する中、様々な脅威から国民の生命・財産を守るべく、宇宙領域における対処能力の強化やサイバー攻撃対処態勢の強化、電磁波への対応能力向上の取組などを実施する。

宇宙関連経費９２５億円※

（１）宇宙領域の能力強化

※　弾道ミサイル防衛関連経費の宇宙関連部分を除く。

○　宇宙状況監視（ＳＳＡ※）システムの取得（２６８億円）
・　米軍及び国内関係機関等と連携し、宇宙状況監視の実運用を担うため、Deep Space（※）監視用レーダー及び運用システムを取得

※　SSA：Space Situational Awareness
※　Deep Space：高度約5,800kmを境界として、地球から遠い側

宇宙監視システムとその運用（イメージ）

○　宇宙を利用したＣ４ＩＳＲ（※）の機能強化のための調査研究等（２０億円）
・　宇宙空間での２波長赤外線センサの実証研究
・　宇宙領域における電磁波監視態勢の在り方に関する調査研究
・　人工衛星の脆弱性とその対策に関する調査研究
・　宇宙空間の安定的な利用に係る調査研究

※　Ｃ４ＩＳＲ：Command(指揮),Control(統制),Communication(通信),Computer(コンピュータ),Intelligence(情報),Surveillance(監視),Reconnaissance(偵察)

宇宙空間の安定的利用への脅威（イメージ）

○　宇宙設置型の光学望遠鏡を含むＳＳＡ能力向上の調査研究（０．３億円）

○　衛星通信の利用（５３５億円）
・　Ｘバンド防衛通信衛星３号機（スーパーバードＣ２号機の後継衛星）の一部整備
・　Ｘバンド通信衛星に対応するための装備品等の改修等
・　商用通信衛星回線の借り上げ、衛星通信器材の整備・維持等

Ｘバンド防衛通信衛星（イメージ）

2018年に発表された「我が国の防衛と予算」の最初の項目は防衛費の総額、その次はなんと宇宙領域の能力強化（防衛省の公表資料から引用）

アメリカ軍が運用しているSIGINT衛星の想像図。直径100mもの巨大なパラボラアンテナの展開技術は日本にはなく、今後の研究課題だ

UP-3C装備試験機に搭載されたAIRBOSS（エアボス）は、赤外線で弾道ミサイルを探知するセンサー。これの宇宙バージョンが2020年に打ち上げられて、実際に宇宙から観測する実験を行う予定（防衛省の公表資料から引用）

UP-3Cで実験した 監視センサーを宇宙へ

日本は、弾道ミサイルの発射を宇宙から探知する早期警戒衛星を保有していない。「宇宙空間での2波長赤外線センサの実証研究」は、防衛省が研究開発してUP-3C装備試験機で試験した弾道ミサイル探知センサーを宇宙用に改良し、2020年打ち上げ予定のJAXAの地球観測衛星「だいち3号」に搭載して実験を行うもの。早期警戒衛星保有に向けた研究だ。

また「宇宙領域における電磁波監視態勢の在り方に関する調査研究」はSIGINT衛星、つまりYS-11EBやEP-3のような電子情報収集機の宇宙版の研究だ。アメリカ軍のものは直径100mほどもある巨大なパラボラアンテナを備えているといわれており、宇宙ロケットの衛星搭載スペースに小さく折りたたんで格納し、宇宙で展開する構造物の開発が鍵になる。

内閣官房が運用するスパイ衛星の数を倍に

自衛隊以外のミリタリー衛星も見ていこう。情報収集衛星は内閣衛星情報センターが運用する、いわゆる偵察衛星だ。

偵察衛星のような地球観測衛星の軌道は地球を縦に周回し、北極と南極を交互に通る「極軌道」が多い。こうすると、衛星が地球をぐるぐる回っている間に地球の側が自転して動いてくれるので、1日で地球全体を撮影できる。ただ、地球上のある特定の場所を上空撮影できるのは1日に1回（夜間も観測可能なレーダ衛星なら昼夜1回ずつ）だけで、毎日同じ時刻になってしまう。

情報収集衛星は光学（カメラ）衛星とレーダ衛星が2機ずつあるが、2種の衛星をセットで同じ軌道で飛行させている。光学・レーダ両方で撮影可能なタイミングが昼間に2回、レーダだけなら夜間に2回の、合計4回しかない。そこでさらに4機の衛星を追加して撮影タイミングを増やすことが決まっている。

データ中継衛星も増やして通信力アップ！

また、情報収集衛星用のデータ中継衛星2機を導入することも決まった。従来、撮影したデータは1日2回日本上空を通るときに送信していたのだが、これだと北朝鮮を撮影した場合は直後に日本上空を通るから良いが、それ以外の場所を撮った場合はすぐには送信できない。また通信時間が短いので、たくさんの写真を撮影すると送信しきれない。

データ中継衛星は太平洋上空3万6000キロの静止軌道で電波を中継してくれるので、地球の半分のエリアが「圏内」になる。地下鉄でスマホを使うとき、今までは駅にいるときしか電波が入らなかったが、トンネル内走行中も圏内になるようなものと考えると良いだろう。撮影したらすぐ

日本上空でしか地上へデータを送れない情報収集衛星だが、静止軌道にデータ中継衛星を配備することで能力を飛躍的に高めることができる。おそらく最新の情報収集衛星には、データ中継衛星との通信用アンテナが追加されているだろう。写真はNASAのデータ中継追跡衛星（イラスト／NASA）

に送信できるようになるだけでなく、送信可能なデータ量も桁違いに増えるので、今までは「たくさん撮影しても通信量が足りなくて送れない」状況だったものが「ギガを気にせず送れる」になるはずだ。

あの国の艦隊も丸見え！宇宙からの海洋監視

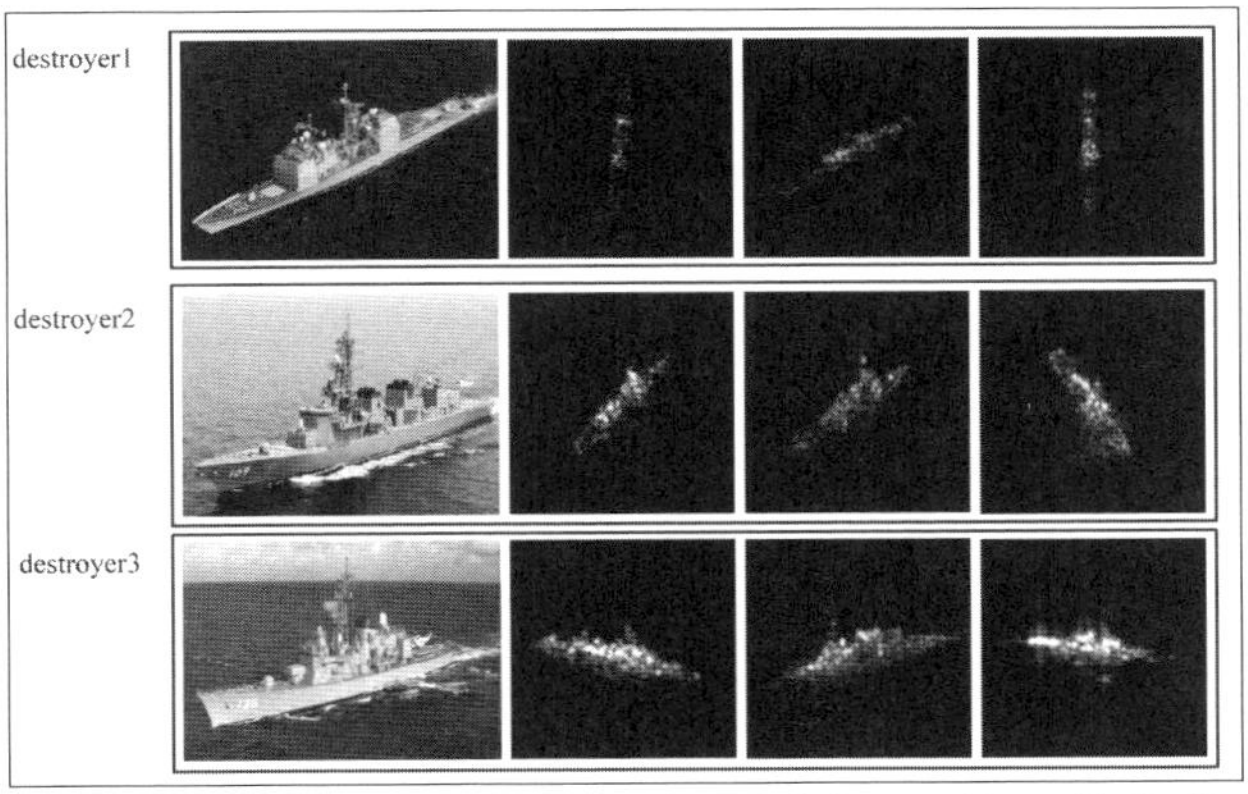

上段からミサイル巡洋艦「シャイロー」、護衛艦「ありあけ」、「さわゆき」をレーダ衛星で撮影した画像。分解能が光学衛星に劣るレーダ画像でも、反射パターンを解析すれば艦種の推定が可能だという（出典／MDPI,Basel, Switzerland）

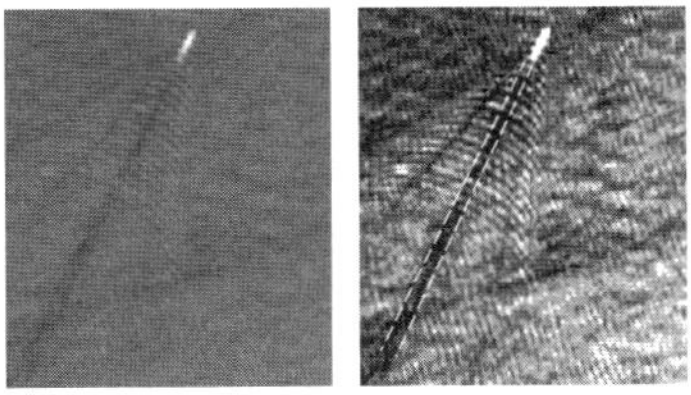

衛星画像から船の速度を解析する原理。船が引く波にはいくつかの種類があるが、舳先から三角形に出る波の角度を測ると船の速度がわかる

もうひとつ、特定の省庁ではなくオールジャパンで取り組むことになるのが、海洋状況監視（MDA）だ。

民間船の多くは自動船舶識別装置（AIS）で自分の情報を発信しているから、AIS情報にない船が衛星画像に写れば、それは軍艦や不審船かもしれない。自衛隊や海上保安庁はもちろん、密猟を取り締まる水産庁などにも欲しい情報だ。

高解像度の光学衛星は画角が狭く、雲があると撮影できないので、この種の任務にはレーダ衛星が最適だ。レーダ画像でもある程度は船の判別ができるし、引き波を見ることで速度や移動方向も知ることができる。外洋を航行する軍艦は艦隊を組んでいることが多いので判別しやすい。

出航から入港まで追い続けるには多数の衛星で繰り返し撮影する必要があるので、情報収集衛星のほかＪＡＸＡや民間の衛星なども動員する必要がある。さらに、画像は粗いが価格が安い小型衛星を多数打ち上げて、海洋状況監視を強化する構想も検討中だ。

Column

どこまでやるの？「宇宙自衛隊」もお金がかかる

いろいろな新装備にお金がかかる自衛隊が、宇宙防衛に予算を割くのはかなり苦しいところだ。情報収集衛星はこれまで15年間で、運用費込みで１・３兆円を要した日本最大の宇宙計画。単純比較ではＦ-35Ａ戦闘機を約１００機買えるお値段だ。地球観測と異なり新規開発となる、早期警戒衛星やＳＩＧＩＮＴ衛星などはさらに高額と予想される。

ちなみにアメリカ軍の宇宙予算（ＮＡＳＡ予算とは別）は２・５兆円もあり、日本の防衛費全体の半額に相当する。陸海空自衛隊と同じく、アメリカ軍と同じ戦力を揃えるのは全く非現実的だが、それではどこまでやるのか。宇宙関係予算の多くが「導入」ではなく「検討」になっているのは、防衛省の悩ましい心を反映しているのかもしれない。

第30講 アメリカの軍事宇宙開発①
民間企業の力で成長続ける宇宙産業

ここまでは宇宙開発をミリタリー目線から分野別に解説してきたが。本章では国ごとのミリタリー宇宙開発状況を見ていこう。まずは世界最大の宇宙大国であり軍事大国でもある、アメリカだ。

空軍もNASAも宇宙ロケットは民間委託

現在もなお、アメリカの宇宙開発は民間、宇宙科学、軍事のどの面でも世界最大規模だ。そして他のミリタリーの分野と同様に、宇宙でも民間企業への移管が進んでいる。特に、地上から宇宙へ衛星を打ち上げる宇宙ロケットは、ほぼ完全に民営化された。今回はアメリカの宇宙ロケットの現在と未来について、解説していこう。

空軍のEELV計画

第21～23講で詳しく解説したように、低コストの宇宙輸送システムを目指したスペースシャトルは、実際に運用すると高コストのうえ、安全性も低かった。一方、使い捨てロケットは基本設計が1960年代の旧式機ばかり。そこで空軍は1994年、「発展型使い捨てロケット」（EELV）計画を開始する。こ

高い機動性とステルス性を兼ねそろえたアメリカ空軍のF-22戦闘機。機体とエンジンそれぞれを別メーカーが試作、比較試験によりロッキード社のYF-22、プラット&ホイットニー社のYF119-PW-100が選定された（写真／US Air Force）

れは計画に応えた民間企業がロケットを企画し開発するもので、F-22やF・35などの競争開発と同じ方式だ。

ＥＥＬＶ計画に採用されたのはロッキードマーチン製の「アトラスＶ」とボーイング製の「デルタⅣ」の2機種で、2000年代初頭から運用が開始されている。どちらも1960年代からの宇宙ロケット「アトラス」「デルタ」の改良バージョンのような名前だが、従来機からの共通点はほとんどなく、新規開発のロケットと言って良い。

また打ち上げの受注などは、ロッキードマーチンとボーイングの合弁企業であるユナイテッド・ローンチ・アライアンス社（ＵＬＡ）が一括して行っており、主にアトラスＶはＧＰＳなど中型～大型の衛星、デルタⅣは偵察衛星など大型の衛星という分担で打ち上げている。

KH-11ブロックⅣ「ケネン」偵察衛星（クリスタルの改良型）を打ち上げる、ボーイング社製デルタⅣロケット。第1段を3本束ねた「ヘビー」形態はアトラスVにはなく、大型偵察衛星打ち上げはデルタⅣの独壇場だ（写真／US Air Force）

アメリカ海軍の通信衛星「MUOS2」を打ち上げる、ロッキードマーチン社製アトラスVロケット。衛星の重さに応じて、固体ブースターは0本～5本装備できる。GPSや通信衛星など、幅広く使われる主力ロケットだ（写真／US Navy）

NASAのISS補給輸送

一方NASAも、2011年のスペースシャトル引退以後は2社の民間企業に国際宇宙ステーション（ISS）への補給輸送を委託している。

ひとつは「アンタレス」ロケットと「シグナス」補給船だ。アンタレスは開発中止された固体燃料の大陸間弾道ミサイル「ピースキーパー」を基に、第1段を液体ロケットに置き換えるなど大幅改良されたもの。EELVより一回り小さく、中型軍事衛星も視野に入れているが、現在のところNASAだけが使用している。

左写真は現在アメリカで最大の宇宙ロケット、スペースX社の「ファルコン・ヘビー」ロケット。「ファルコン9」の第1段を3本束ねており、デルタ4ヘビーの2倍以上の衛星を搭載できる。右写真は「ファルコン9」ロケット第1段（下段）の垂直着陸。「ファルコン・ヘビー」の第1段も共通で、投棄せずに着陸させて、繰り返し使用することで費用を下げる（写真／SpaceX）

当初、ミサイルや宇宙機器のメーカーであるオービタルATK社が開発・運用していたが、ノースロップグラマンに買収され、現在の社名はノースロップグラマン・イノベーション・システムとなっている。

もうひとつは宇宙ベンチャー企業、スペースX社が開発した「ファルコン9」ロケットだ。ファルコン9はEELVと同等の衛星搭載能力を持ちながら、打ち上げ費用は大幅に安くなっている。また当初は使い捨てでスタートしたが、実際に衛星を打ち上げながら着陸テストを繰り返し、現在は数回程度の再使用が可能な「ブロック5」タイプに移行した。再使用が順調に行われれば、さらに打ち上げ費用が下がることになるだろう。

またファルコン9の第1段を3機束ねた「ファルコン・ヘビー」も2018年2月に初飛行に成功しており、デルタⅣヘビーと同様に大型の偵察衛星などに対応可能だ。

勢いを増す新興企業 次世代ロケット開発

ブルーオリジン社が開発中の「ニュー・グレン」ロケット。第1段は1本とシンプルだが、打ち上げ能力は「ファルコン・ヘビー」と同等で再使用可能だ（写真／BlueOrigin）

大型軍事衛星の打ち上げで独占状態にあったULA社に対して、スペースX社は低価格で攻勢をかけてきた。また、アトラスVのメインエンジンがロシアで開発されたもの（アメリカでライセンス生産してはいるが、ロシア製部品も使われている）であることを理由に、純国産のファルコン9を使うべきだという政治的圧力もかけてきた。2017年、スペースXはついに初めて国家偵察局（NRO）の衛星打ち上げを行っている（衛星の用途などは非公開）。以後、GPS衛星などの打ち上げを継続して受注しており、ファルコン・ヘビーによる打ち上げも空軍から受注した（こちらも非公開）。

ファルコン9に対抗するために、ULAの次世代ロケットとしてロッキードマーチンとボーイングが共同開発中のロケットが「ヴァルカン」だ。しかし、1社（というより創業者のイーロン・マスク氏個人）で全てを決められるスペースXに比べるとULAの動きは鈍く、打ち上げ費用はスペースXに勝てないとみられている。またロシア製エンジンに代わる国産エンジンも自力開発が間に合わず、ブルーオリジン社製のエンジンを採用する。そのブルーオリジン社は、通信販売会社アマゾンの創業者、ジェフ・ベゾス氏が興した宇宙ベンチャーだ。ブルーオリジンは自社の大型宇宙ロケット「ニュー・グレン」の開発も進めており、エンジンはヴァルカンと共通。当然、ブルーオリジンはスペースXに対抗することを目指しており、輸送コストも低く抑えてくることだろう。

スペースXと、ブルーオリジン。個人が中心になって創業したベンチャー企業とはいえ、既に両社とも巨大宇宙企業と呼べるほど成長しており、世界の宇宙ロケットをリードしつつある。世界最大級の航空宇宙メーカーであるロッキードマーチンとボーイングでさえ対抗できるかわからないほどだ。アメリカの宇宙産業の地図は、大きく塗り替わりつつある。

スペースシャトル復活？　小型有翼宇宙船の将来

最後に、第23講でも紹介した小型スペースシャトルにも触れておこう。現在、アメリカ国防高等研究計画局（DARPA）が開発中の「XS‐1」はかつてのスペースシャトルが実現できなかった、低コストで扱いやすい宇宙ロケットを目指すものだ。小型衛星専用の小さな機体ではあるが、10日間で10回飛行することで、小型衛星の緊急配備に対応する。開発を担当しているのは、ボーイングだ。

Column

巨大ロケットでもNASA vs ベンチャー

月や火星の探査のため、NASAは100トン以上の搭載能力を持つ超大型使い捨てロケット「スペース・ローンチ・システム」（SLS）を開発している。引退したスペースシャトルの固体ブースターや液体ロケットエンジンなど既存技術を利用して開発されているが、それでも開発費や打ち上げ費用は非常に高額だ。

一方、スペースX社は2019年の初飛行へ向け、100トン以上の衛星を打ち上げる「ビッグ・ファルコン・ロケット」（BFR）の開発を進めている。こちらは完全再使用型で、打ち上げ費用の目標はSLSより一桁も安い。

ベンチャーによる巨大格安ロケットは本当に実現するのだろうか。もし実現すれば、宇宙の軍事利用も変わるかもしれない。

スペースXが開発中の超大型再使用ロケット「ビッグ・ファルコン・ロケット」の想像図。月や火星までの往復も可能なロケットが実現すれば、宇宙の軍事活動も変わるかもしれない（イラスト／SpaceX）

月や火星への探査を目指すNASAの超大型ロケット「SLS」の想像図。画像ではわかりにくいが、全長は他のロケットの2倍ほどもある（イラスト／NASA）

第31講

アメリカの軍事宇宙開発②
超高機能衛星を多数運用

世界一の軍事超大国、アメリカは軍事衛星も世界一の戦力を保有している。前講では次世代ロケットの開発を概観したが、宇宙ロケットは衛星を宇宙へ運ぶ乗り物に過ぎない。実際に軍の活動に利用する機能を持っているのは人工衛星であり、衛星こそが本当の「宇宙兵器」だと言えるだろう。

宇宙では衛星同士の戦闘をすると大量のスペースデブリを生み出すため、ＳＦのような宇宙戦闘は現実的でない。また宇宙へ物を運んだり宇宙から地上へ降ろしたりするのは非常にコストがかかるので、宇宙利用は衛星と地上の電波通信でできることが中心になる。これは民間でも軍事でも同じだ。

宇宙からの偵察を担う アメリカ国家偵察局

宇宙で得た情報を提供する軍事衛星が、偵察衛星だ。アメリカの偵察衛星は国防総省の国家偵察局（ＮＲＯ）が運用しているが、シビリアンである中央情報局（ＣＩＡ）なども共同で管理しており、軍が情報を独占できないようにしている。衛星そのものは軍事機密で公開された情報は少ないため、断片的な情報やアマチュア天文家の観測などから推測されたものがほとんどだ。

偵察衛星「ラクロス」の外形は公表されていないが、科学者グループが地上から撮影に成功している。4号機まではレーダーにパラボラアンテナを使用していたが、5号機では長方形の平面アンテナになった。どちらも両翼50mもの太陽電池を広げているはずだが、太陽光の加減か写真には写っておらず、特徴的なアンテナと衛星本体を読み取れる
（写真／Altai Optical Laser Center/VPAleshin、EA Grishin、VD Shargorodsky、DDNovgorodtsev）

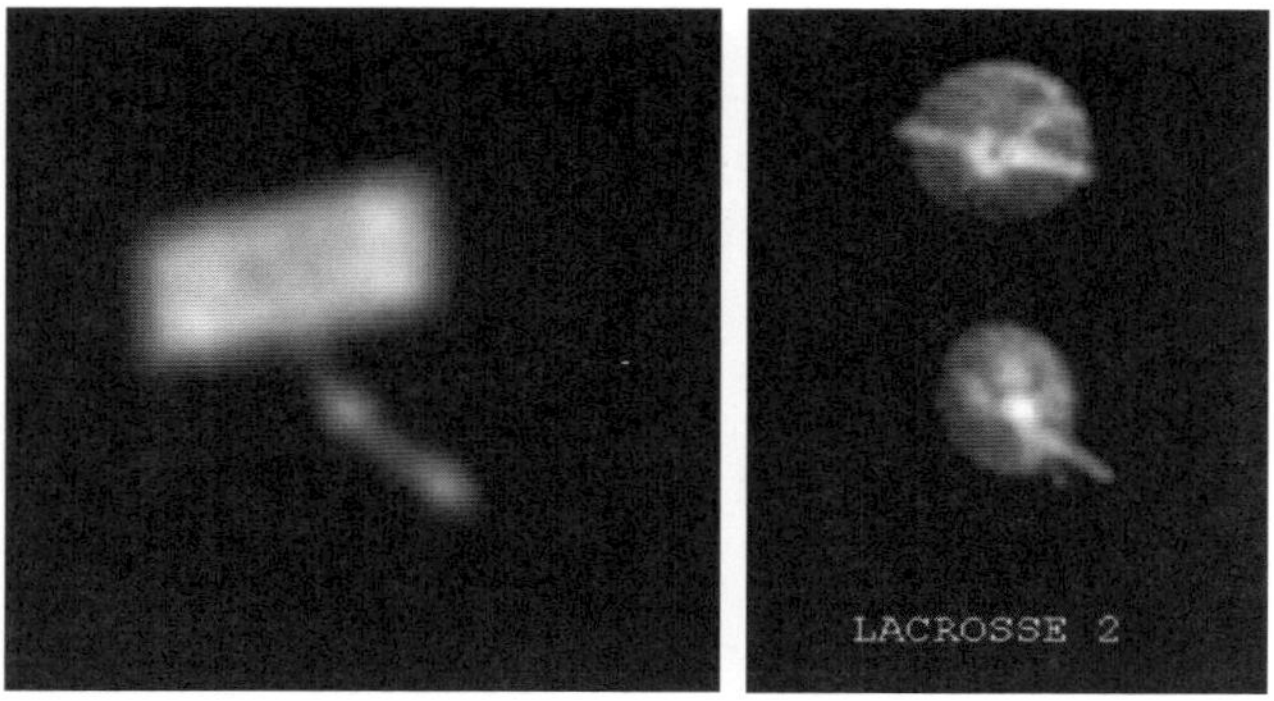

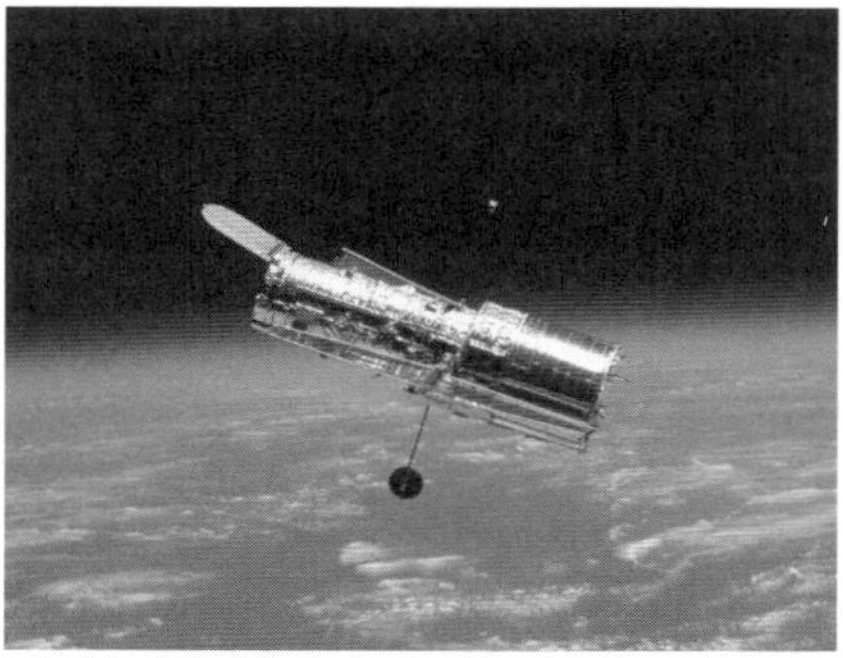

KH-11「クリスタル」偵察衛星は非公開だが、NASAのハッブル宇宙望遠鏡はKH-11シリーズの設計を流用しているため、ほぼ同じ外見をしていると思われる。軍事衛星に限らず人工衛星は宇宙で近付いて撮影する機会がないため、宇宙での様子は想像図がほとんどだが、ハッブルはスペースシャトルの宇宙飛行士によるメンテナンスやアップグレードが行われたため、鮮明な写真が残っている（写真／NASA）

世界最高の偵察衛星「クリスタル」と「ラクロス」

アメリカが誇る超大型偵察衛星、KH-11「クリスタル」は全長19m、重量20t、口径2・4mの反射望遠鏡を備えたデジタルカメラを搭載、というよりは巨大デジタルカメラそのものだ。地上の5cmの物体を見分ける能力（分解能）を持つ世界最高性能の光学偵察衛星で、価格も3000億円程度と破格。常時4機が地球を周回しており、8年程度で新しい衛星と交代している。

また、レーダー偵察衛星「ラクロス」も運用されている。戦闘機などのレーダーにも合成開口モードと呼ばれる、飛行しながら地上を電波でスキャンすることで地図を作成する機能があるが、これの宇宙版だ。分解能は1m程度と光学偵察衛星には劣るが、雲で隠れていても撮れる、夜間でも撮れるといったメリットがある。これまでに5機が打ち上げられ、3機が稼働中のようだ。

SIGINT衛星の想像図。直径100mもの巨大なパラボラアンテナを備えているが、光をあまり反射しない金属メッシュでできているため、地上からの撮影は難しいようだ。現在もほとんど情報が公開されておらず、秘密に包まれている

最新の早期警戒衛星「SBIRS」。6機の衛星で数秒ごとに地球全体をスキャンし、弾道ミサイルの発射を探知すると全世界の統合戦術地上ステーション（JTAGS）へ通報して警報を発する。早期警戒機と同じだ（イラスト／Lockheed Martin）

ミサイル防衛の最前線　早期警戒衛星

弾道ミサイルの発射を宇宙から発見するのが早期警戒衛星だ。E－2Cホークアイなど、遠距離の航空機を発見する早期警戒機（AEW）の宇宙版と言える。当初の目的はソ連の大陸間弾道ミサイルに備えることだったが、近年は地域紛争で短距離～中距離の弾道ミサイルに対応するため、発見に要する時間の短縮が求められている。

現在最新の早期警戒衛星はSBRIS（宇宙配備赤外線システム）と呼ばれている。地球全体を監視する4機の静止衛星と、赤道上空の静止衛星からは見えにくい北極周辺を監視する3機の楕円軌道衛星の合計7機が運用中だ。

極秘衛星　SIGINT衛星

ところで、読者の皆さんも「アメリカ軍の極秘衛星」といったうわさ話を聞いたことがあるのではないだろうか。実際、搭載衛星が完全非公開のロケット打ち上げは少なくない。秘密の軍事衛星の存在は、いわば公然の秘密だ。

そんな秘密の衛星の中でも代表的なものが、SIGINT衛星だ。SIGINTとは電波などの信号を傍受して分析する活動のこと。空軍のRC-135V／Wリベットジョイント、自衛隊のYS-11EBやEP-3のような電子情報収集機の宇宙版と言える。SIGINT衛星は地球上の航空機や艦船、地上施設などの電波を遠く離れた宇宙で傍受しなければならないので、直径100m以上の巨大なパラボラアンテナを搭載していると考えられている。

いまや世界の共通サービス GPS

近年、宇宙からの情報提供で最も親近感があるのは全地球測位システム「GPS」だろう。GPSは衛星が送信する電波を利用して位置を知る、米空軍の衛星システムだ。偵察衛星と異なりGPS衛星は公開されているため、世界中の人がカーナビやスマホで利用している。

よく「戦争のときには、GPSの信号を変更して民間では使えなくする」という噂があるが、アメリカ政府は今後そのようなことはしないと明言している。それは民間利用者の不安をなくす目的もあるが、そもそもアメリカ軍自身も安価な民間用GPS受信機を使っている場合があるので、信号を使えなくしたら自分達も困るのだ。

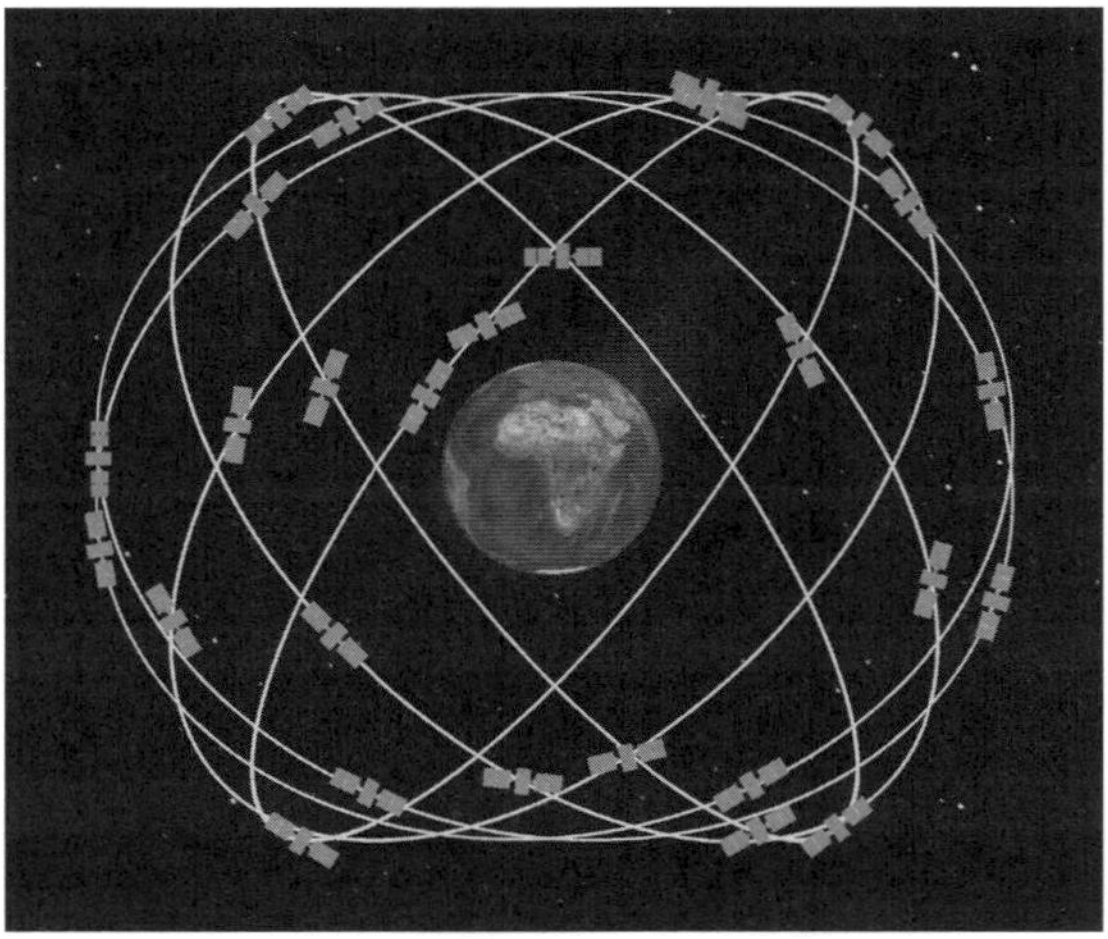
GPSは24機以上の衛星を宇宙に配備しておく必要があるので、計画的に新しい衛星を打ち上げて古い衛星と交代する（イラスト／NASA）

一方、GPS衛星には民間でも利用できるモードの他に、軍事専用モードの電波信号も送信している。軍事モードは暗号化など、敵の妨害を受けにくい工夫がされており、戦闘機やミサイルなどには軍用GPS受信機が使われている。

グローバル展開に不可欠 軍事通信衛星

軍事衛星は当然、軍が運用している。写真はコロラド州のシュリーバー空軍基地にある、第50宇宙航空団のGPS衛星運用センター。スマホのGPS機能で現在位置がわかるのも、彼らの日々の仕事のおかげだ（写真／US Air Force）

もうひとつ、地味だが重要な軍事衛星が通信衛星だ。空軍は電子妨害や核パルスの影響を受けにくいAEHF通信衛星を6機、大容量高速通信用のWGS通信衛星を9機運用して、空軍だけでなく地球全体のアメリカ軍全軍や政府機関に衛星通信を提供している。また海軍は独自にMUOS通信衛星4機を運用している。

さらに、NROもSDS「クエーサー」通信衛星を保有している。これは地球低軌道を周回する偵察衛星が、写真を撮影したらすぐに本土へ送信するための専用衛星だ。低軌道衛星は飛行機と同じで水平線の先と直接通信することができないが、飛行機よりはずっと高速で飛行している。高解像度の画像データを送るために、衛星同士の高速通信機能を有する専用中継衛星を用意しているというわけだ。

このように多岐にわたるアメリカの軍事衛星だが、これでも代表的なものを挙げたに過ぎない。様々な極秘衛星が、アメリカ軍の地球規模の活動を支えているのだ。

Column

宇宙戦争でもするつもり？ トランプ大統領の宇宙軍構想

2018年6月、トランプ米大統領はアメリカ軍に「宇宙軍」を設置する構想を発表した。アメリカは宇宙戦争を始めるつもりなのだろうか。

アメリカ軍には陸軍、海軍、空軍、海兵隊があるが、これらは軍の整備計画や訓練などを行う組織。実際に運用する際は、地域ごとの統合軍の指揮下に入る。ロケットや衛星などを運用する空軍宇宙軍団（AFSPC）は、指揮系統上はアメリカ戦略軍に属している。トランプ大統領の構想は、パイロット出身者が強い発言力を持つ空軍から宇宙軍団を切り離して、宇宙戦力を積極的に整備しようということ。もちろん空軍は「非効率だ」と反対している。

いずれにしても言えることは、空軍から独立した宇宙軍ができたとしても、目的は従来通り偵察衛星などを運用することであって、指揮系統も戦略軍のままだろう。宇宙戦争を始めるのが目的ではないということだ。

第32講

アメリカの軍事宇宙開発③
宇宙開発のメッカ ケネディ宇宙センター

飛行機と比べて少し縁遠い宇宙開発。その現場に近付ける場所、それがロケット発射場だ。その中でも、世界一有名な発射場はケネディ宇宙センター（ＫＳＣ）ではないだろうか。アポロ計画に続いてスペースシャトルのホームベースとなったＫＳＣはまさにアメリカの、そして世界の宇宙開発のメッカの一つと言えるだろう。

広さは東京23区並み！ 巨大な軍民共用宇宙港

宇宙基地としてよく知られているＫＳＣだが、ミリタリー視点から語るのであればもうひとつの重要基地の名前を書いておかなければなるまい。それは、ケープカナヴェラル空軍ステーション（ＣＣＡＦＳ）だ。ＫＳＣとＣＣＡＦＳは隣接するロケット発射場で、合わせて東部発射場とも呼ばれている。全体の大きさは南北に30㎞ほど（施設がある場所だけの広さで、敷地はもっと広い）で、これは東京23区北端の赤羽から南端の羽田空港とほぼ同じ。東京23区ほどの広がりがある広大なスペースポートなのだ。

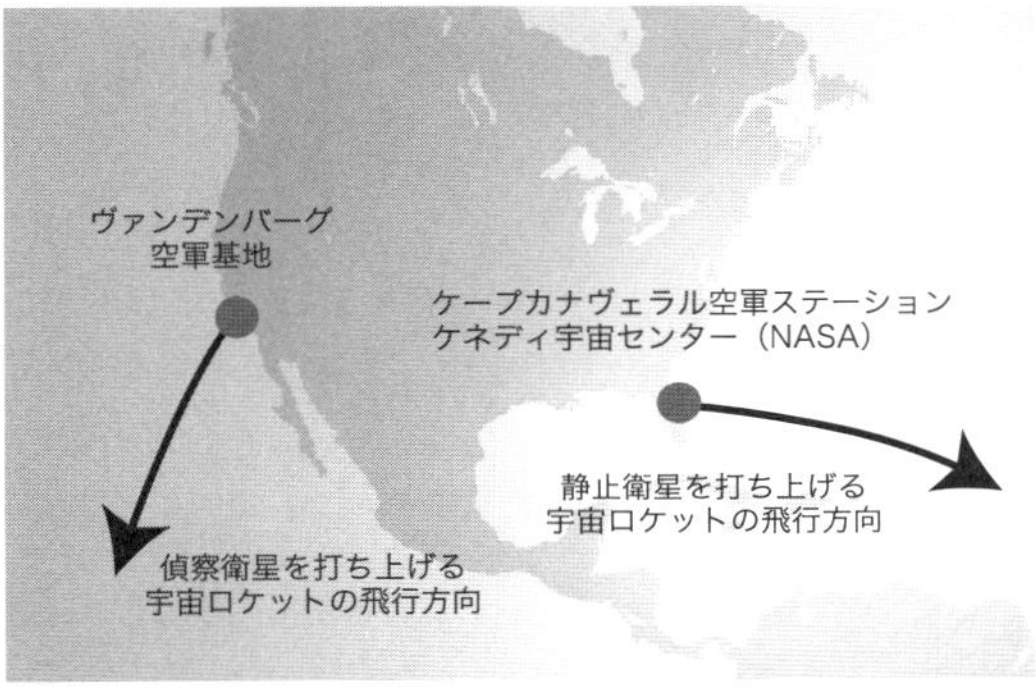

アメリカは西海岸と東海岸にロケット発射場があり、ロケットの打ち上げ方向によって使い分けている。静止軌道への打ち上げは東向きで、発射場が赤道に近い方が楽なので、フロリダが選ばれた

KSCとCCAFSの概要を示したこの地図の広さは、東京23区がすっぽり収まるほど。ケネディ宇宙センターは敷地の大半が自然のままで、鳥やワニなど野生動物の宝庫にもなっている

ロケットは機種に応じて発射設備を整える必要があるので、発射目的（搭載する人工衛星の用途）が軍事か、科学や商業などの平和利用かに関係なく、ロケットに適合する発射場から打ち上げられる。軍民共用空港で、飛行機が軍用か民間機かに関係なく、飛行機のサイズや風向きなどで滑走路を選択するような感じだ。つまり東部発射場は、軍民共用宇宙港というわけだ。

ロケットの始まりはドイツ製ミサイル「V2」

アメリカ南東のフロリダは、宇宙ロケットの打ち上げに適した場所だ。またケープカナヴェラル（カナヴェラル岬）の周辺は巨大な砂洲、つまり全体が砂浜のようなまっ平な島で、警備がしやすく軍事機密を守りやすかった。ここに現在のCCAFSとなるロケット発射場が開設されたのは、理にかなっている。

1950年には最初のロケットが打ち上げられたが、これは第2次世界大戦でドイツが使用し、敗戦後連合国に接収された世界初の弾道ミサイル「V2」を改造して、2段式にしたRTV-G-4「バンパー」だった。

弾道ミサイルから宇宙ロケットへ

短距離弾道ミサイル「レッドストーン」や大陸間弾道ミサイル（ＩＣＢＭ）「アトラス」などもＣＣＡＦＳで発射実験が行われたが、これらは宇宙ロケットに改造され、ＣＣＡＦＳから打ち上げられた。つまり、弾道ミサイルの試験施設が宇宙ロケット発射施設に転用された形だ。新型の弾道ミサイルや宇宙ロケットを打ち上げる際、発射施設はそれまでのものを改修する場合もあれば、新しいものを建設する場合もあった。このため、小さなものも含めると約40ヶ所もの発射施設が並んでいる。

近年は新型弾道ミサイルの開発は行われておらず、宇宙ロケットは弾道ミサイルの改造ではなく宇宙専用に開発されるようになった。ＣＣＡＦＳも純粋にロケット発射場として利用されており、現在は「アトラスⅤファイブ」「デルタⅣフォー」「ファルコン９」などの宇宙ロケットや、観測ロケットが打ち上げられている。

1964年に撮影されたケープカナヴェラル空軍ステーション。様々な弾道ミサイルや宇宙ロケットのための発射施設がずらりと並ぶ。現在は一部が新型ロケット用に改築されているが、大半は使用されていない（写真／NASA）

NASAの宇宙基地ケネディ宇宙センター

ＣＣＡＦＳの隣の島、メリット島に置かれたＮＡＳＡの施設がＫＳＣだ。元はアポロ計画の月ロケット「サターンⅤ」を打ち上げるために建設され、次にスペースシャトルの運用基地として使われた。現在はスペースX社の民間ロケット発射場として一部が貸し出されているほか、NASAが開発中の月・火星探査用超大型ロケット「スペース・ローンチ・システム」（SLS）の発射場として改修工事が行われている。

ミサイル基地を見学できる!

KSCは一般人の見学施設も充実しているのだが、実はCCAFSの見学ツアーもKSCで受け付けているので、誰でも広大な宇宙ロケット発射場を見学することが可能だ。KSCはオーランド市から東へ100kmほどの場所にある。公共交通はないのでオーランド空港でレンタカーを借りるのが便利だが、自信のない人は現地の日本語観光会社にガイドを依頼すると良いだろう。オーランドはディズニーワールドをはじめとする様々なレジャー施設が集まる観光都市なので、宿泊施設には困らない。

見学の入り口は、ケネディ宇宙センター・ビジター・コンプレックス（KSCVC）。入場は有料だが、オプションのCCAFS見学も申し込むとCCAFS内の施設もバスで回ってくれる。

圧巻 空軍ミサイル博物館

「空軍ミサイル博物館」は、アメリカの弾道ミサイル開発の歴史を全て見ることができる貴重な施設だ。屋内にはV2ロケットのエンジン（実物）をはじめ、弾道ミサイルの歴史が様々な実物や模型で展示されている。屋外にはICBMミニットマンや、まる

ビジターコンプレックスに入ると最初に見えるのが「ロケットガーデン」。文字通り庭木のように、歴代の宇宙ロケット（ほとんどは弾道ミサイルの改造型）が立ち並んでいる

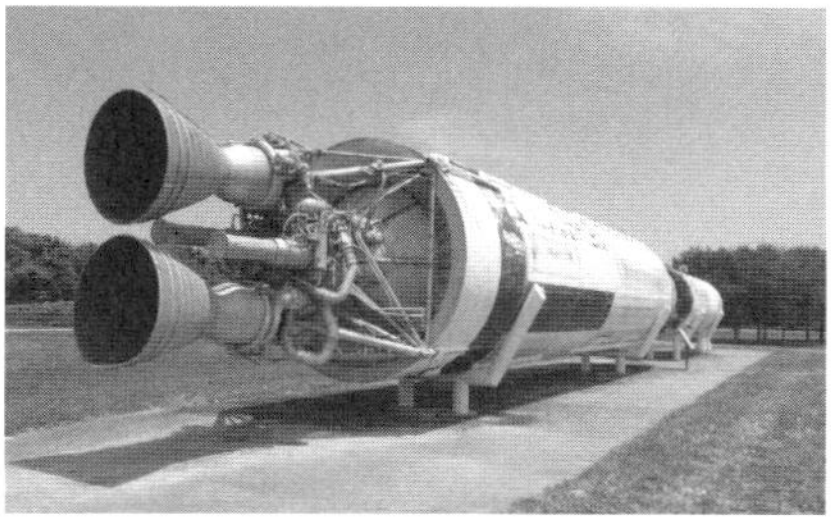

初期の大型ICBM、タイタン

CIM-10「ボマーク」。初期の地対空ミサイルだが、サイズも形状もほとんど無人戦闘機のようだ。CCAFSで発射試験が行われた

アメリカ初の有人宇宙飛行が行われた第5発射場には、マーキュリー・レッドストーンロケットの実物大模型が立ち、当時のブロックハウス（ロケットの爆発に耐える頑丈な管制棟）は展示施設になっている

引退したスペースシャトルのうちアトランティス号は、ケネディ宇宙センター・ビジター・コンプレックス内で展示されている。軌道上でロボットアームを展開した状態だ

高さ100mを超えるサターンVや、スペースシャトルの組立に使われた組立棟（VAB）は、サターンセンターへのバスから見えるほか、運用状況によっては見学も可能

で戦闘機のような地対空ミサイル「ボマーク」など、貴重な実物が広々と並べられている。

アメリカ初の有人宇宙飛行が行われた場所には、マーキュリー宇宙船とレッドストーンロケット（レッドストーン短距離弾道ミサイル）の実物大模型が立てられているほか、当時の発射管制施設に入ることができる。

もちろんKSC自体の見学施設も充実している。ビジターコンプレックスには退役したスペースシャトル「アトランティス」の実物が展示されているほか、歴代の宇宙ロケットを並べた「ロケットガーデン」など、一通り回るには1日程度を要す

る。バスで移動する「サターンセンター」には巨大なサターンVロケットやアポロ宇宙船（ほとんどは予備機などの実物）が展示されているほか、ロケット打ち上げ体験シアター、手で触れる月の石などがある。もし訪問するなら、KSCとCCAFSを合わせて少なくとも2日間は滞在したいところだ。

アポロ計画の月ロケット、サターンVとアポロ宇宙船の予備機が展示されているサターンセンターは、ケネディ宇宙センター・ビジター・コンプレックスのバスツアーで見学できる

Column

スペースポート・フロリダへ

スペースシャトルが全機引退した2011年以後、KSCからは有人宇宙船が打ち上げられていない。しかしCCAFSからは軍事衛星やNASAの衛星などが、現在も月1機以上のペースで打ち上げられている。打ち上げ日もKSCビジター・コンプレックス周辺までは一般人の立ち入りが可能だ。

さらに2018年には、KSCの元スペースシャトル発射場からスペースXの新型ロケット「ファルコン・ヘビー」が打ち上げられた。アポロ計画以後では世界最大級のこのロケットは、第1段と2本のブースター（第1段とほぼ同じもの）が再使用可能で、ブースターはCCAFSへ2機同時垂直着陸に成功した。

さらに2020年にはスペースXの「ドラゴン2」とボーイングのCST-100「スタークルーザー」の2機種の有人宇宙船が打ち上げられる。KSCとCCAFSは、これからも世界一のスペースポートであり続けるだろう。

第33講

中国の軍事宇宙開発

世界第二の宇宙大国

アメリカに続いて本講では、中国の軍事宇宙開発を紹介する。経済、軍事などの分野と同様、宇宙開発の分野でも中国の発展はめざましく、ロシアを抜いて世界第二の宇宙大国になりつつある。

もしかして意外？ 宇宙技術は国内開発

何かと「海外技術のコピー」と言われがちな中国だが、宇宙開発の分野は国内技術の割合が高い。旧ソ連・ロシアからの技術導入がやや多いのは事実だが、アメリカからの技術導入や共同開発が多い日本と比べると、むしろ中国の方がオリジナルの技術を育てているとすら思える。その基礎を築いたのが中国宇宙開発の父、銭学森（チェン・シュエセン）だ。

中国ロケットの父 アメリカ帰りの銭学森

1911年に生まれ、大学卒業まで北京で育った銭は、アメリカへ留学して修士号と博士号を取得。1943年にはジェット推進研究所

国別ロケット打ち上げ数

国	2015年	2016年	2017年	合計
アメリカ	18機	22機	29機	69機
ロシア	24機	18機	18機	60機
中国	19機	20機	16機	55機
ヨーロッパ	9機	9機	9機	27機
インド	5機	7機	4機	16機
日本	4機	4機	6機	14機

過去3年間の主要宇宙開発国の宇宙ロケット打ち上げ成功数。中国はロシアに次いで55機の打ち上げに成功しているが、ロシアのうち7機はソユーズロケットをヨーロッパのアリアンスペース社に販売した数なので、これを除くとロシアは53機となり中国を下回る

現在の中国の主力ロケット「長征2号」。写真は宇宙船「神舟」を搭載した有人型「長征2F」。後方に見える組立棟の形や、ロケットを立てたまま発射台ごと移動するスタイルはアメリカのケネディ宇宙センターそっくりで、ソ連のコピーではなくアメリカと親しい銭学森にルーツを持つことがよくわかる（写真／DLR）

（JPL）の創設者のひとりとして、弾道ミサイルの開発に着手した。アメリカの弾道ミサイル・ロケット開発のリーダーと言えば第二次世界大戦後にドイツから渡ったフォン・ブラウンが有名だが、それ以前は銭こそがリーダーの1人だったのだ。

戦後、銭はアメリカ永住権と国籍を取得しようとした。ところが共産党政権の中華人民共和国が成立すると、銭はスパイ容疑をかけられ軍事機密研究を禁止されてしまう。1955年には、朝鮮戦争のアメリカ軍捕虜との交換で中国へと追放されてしまった。中国が技術を盗んだのではない。宇宙技術を生み出す頭脳である銭を、アメリカが捨ててしまったのだ。

弾道ミサイル「東風」と宇宙ロケット「長征」

祖国へ戻った銭は、弾道ミサイルや宇宙ロケットの開発計画を自ら立案し、研究機関などを設立して体制を整えた。最初の弾道ミサイル「東風1号」はソ連からのライセンス品だったが、「東風2号」以降は中国で開発されたものだ。2段式の中距離弾道ミサイル「東風4号」に第3段を追加した宇宙ロケット「長征1号」は1970年4月24日、世界で5ヶ国目の人工衛星「東方紅1号」の打ち上げに成功した。

1970年代にはアメリカを射程に収める大陸間弾道ミサイル「東風5号」と、基本設計が共通の宇宙ロケット「長征2号」が並行して開発された。バリエーションの「長征3号」「長征4号」と併せて、現在まで主力ロケットとして使われている。これらは液体ロケットだが、固体ロケットも「上游1号」（シルクワーム）対艦ミサイルなど小型のものから実用化された。

宇宙開発でも「大国」へ 急成長する中国

21世紀に入るとアメリカと同様、弾道ミサイルをベースとしない宇宙ロケット専用の技術開発が進んだ。高性能の石油系ロケットエンジン「YF-100」、水素系エンジン「YF-77」の組み合わせで大型の「長征5号」、小型の「長征6号」、中型の

最新の大型ロケット「長征5号」。液体水素燃料を使用した直径5mの新型ロケットに、「長征2号」と同じ直径3mのブースター（エンジンは新型）を束ねている。この3mブースターを第1段に流用した小型ロケットが「長征6号」、3mブースターをコアに2mブースターを追加した中型ロケットが「長征7号」で、量産効果でのコストダウンを狙っている（写真／篁竹水声）

「長征7号」が次々と試験運用に入っており、近いうちに従来型の任務を引き継ぐだろう。さらに固体ロケット「長征11号」の打ち上げも開始された。

中国は軍事と非軍事の境界があいまいなのは読者の皆さんもご存知だろう。宇宙開発も軍事衛星と非軍事衛星の違いが少なく、どちらにも使える「デュアルユース衛星」が多い。当然、中国の衛星の多くはデュアルユースで、研究機関など非軍事組織で運用されていても軍事目的のものも多そうだ。中国は衛星の数も種類も日本を上回り、アメリカに次ぐ宇宙大国へと成長している。

電子情報収集型もある地球観測衛星「遥感」

「遥感」とは遠くから調べるという意味で、「リモートセンシング」の中国語訳。軍事専用でない〝地球観測衛星〟は、軍事利用していても〝偵察衛星〟とは呼ばないのが一般的だ。

ただ、中国の「遥感」シリーズは光学カメラで撮影する光学衛星と、電波の反射で観測するレーダー衛星の他に、地上の通信電波を傍受する電子情報収集（ＥＬＩＮＴ）衛星も含まれている。ＥＬＩＮＴ衛星は広い意味で偵察衛星に含まれるが、普通は地球観測衛星には含まれない。明らかに軍事専用のＥＬＩＮＴ衛星を地球観測衛星「遥感」と呼んでいるのは、中国らしい。

知らないうちに利用している 中国の測位衛星「北斗」

読者の皆さんもカーナビやスマホで利用している、アメリカ軍の衛星測位システム「ＧＰＳ」の中国版が「北斗（ベイドゥ）」だ。もちろん中国人もＧＰＳは利用できるのだが、さすがに中国軍がＧＰＳに頼るわけにはいかない。またＧＰＳには電波妨害に強い軍事専用モードがあるが、もちろん中国軍は利用できない。おそらく「北斗」にもそのような機能があるだろう。「北斗」は全部で30機の衛星を同時に運用し地球全体をカバーする予定だが、先行して中国周辺をカバーする衛星が打ち上げられ、既に日本周辺でも利用可能な状態になっている。実は日本製のスマホでも多くの機種が「北斗」に対応しているので、皆さんも知らないうちに「北斗」の電波を利用しているかもしれないのだ。

ロケット発射場は「中国のハワイ」へ移転

中国は人口の少ない内陸の高原地帯に3ヶ所の宇宙ロケット発射場を設置、ロケット打ち上げ方向によって使い分けてきた。しかし分離したロケットは地上に落下してしまう。「落下予定地域の住民を避難させる」という強引な解決方法ではさすがに無理が生じてきたし、ロケットを陸上輸送しなければならないため大型化に難があった。

そこで中国は新たに南シナ海の海南島にロケット発射場の整備を進めており、新型の「長征5～7号」は海南島から打ち上げられている。「長征5号」は製造工場のある天津から海上輸送できるため、従来の直径約3mより太い約5mのタンク（ロケットの胴体）を採

中国のロケット発射場

（作図／筆者）

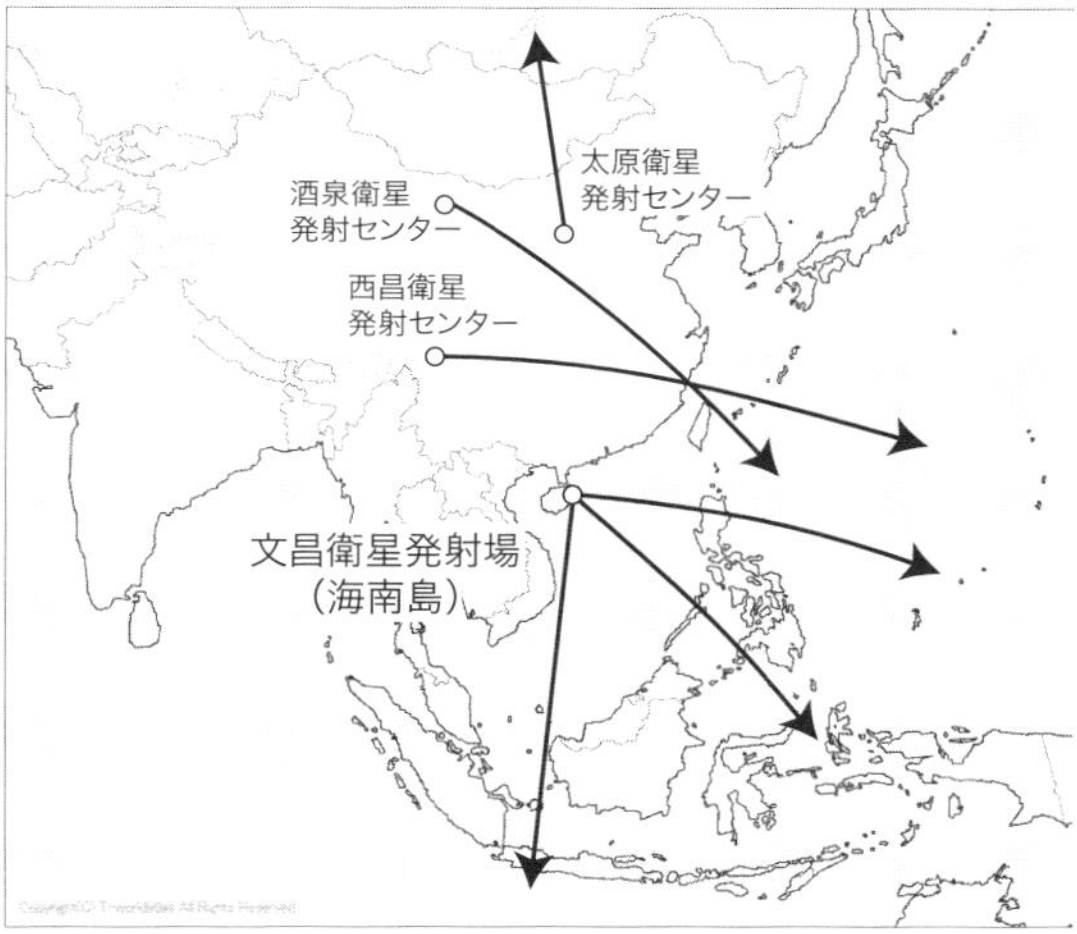

用することができた。

海南島は小さな離島を除くと中国最南端の島で、近年は観光開発が進み「中国のハワイ」とも呼ばれている。ロケット打ち上げが良く見える場所に高級ホテルもあるので、近い将来はロケット打ち上げ観光で賑わうことになるかもしれない。

Column

悪名高い「衛星破壊」はもう過去の話？

中国、宇宙、ミリタリーというと衛星攻撃兵器（ＡＳＡＴ）を使った人工衛星破壊実験を思い起こす人も多いだろう。２００７年１月11日、寿命が尽きた中国の気象衛星「風雲１号Ｃ」は弾道ミサイル「東風21号」を改造したミサイルで、高度約８００㎞で破壊。数千個ものスペースデブリを発生させた。

スペースデブリは時間が経つと高度が下がって地球に再突入するが、高度８００㎞より下は地球観測衛星や有人宇宙船が多く利用しており、他国はもちろん中国自身の衛星も危険にさらす大失敗だった。以後、中国は衛星破壊実験をしてないが、レーザー光線や電波を使って衛星を破壊せずに機能を失わせたり、通信を妨害することも考えられる。米軍や自衛隊も警戒しているようだ。

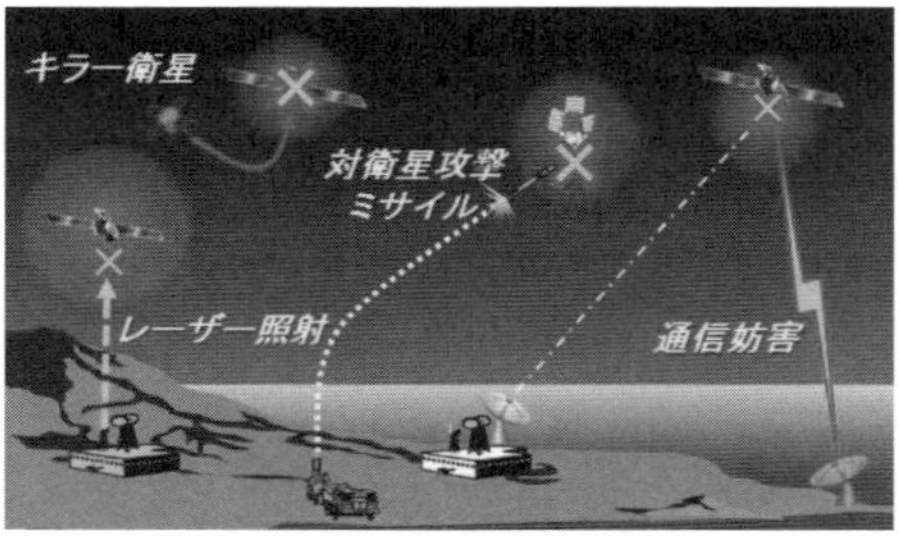

日本の平成31年度防衛省概算要求に掲載された「宇宙空間の安定的利用への脅威」のイメージ。来年度からの新たな事業「人工衛星の脆弱性とその対策に関する調査研究」と「宇宙空間の安定的な利用に係る調査研究」では、主に中国の衛星攻撃兵器を研究し対抗策を検討するのが目的と思われる（「我が国の防衛と予算 平成31年度概算要求の概要」から転載）

第34講

旧ソ／ロシアの軍事宇宙開発①
宇宙開発のパイオニア 旧ソ連

世界最初の人工衛星「スプートニク」、最初の有人宇宙船「ボストーク」を打ち上げたのが今はなき超大国、ソビエト連邦であることはご存知の方も多いだろう。

大陸間弾道ミサイルからの「スプートニク・ショック」

宇宙ロケットの解説の項目で説明したように、世界最初の人工衛星「スプートニク」を打ち上げた宇宙ロケット「R‐7」は、世界最初の大陸間弾道ミサイル（ICBM）「セミョールカ」を改良したものだった。この打ち上げ成功はアメリカに大変な衝撃を与えた。「スプートニク・ショック」だ。

現代の我々は、核攻撃とは「核爆弾をミサイルなどで相手国へ撃ち込むこと」だと、まるで最初からそれが当たり前だったように思いがちだが、それは間違いだ。長距離ミサイルは発射から数十分で目標に着弾するが、核爆弾を搭載した人工衛星を宇宙に配備しておけば、目標上空で大気圏突入するだけで、何の前触れもなく核攻撃が可能。迎撃も反撃も不可能だ。

ソ連に続いてアメリカも人工衛星の打ち上げに成功したとき、米ソは「お互いの頭に拳銃を突き付けた状態」になってしまった。笑顔のまま指先だけ動かせば相手を殺せるし、殺されるというのでは、お互いに疑心暗鬼で眠れなくなってしまう。

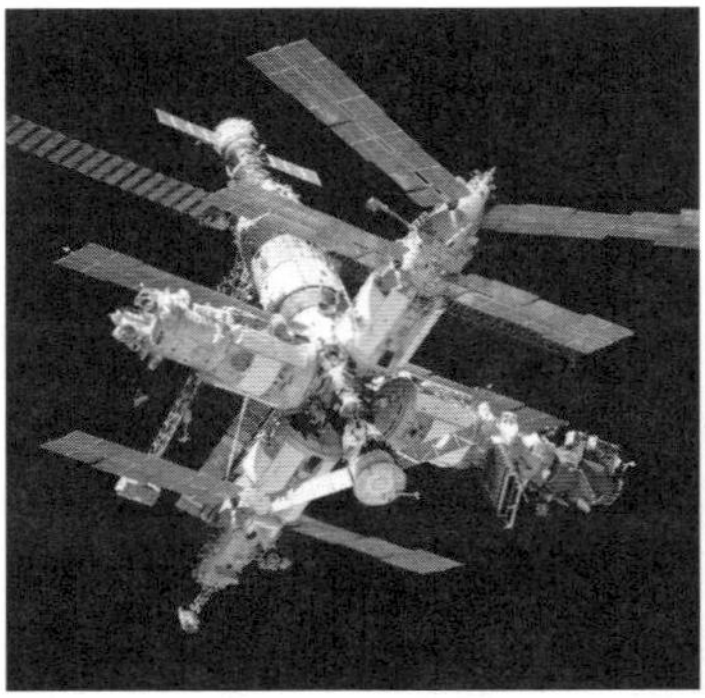

ソ連最後の宇宙ステーション、ミール。サリュートより改良され、中心の「ミール」コアモジュールに4つの拡張モジュールが十字型に結合されている。左上向きに結合されている「プリローダ」拡張モジュールは地球観測用のレーダーだ（写真／NASA）

世界初の有人宇宙船「ボストーク1号」のレプリカ。有人宇宙船としては約2年間で6機が飛行したが、基本設計は「ゼニット」偵察衛星として30年も使用された（写真／Bill Abbott）

１９６６年の国連総会で、宇宙条約が決議される。「大量破壊兵器を人工衛星にして地球を周回させてはいけない」というルールができたことで、核攻撃は必ず地球上から行わなければならなくなった。攻撃着手から着弾までの間に反撃すればお互いが全滅するから、先制攻撃では共倒れになるという「相互確証破壊（ＭＡＤ）」の状態になり、以来半世紀以上、核兵器は使用されずにきた。これが果たして正気なのか、狂気（ＭＡＤ）なのかはさておくとして。

世界初の有人宇宙船は、ベストセラー偵察衛星に

Ｒ-７ロケットはさらに改良され、世界初の有人宇宙船「ボストーク1号」により、ユーリ・ガガーリンが世界初の宇宙飛行士になった。ボストークは球形の文字通り「カプセル」で、1人乗りの小さな宇宙船だ。

このあとソ連は、2人乗りで世界初の宇宙遊泳用エアロックを備えた「ボスホート」、3人乗りでトイレなども備え現在も使われている「ソユーズ」といった有人宇宙船を開発するが、実は「ボストーク」はその後も長い間使われていた。ソ連の「ゼニット」偵察衛星は「ボストーク」を無人化し、

世界初のICBM、R-7「セミョールカ」(上)と、現在も製造されている有人宇宙ロケット「ソユーズ」(下)。R-7は第2段ロケットに4本の第1段ロケット(西側では、第1段とブースターと呼ばれることが多い)を束ねた構成。R-7は先端に、円錐形の核弾頭を搭載している。ソユーズは弾頭の代わりに第3段ロケットと有人宇宙船(白い部分)を載せただけで、基本的に同じ基本設計が半世紀以上も使われている
(写真／NASA)

旧ソ連の衛星ロケット比較図

※左から
R-7(1957年)
スプートニク(1957年)
ボストーク(1960年)
ボスホート(1963年)
ソユーズ(1966年)

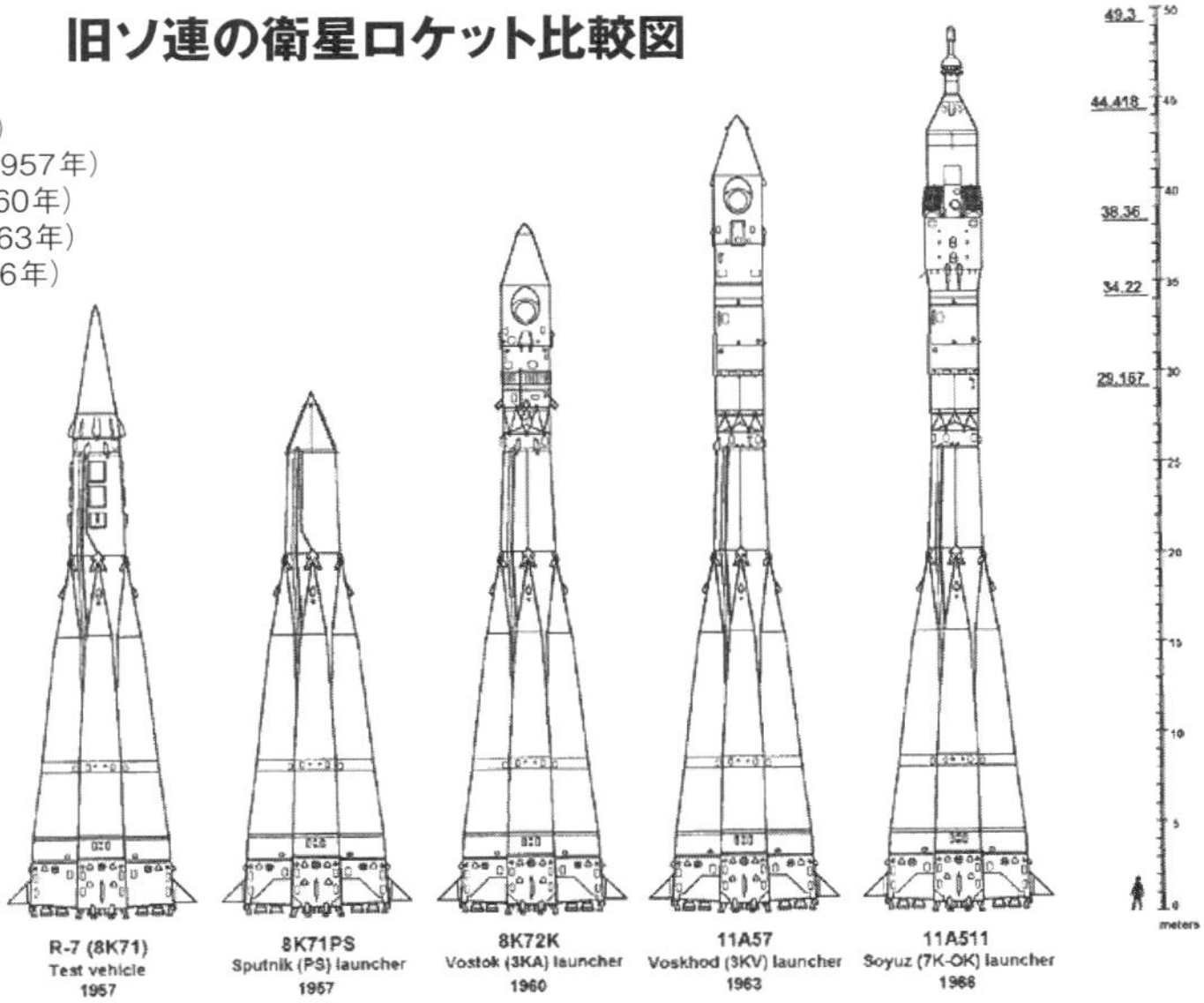

撮影したフィルムをカメラごと地球へ持ち帰るようにしたもので、1994年までに500機以上が打ち上げられた。これは同一シリーズの人工衛星としては世界最多だ。

軍事宇宙ステーションに舵を切ったソ連

1969年、それまでソ連に「世界初」をやられっぱなしだったアメリカが、ついにアポロ11号で「世界初の有人月着陸」に成功すると、ソ連は「我々はもともと月着陸など目指していないので、勝ち負けなどない」と開き直った。実際には月ロケットの開発が難航していただけなのだが、その計画は全てなかったことにされ、打ち上げ前の月ロケットは切り刻まれ廃棄された。

その後、ソ連は宇宙ステーション「サリュート」を7号までと、より高度な機能を持つ「ミール」を打ち上げた。宇宙飛行士が宇宙に長期滞在するという、アメリカとは異なる宇宙開発の道を歩んでいく。ただ、これは表向きは科学研究を目的としていたものの、半分は軍事目的だった。当時の技術では無人偵察衛星のカメラを正確に目標に向けることが難しく、宇宙飛行士がカメラを操作する「宇宙偵察ステーション」としての任務を兼ねていたのだ。

原子力衛星も開発、墜落で大騒ぎに

このほかにも早期警戒衛星、通信衛星、航法衛星など、ソ連はアメリカと同じように様々な軍事衛星を打ち上げて運用し、冷戦時代を築いた。その中でもソ連独特の軍事衛星と言えるのが「レゲンダ」偵察システムだろう。「レゲンダ」はレーダー偵察衛星でアメリカの空母機動艦隊を宇宙から追跡するもので、アメリカのような大型空母を持たないソ連艦隊が、アメリカ艦隊を長距離ミサイルで攻撃することを可能にした。

「レゲンダ」システムの衛星は強力なレーダーを使用するため、電力として原子炉を搭載していた。当然、原子炉が大気圏突入すれば地球が放射能汚染されるおそれがあるため、運用終了した衛星は原子炉を高い軌道に打ち上げて、地球への落下を防止する仕組みになっていた。

しかし案の定というか、原子炉の落下防止策は何度も失敗し地球に落下した。最もひどかったのは1978年に落下した「コスモス945」で、なんと使用済み核燃料がカナダの無人地帯の森林の数百㎞もの範囲にまき散らされてしまった。冷戦時代とはいえ、カンカンに怒っているカナダを無視するわけにはいかず、ソ連はいくらかの賠償金を支払った。

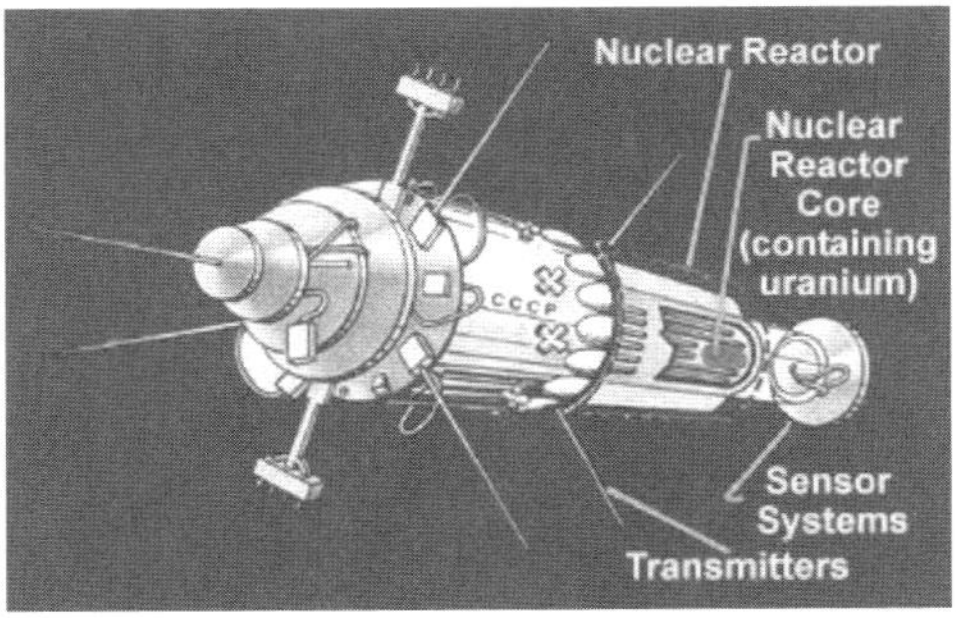

ソ連の「レゲンダ」システムのレーダー偵察衛星、コスモス954の想像図。原子炉を電源とする強力なレーダーを備えていた（画像／DOE）

ソ連の終幕、幻のレーザー砲衛星

1987年、新型ロケット「エネルギア」の1号機が打ち上げられた。エネルギアは最大100tもの人工衛星を打ち上げ可能な世界最大級のロケットで、1号機は試験飛行のため、搭載したダミー衛星は地球へ落下したと公表された。ところが後に、これが80tもある巨大な軍事衛星だったことが明らかになったのだ。その名は「ポリウス」。なんと炭酸ガスレーザー砲でアメリカの人工衛星を攻撃する「戦闘衛星」だった。

打ち上げ失敗の原因は正式には技術的問題とされているが、こんな説もある。当時のソ連の指導者だったミハイル・ゴルバチョフ書記長はアメリカの宇宙兵器を批判していたのだが、「ポリウス」の開発はあまりにも極秘だったため、打ち上げ直前までゴルバチョフすら知らされていなかった。アメリカを批判しておきながら、ソ連は巨大戦闘衛星を開発していたというのでは矛盾してしまう。ゴルバチョフはポリウスを「ダミー衛星」と偽って打ち上げ、衛星軌道に乗せずに大気圏突入させて葬ったというのだ。

超大型ロケット「エネルギア」と、巨大戦闘衛星「ポリウス」。その最期は、冷戦の最後へとつながっていった。１９９１年にソ連が崩壊し、どちらも実用化されることなく計画終了した。ソ連崩壊の主な理由は経済の悪化だったが、巨額の軍事費、なかでも「エネルギア」をはじめとする宇宙予算が原因だったと考える人も多い。

Column

ソ連の衛星はみんな「コスモス」？

旧ソ連や現ロシアの衛星には「コスモス」という名前に番号を付けただけのものが多い。「コスモス」はロシア語で宇宙という意味で、目的などを公開していない秘密の衛星を単に「コスモス」とだけ発表しているからだ。人工衛星は存在自体を秘密にすることは難しいため、アメリカでも偵察衛星などは公式には「ＵＳＡ」に番号を付けただけの名前で公表されることがある。

第35講

旧ソ／ロシアの軍事宇宙開発②
復活 宇宙大国への再挑戦

ソ連崩壊後、連邦を構成していた国々は独立国になった。新生ロシア連邦に、アメリカと覇権を争った「2大超大国」の面影はもはやなく、崩壊した社会や経済、そして軍事力や宇宙技術を再建するのは容易ではなかった。

バラバラになった宇宙開発

強大な旧ソ連軍は、独立した各国には地域防衛に必要な程度の通常戦力を引き継ぐ形で分割された。しかし、もはや超大国ではなくなった旧ソ連諸国にとって、核戦力や宇宙戦力は金食い虫のお荷物でしかない。核拡散を防止する意味もあって、ロシアが代表して継承し管理することになった。

ただ、様々な施設が旧ソ連諸国に分散しているため、たとえロシアが継承したとしても管理上の問題が起きた。まず、旧ソ連最大の宇宙ロケット発射場、バイコヌール宇宙基地はカザフスタン領にあるので、ロシアは年間100億円もの借地料をカザフスタンに支払わなければならなくなった。またバイコヌールから打ち上げられたロケットの第1段はカザフスタン領内に落下するし、打ち上げに失敗すれば予定外の場所に落下することもあるので、ロシアとカザフスタンの間でトラブルになることもあった。

ソ連最大のロケット発射場、バイコヌール宇宙基地はロシアに引き継がれたが、場所はカザフスタンにあるため様々な問題が起きた（写真／NASA）

共産主義の旧ソ連では工場は国営だったが、崩壊後はそれぞれの工場が立地している国の民間企業になった。航空宇宙メーカーはロシアのほかウクライナにも多くあったが、両国の関係は次第に悪化していく。旧ソ連のロケットはロシアとウクライナで製造された部品を組み立てていたので、ウクライナ製部品が手に入らないとロケットを作れない。そこでロシアは部品の国産化を進めたが、故障などのトラブルに悩まされることになる。

そして何よりまず、ソ連崩壊後のロシアは経済力が極端に落ちていた。ソ連時代に大量に打ち上げた偵察衛星、早期警戒衛星、測位衛星といった様々な軍事衛星は、寿命を迎えても交替の衛星を満足に打ち上げることができない。宇宙戦力だけでなく、ロシア軍全体がジリ貧の状態になっていった。

アメリカが買い支える

ロシア軍と、ロシア航空宇宙産業の危機は、そ

ロシアの大型ロケット「プロトン」は、西側の商業衛星を打ち上げることで外貨獲得にも活躍したが、信頼性低下で打ち上げ失敗に悩まされた（写真／NASA）

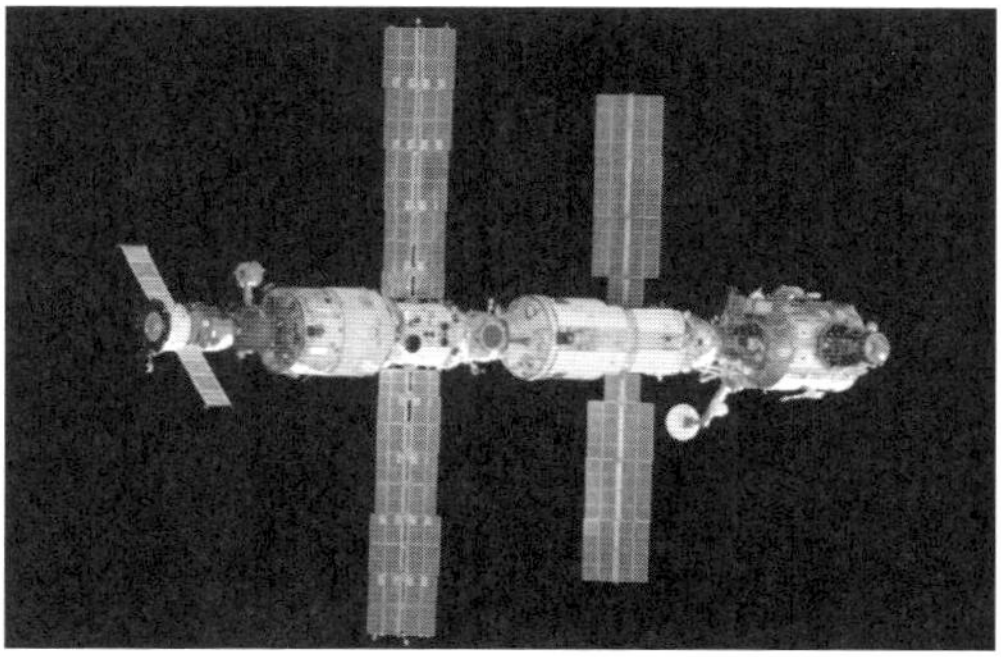

建設初期の国際宇宙ステーション（ISS）。左から順にロシアの「ソユーズ」宇宙船、「ズヴェズダ」サービスモジュール、「ザーリャ」基本モジュール、そしてアメリカの「ユニティ」結合モジュール。日米欧のモジュールは全て「ユニティ」に継ぎ足すように結合されており、ロシアのモジュールが土台であることがわかる（写真／NASA）

こで働く軍人や技術者の生活の危機でもあった。このような状態で、弾道ミサイル開発に積極的な中国やイランなどに声を掛けられれば、旧ソ連の技術は人材ごと流れてしまうだろう。危機を抱いたアメリカは、ロシアの宇宙技術を「購入」することにした。ロシアは宇宙ステーション建設でアメリカより多くの経験を積んでいたし、ソ連時代に製造済みのモジュールを安く引き取ることができたのだ。

1998年、「ザーリャ」がバイコヌールから打ち上げられた。「ザーリャ」の原型はソ連の無人貨物宇宙船で、巨大戦闘衛星「ポリウス」の中核モジュールとも共通の技術で作られている。アメリカ航空宇宙局（NASA）はロシアに資金を払って「ザーリャ」を購入し、国際宇宙ステーション（ISS）の最初の土台にしたのだ。さらに、製造済みだった宇宙ステーション「ミール2」もNASAが購入し、「ズヴェズダ」と命名されて2000年に打ち上げられ、ISSの最初の居住モジュールになった。後にロシアが独自に打ち上げたモジュールもISSに追加されたが、「ザーリャ」「ズヴェズダ」は現在もアメリカが所有し、運用をロシアに委託している。また、ロシアの有人宇宙船「ソユーズ」が、ISSに滞在中の宇宙飛行士のための救命ボートとしてNASAに購入された。

さらに、ロケットもアメリカが購入した。ソ連最後の巨大ロケット「エネルギア」のブースターに使われていた「RD‐170」は、石油と液体酸素を使用する非常に高性能のロケットエンジンで、アメリカでは同等のものを開発できていなかった。そこでRD‐170をベースに小型化したロケットエンジン「RD‐180」が、2000年からアメリカの新型宇宙ロケット「アトラスⅢ」、その次の「アトラスV」のメインエンジンに採用された。アメリカの軍事衛星がロシア製のロケットエンジンで打ち上げられるようになったのだ。

21世紀に入ってから、アメリカの軍事衛星の多くを打ち上げているアトラスVロケット。アメリカ空軍の発注でロッキード・マーチン社が開発したロケットだが、第1段メインエンジンはロシアが開発したRD-180。旧ソ連の「エネルギア」ロケットのブースターエンジンを、4連ノズルから2連ノズルに縮小した派生型で、アメリカでライセンス製造されているが、一部の部品はロシアでないと作れない（写真／NASA）

「強いロシア」へ宇宙開発も復活

1990年代、ソ連時代に開発された高度な宇宙技術をアメリカに切り売りして食いつないだロシアだったが、2000年代に入るとウラジミール・プーチン大統領のもと、経済と軍事力の再建に乗り出す。一度は見る影もないほど減少していた軍事衛星も徐々に補充・更新された。例えば「ロシア版GPS」とも言える測位衛星システム「グロナス」は、一時は稼働衛星が1桁まで減っていたものが、2010年代には地球のどこでも測位可能な24機以上を維持できるまでに回復している。核戦力の「眼」である早期警戒衛星や偵察衛星も再建が進んできた。戦力の量では中国が躍進しているものの、有人を含む宇宙技術全体のレベルはまだ、ロシアの方が数段上だ。

冷戦時代ほどではないにせよ、ロシアとアメリカは軍事的に再び対立の方向へ傾いてきた。アメリカの資金でロシアの宇宙技術を支える必要はもうない。しかしアメリカはロシアの技術に頼りすぎてしまい、独自の有人宇宙船やロケットエンジンの開発が遅れている。2019年現在でもロシアからソユーズ宇宙船やRD-180エンジンを購入している状況で、アメリカ宇宙技術の「脱ロシア化」に悩まされる皮肉な状況だ。

経済復活で怪しさも復活?

ロシアは経済の復活によって旧ソ連の技術を復興しただけでなく、新たな技術の開発も進めているようだ。近年、弾道ミサイルに搭載する弾頭を単なるカプセル型ではなく、小型スペースシャトルのように操縦可能にすることで、アメリカの弾道ミサイル迎撃システムを回避する技術を開発したことを発表してい

建設中のボストーチヌイ宇宙基地を視察するプーチン大統領。「強いロシア」の復活に宇宙開発は欠かせない。自国領内の宇宙基地は、軍事的にもロシアの悲願と言えるだろう（写真／Kremlin.ru）

る。また30年も前にレーザー砲搭載の「ポリウス」戦闘衛星を開発していることからもわかるように、宇宙空間での戦闘には高い技術を持っている。宇宙で軌道を変更してアメリカの衛星に接近してくるなんていう、「正体はよくわからないが、怪しい動きをする衛星」の実験を行っていることもわかっている。

またカザフスタンのバイコヌール宇宙基地に代わる、ロシア領内の新宇宙基地「ボストーチヌイ」の建設も行われている。場所はウラジオストクから北へ1000㎞のシベリア。ここから打ち上げたロケットは、ロシア領内のシベリアの無人地帯やオホーツク海を飛行するため、外国にロケットが落下する心配もなく都合がいい。最初の打ち上げは2016年に行われ、今後徐々にバイコヌールから移行していく予定だ。

ＩＳＳや有人月探査計画では現在も日米と協力関係にあるロシアはだが、軍事宇宙開発は今なお厚い秘密の向こう側に隠れている。今後の発展には要注目だ。

あとがき

「Ｊウイングで宇宙開発の話を書いてみませんか?」

月刊『Ｊウイング』の編集長からこんな話があって始まったのが、筆者の連載「ミリタリーマニアのための宇宙開発講座」でした。『Ｊウイング』はミリタリー飛行機を専門とする雑誌ですが、そこで「空を飛ぶもの」の一種でもある宇宙ロケットや人工衛星の話をするスペースを頂けることになったのです。

筆者は宇宙開発に関して取材してニュース記事を書いたり、解説をしたりしていますが、宇宙開発専門の雑誌はありません。飛行機や船、鉄道といったものには専門誌があるのに、宇宙開発にはそれがありません。まだ「宇宙開発マニア」と呼べるような人が少ないからだと思うのですが、一方で趣味誌の存在こそがマニア層を育て、人数を増やしてきたことも間違いないでしょう。そんな中でも、『Ｊウイング』で宇宙開発の話を書かせて頂ければ、ミリタリーマニアの皆さんの中から、宇宙開発マニアになる方が出てくるかもしれません。

筆者もミリタリーが好きですし、雑誌を読んだり自衛隊の一般公開を見に行ったりするのが趣味ですが、あくまでも趣味にとどまります。ミリタリーに関する知識は他の軍事ライター陣の先輩方はもちろん、Ｊウイング読者の皆さんよりも乏しいのではないかと思います。

しかし、宇宙開発はもともとミリタリーと深い関係があります。宇宙開発をミリタリーの切り口で解説すれば、それはミリタリーの記事になるはずだと考えました。

また、日本では、長い間「宇宙開発は平和目的に限る」ことが決められていました。これは侵略を禁止した平和憲法の理念から、宇宙技術を戦争に用いないと決意表明する必要があったからです。その結果、日本では宇宙開発についてミリタリーの視点から解説した記事や書籍は少ないように思います。

しかし、宇宙技術は平和利用も軍事利用も可能な「デュアルユース技術」ですから、現実には日本でも宇宙開発とミリタリーを切り離して考えることはできません。また２００８年に施行された宇宙基本法により、日本の宇宙開発は「非軍事」から「非侵略」へと転換しました。自衛隊が専用通信衛星を運用し、安全保障目的の偵察衛星である情報収集衛星が整備されるなど、日本でも宇宙のミリタリー利用は当たり前のものになっています。そんな状況では、宇宙開発を理解していなければミリタリーを理解することはできない。そう言っても過言ではないと思います。

「ミリタリーマニアのための宇宙開発講座」は、とにかく「宇宙開発に関心を持ってこなかった人が、宇宙開発の話題を楽しめるようになること」を目標にしました。ミリタリーに限らず、マニアというのはちょっと難しい技術の話を掘り下げて理解できるようになる、人と話せるようになることに喜びを感じる人達です。筆者もそうだからわかります。だからミリタリー視点で話が面白ければ、きっとついてきてくれる。そう考えて、自分だったらこういう文章が楽しいと思うことを考えて記事を書いてきました。

あくまでミリタリー視点を軸に据えた構成ではありますが、基本的には宇宙開発をごく基本的なところから、難解な専門用語や数式などを用いずに解説することを目指しました。ですから、ミリタリーマニアでない方が読んでも、宇宙開発の入門書としてお楽しみいただけるのではないかと思います。

その代わり、詳しい方が読むと内容が乏しく、あまりにも簡単すぎて最低限の情報が書かれていないと感じるかもしれません。また、平易な表現にするあまり不正確な説明になっていると気付かれることもあるかもしれません。筆者は、それは仕方がないと考えています。連載中、1回2ページの記事に収まるギリギリまで分量をそぎ落とすことで、一つのテーマについて最小限、イメージを掴めるよう文章を書くのは、想像以上に難しくやりがいのあるチャレンジでした。

なにより、初めて宇宙開発に関心を持った方が最後まで楽しくお付き合いいただき、全部読むと「なんとなくわかったぞ」と思っていただく。これが本書で筆者がやりたかったことです。この本を読んで面白いと思っていただけたなら、次は皆さんご自身でいろいろな情報を得て、もっともっと掘り下げて「宇宙マニア」になって下さい。飛行機マニアやミリタリーマニアと同じくらい宇宙マニアが増えて、筆者よりもっと詳しい方がまた別の記事や本を書くようになったら、筆者にとってこれ以上の幸福はありません。（大貫 剛）

初出一覧

第1章 人工衛星とロケット基礎知識

第1講　宇宙自衛隊誕生？ ミリタリーと宇宙開発の関係（月刊Jウイング2016年6月号）
第2講　衛星のキホン①　種類と軌道（月刊Jウイング2016年7月号）
第3講　衛星のキホン②　人工衛星のしくみと機能（月刊Jウイング2016年8月号）
第4講　衛星のキホン③　人工衛星のエンジン（月刊Jウイング2016年9月号）
第5講　宇宙を駆けるパワー　ロケットエンジン（月刊Jウイング2016年10月号）
第6講　もっと速く、もっと遠くへ！　多段式ロケット（月刊Jウイング2016年12月号）
第7講　人工衛星への脅威　スペースデブリ（月刊Jウイング2017年10月号）
第8講　アニメの世界が現実に？　宇宙戦闘機はつくれるか（月刊Jウイング2018年4月号）

第2章 ミリタリー衛星の種類

第9講　大気圏外のスパイ　偵察衛星の誕生（月刊Jウイング2017年2月号）
第10講　宇宙に浮かぶデジカメ　現代の偵察衛星（月刊Jウイング2017年3月号）
第11講　雲にも夜にも邪魔させない！ レーダー衛星（本書のための書下ろし）
第12講　小型化や超低高度軌道　進化する偵察衛星（月刊Jウイング2017年12月号）
第13講　新たな力 ネットワーク戦闘　自衛隊の通信衛星（月刊Jウイング2017年4月号）
第14講　戦闘機も歩行者もナビ　「GPS」のしくみ（月刊Jウイング2017年6月号）
第15講　GPSだけじゃない　世界各国の測位衛星（月刊Jウイング2017年7月号）
第16講　確実に敵を狙う　GPS誘導の攻撃（月刊Jウイング2017年7月号）

第3章 ミリタリーと宇宙開発

第17講　表裏一体の関係　弾道ミサイルと宇宙ロケット（月刊Jウイング2016年11月号）
第18講　事実上の弾道ミサイル？　北朝鮮のロケット（月刊Jウイング2017年8月号）
第19講　弾道ミサイル発射を監視　早期警戒衛星（月刊Jウイング2017年9月号）
第20講　デメリットも多数!?　衛星破壊兵器（月刊Jウイング2017年11月号）
第21講　軍事宇宙船スペースシャトル①　低コスト宇宙輸送システムを目指して（月刊Jウイング2018年1月号）
第22講　軍事宇宙船スペースシャトル②　妥協を重ねて完成したものの……（月刊Jウイング2018年2月号）
第23講　軍事宇宙船スペースシャトル③　低コスト宇宙輸送機への夢（月刊Jウイング2018年3月号）
第24講　知られざる宇宙基地　ロケット発射場（月刊Jウイング2018年5月号）
第25講　宇宙開発を支えた名機たち　大型輸送機（月刊Jウイング2018年6月号）

第4章 日米中露の宇宙開発

第26講　日本の軍事宇宙開発①　陸海軍のロケット研究が母体（月刊Jウイング2018年9月号）
第27講　日本の軍事宇宙開発②　秘密の衛星“情報収集衛星”（月刊Jウイング2018年10月号）
第28講　日本の軍事宇宙開発③　ロケット発射の最適地 内之浦と種子島（月刊Jウイング2018年7月号）
第29講　日本の軍事宇宙開発④　ついに宇宙自衛隊誕生？ 日本の宇宙防衛（月刊Jウイング2018年11月号）
第30講　アメリカの軍事宇宙開発①　民間企業の力で成長続ける宇宙産業（本書のための書下ろし）
第31講　アメリカの軍事宇宙開発②　超高機能衛星を多数運用（本書のための書下ろし）
第32講　アメリカの軍事宇宙開発③　宇宙開発のメッカ ケネディ宇宙センター（月刊Jウイング2017年1月号）
第33講　中国の軍事宇宙開発　世界第二の宇宙大国（月刊Jウイング2017年5月号）
第34講　旧ソ／ロシアの軍事宇宙開発①　宇宙開発のパイオニア 旧ソ連（月刊Jウイング2018年8月号）
第35講　旧ソ／ロシアの軍事宇宙開発②　復活 宇宙大国への再挑戦（月刊Jウイング2018年12月号）

大貫 剛（おおぬき つよし）

宇宙・科学ライター／コミュニケーター。1973年、東京都生まれ。早稲田大学卒業後、公務員となるものの「世界」を宇宙に拡げることを仕事にしたいと考えて独立。宇宙関連ベンチャー企業の設立や宇宙、スカイスポーツ関連の執筆など様々なジャンルで活躍。2018年末より月刊Jウイングにて「宙防（チューボー）ですよ！」を連載中。

著書『完全図解 人工衛星のしくみ事典』（共著、マイナビ出版）、『「はやぶさ2」打ち上げをもっと楽しむために 日の丸ロケット進化論』（マイナビ出版）

ゼロからわかる 宇宙防衛

宇宙開発とミリタリーの深〜い関係

2019年7月30日発行

著　者———大貫 剛
発行人———塩谷茂代
発行所———イカロス出版株式会社
〒162-8616　東京都新宿区市谷本村町2-3
［電話］ 03-3267-2868（編集部）
03-3267-2766（販売部）
［URL］https://www.ikaros.jp
印刷所———大日本印刷株式会社

Printed in Japan
